ERGONOMIA CONSTRUTIVA

Blucher

Pierre Falzon
(organizador)

ERGONOMIA CONSTRUTIVA

Título original em francês: *Ergonomie Constructive*

© Presses Universitaires de France, 2013
© Editora Edgard Blücher Ltda., 2016

Laerte Idal Sznelwar
Coordenação e revisão técnica da tradução

Márcia Waks Rosenfeld Sznelwar
Tradução

Blucher

Rua Pedroso Alvarenga, 1245, 4º andar
04531-934 – São Paulo – SP – Brasil
Tel.: 55 11 3078-5366
contato@blucher.com.br
www.blucher.com.br

Segundo o Novo Acordo Ortográfico, conforme 5. ed. do *Vocabulário Ortográfico da Língua Portuguesa*, Academia Brasileira de Letras, março de 2009.

É proibida a reprodução total ou parcial por quaisquer meios sem autorização escrita da Editora.

Todos os direitos reservados pela Editora Edgard Blücher Ltda.

DADOS INTERNACIONAIS DE CATALOGAÇÃO NA PUBLICAÇÃO (CIP) ANGÉLICA ILACQUA CRB-8/7057

Ergonomia construtiva / organizado por Pierre Falzon; coordenação e revisão técnica da tradução de Laerte Idal Sznelwar; tradução de Márcia Waks Rosenfeld Sznelwar. – São Paulo: Blucher, 2016.

ISBN 978-85-212-0992-8

1. Ergonomia 2. Psicologia industrial 3. Segurança do trabalho I. Título II. Sznelwar, Laerte

15-1217 CDD 620.82

Índices para catálogo sistemático:
1. Ergonomia

Agradecimentos

Pierre Falzon

Em 2006, terminava meu mandato como presidente da Associação Internacional de Ergonomia (IEA). Essa data coincidia com os 50 anos de fundação da IEA, portanto o momento era propício para uma reflexão sobre a finalidade da disciplina. Na minha fala de introdução no congresso realizado neste momento propus uma visão construtiva, desenvolvimentista da ergonomia e dos seus objetivos. Esta obra coletiva constitui o seu prolongamento. Trata-se de um manifesto endereçado a todos os ergonomistas franceses e de outros lugares.

A pertinência de uma obra coletiva depende em muito da adesão de todos ao projeto. Essa adesão foi imediata. O objetivo definido para os autores não era o de reinterpretar as suas atividades até o momento sob o ângulo do desenvolvimento, mas sim o de redigir, de explicitar o projeto desenvolvimentista que já estava implícito nas suas atividades. A participação de cada um neste livro forneceu então aos autores uma ocasião para a formalização, e, eventualmente, em alguns casos, como um processo de conscientização, com relação à orientação construtiva dos seus trabalhos.

A vontade de manter a linha diretriz e o equilíbrio de uma obra coletiva obriga o coordenador a formular as demandas, por vezes, pesadas, de revisão e de concisão. Os autores aceitaram, conscientes de colocar a sua escritura a serviço de um projeto global, para o benefício da comunidade. Agradeço a todos eles.

Dentre eles, gostaria de agradecer muito aqueles que me deram um apoio mais próximo. Vanina Mollo e Adelaide Nascimento, que fizeram uma leitura crítica de certos capítulos; Justine Arnoud, que homogeneizou as referências bibliográficas.

Enfim, homenageio uma colega: foi durante uma das numerosas e sempre frutuosas trocas com Catherine Teiger que o tema Ergonomia Construtiva nasceu.

Pierre Falzon

Conteúdo

Apresentação

Laerte Idal Sznelwar

Apresentar o livro coordenado por Pierre Falzon é uma satisfação para mim, uma vez que a sua leitura me propiciou uma gama de novas informações e reflexões sobre a ergonomia, seus conceitos e suas práticas, assim como me ajudou a reforçar algumas convicções sobre o trabalho e sobre as ciências que se ocupam dessa atividade central na vida humana.

Ao meu entender, os diferentes capítulos do livro se inscrevem na tradição da ergonomia da atividade e trazem um tema comum que acredito seja fundamental para entendermos no que essa vertente contribui para o desenvolvimento do trabalho e, consequentemente, para a melhoria da produção, do conforto, da segurança e da saúde. Esse tema é o da construção, do desenvolvimento de algo que não está finalizado e que deve ser considerado como uma ação definitiva no que diz respeito à adaptação do trabalho e dos artefatos às características humanas.

Isso é ainda mais importante uma vez que, em diferentes cenários, nos quais atuamos a partir da ergonomia, há uma distorção fundamental, em especial no cenário brasileiro atual. Muitas vezes se encara a contribuição da ergonomia como uma espécie de recorte da realidade do trabalho, onde um "especialista" teria o papel de atestar se aquela situação de trabalho é adequada ou não. Considero essa postura um equívoco fundamental, uma vez que ela é ancorada em interpretações distorcidas da legislação brasileira, como se a ergonomia se resumisse em considerar se determinada situação está de acordo ou não com algum parâmetro sobre o trabalho.

Esse tipo de posicionamento é baseado em uma visão restritiva do trabalhar, resumindo-se ao uso de ferramentas de análise (muitas vezes aludidas como métodos) focalizadas em questões específicas, como o esforço e o posicionamento dos segmentos corporais. Essa simplificação da realidade se tornou muito disseminada em nosso contexto. Além de não dar conta do que significa o trabalho em termos daquilo que efetivamente fazem os sujeitos, esse tipo de abordagem não traz elementos importantes para uma transformação efetiva do trabalho e a sua adequação.

Todos os processos baseados em simplificações da realidade são, ao meu ver, perigosos e passíveis de graves distorções. Não é à toa que no cenário descrito anteriormente neste texto, o que mais se busca é uma atestação para fins de fiscalização. Ainda, qualquer processo que desconsidere muitas variáveis que podem ser significativas, baseado em uma visão ultrapassada do conhecimento científico, busca relações simplificadas de causa e efeito.

A ergonomia da atividade, por outro, lado não se furta a compreender a inter-relação entre diferentes variáveis presentes nos cenários de trabalho. A partir de uma visão, que considero complexa, este tipo de posicionamento seria o mais adequado para que se possa dar conta dos desafios de efetivamente transformar o trabalho. Como está bem descrito ao longo deste livro, trata-se de um processo. Fazer e construir dispositivos dentro das organizações que incluam de fato a ergonomia, não se faz a partir de um recorte transversal, onde uma fotografia de um determinado cenário de produção existente seria suficiente. O que ela propicia é uma visão construída, desenvolvida, como está patente nos capítulos escritos por diferentes pesquisadores e profissionais da ergonomia.

Portanto, trata-se de um processo onde ninguém pode alvorar-se da capacidade de dar conta das diferentes exigências para que isso ocorra a contento. Nesse sentido, fica reforçada a ideia de que o ergonomista não é um profissional isolado, um ser que dará seu aval para que uma determinada situação de trabalho seja considerada como suficiente para que não se criem problemas de saúde e de segurança para o trabalhador. Essa postura de especialista, de quem domina todos os conceitos e conhece tudo sobre o trabalho é uma espécie de suicídio. A sua atuação se dá ao longo do tempo, em conjunto como outros atores das organizações, engenheiros, gerentes, supervisores, médicos, enfermeiros, entre outros, para que, as questões do trabalho sejam consideradas desde logo nos processos de concepção e projeto e continuem durante os processos de gestão. Isso requer uma nítida consideração de que agir em conjunto com esses profissionais diz respeito tanto aos artefatos que servirão como instrumentos de trabalho, como ao ambiente e à organização do trabalho.

Como o conhecimento dos profissionais envolvidos não corresponde àquilo que efetivamente fazem os trabalhadores na produção, o seu engajamento nos processos de análise e de transformação não é apenas desejável, mas é parte da proposta do método da análise ergonômica da atividade. Não é possível conhecer o real no que diz respeito ao trabalho se não houver uma interlocução bastante próxima com os protagonistas da atividade. Isso requer por parte daqueles que trabalham com ergonomia um posicionamento que permita uma construção conjunta tanto dos resultados das intervenções como das propostas para melhoria; tal processo inclui todos os atores citados neste texto.

A questão ética também está presente na postura do profissional de ergonomia: não se trata de considerar o trabalho dos outros como algo externo às pessoas, como um simples observável que pode se resumir a uma descrição dos gestos, do posicionamento das partes do corpo, de um dispêndio de energia, do tratamento da informação, da memorização de procedimentos, entre outros. Estamos tratando do trabalho vivo, de algo que alguém faz, de sujeitos que se dedicam a fazer algo que é definido por relações sociais de trabalho. Por tanto, esse profissional não pode se esquecer que aquilo que ele está engajado está voltado para trazer melhorias à situação de trabalho, melhorias que tenham como objetivo promover a saúde, propiciar condições para o desenvolvimento profissional e melhorias nos resultados no que diz respeito à produção.

Acredito que este livro tem muita informação pertinente para auxiliar os ergonomistas e todos os profissionais que se ocupam das questões do trabalho, como os engenheiros e os gestores, entre outros; assim como os próprios trabalhadores envolvidos na produção a compreenderem o que se passa e a proporem transformações. Dentre os diferentes assuntos tratados, fica patente a preocupação com o desenvolvimento, com a construção de uma vida profissional pautada nas competências, na atividade coletiva, na aprendizagem do gesto profissional, segurança do trabalho, no percurso profissional, nos instrumentos de trabalho e artefatos, na prevenção de doenças profissionais. Todos os capítulos reforçam a ideia da construção, do desenvolvimento, de algo que se faz em comum com outros interlocutores, isso diz respeito também a questões da organização temporal, dos processos de aprendizagem, dos processos de concepção, do desenvolvimento da organização do trabalho e das práticas profissionais, tanto dos trabalhadores em questão como dos próprios ergonomistas. Isso diz respeito também à própria construção da intervenção em ergonomia. Os processos de capacitação, de aprendizagem contínua, de reflexão são também tratados, assim como reflexões ligadas à saúde mental no trabalho, problema cada vez mais prevalente em nossas sociedades.

Parabéns a todos os autores que contribuíram para a existência deste livro.

Desejo a todos uma excelente leitura e que ela sirva de inspiração para o desenvolvimento das trajetórias de todos e para transformações efetivas no trabalho, na vida dos sujeitos, na construção e na consolidação dos coletivos e das profissões, assim como na contribuição para o desenvolvimento da sociedade e da cultura.

Por uma ergonomia construtiva

Pierre Falzon

1. Adaptar o trabalho ao homem?

Desde a sua origem, a ergonomia tem como objetivo a adaptação do trabalho, dos ambientes e das máquinas ao homem. O seminário que deu origem à Associação Internacional de Ergonomia (realizado em 1957 em Leiden, Holanda) intitulava-se *Fitting the job to the worker*, e um dos primeiros livros de ergonomia publicados na França chamava-se *A adaptação da máquina ao homem* (FAVERGE; LEPLAT; GUIGUET, 1958). Este objetivo continua louvável, mas é ainda suficiente nos dias de hoje? Será que responde de forma adequada às necessidades das pessoas, das sociedades e das organizações?

O objetivo deste livro é propor uma nova resposta para essas perguntas, partindo da seguinte afirmação: a ergonomia não pode se limitar a uma visão pontual e estática da adaptação, que reduziria o seu objetivo à concepção de sistemas adaptados ao trabalho tal como ele é definido em um determinado momento, aos operadores tal como são em um instante particular e às organizações tal como operam no aqui e agora.

O intuito da ergonomia deve ser o desenvolvimento.

Desenvolvimento dos indivíduos, por meio da implementação de situações de ação que favoreçam o sucesso e a aquisição ou a construção do saber-fazer, de conhecimentos e de competências. Desenvolvimento das organizações, por meio da integração nas próprias organizações de processos reflexivos, abertos às capacidades de inovação dos próprios operadores. Os desenvolvimentos dos indivíduos e das organizações só são possíveis se os sujeitos dispuserem de margens de manobra, de liberdade de ação, esta última incluindo a possibilidade de construir, de modo contínuo, as regras do trabalho.

Este livro não é um manual. Ele não pretende apresentar uma visão completa da disciplina, de seus conceitos, modelos e métodos. Trata-se de um manifesto, que redefine as aspirações da disciplina e discute seus vários aspectos.

Esta obra defende uma visão construtiva, de desenvolvimento da ergonomia. Por "construtiva" e "desenvolvimentista" (os dois termos são usados indiferentemente), queremos dizer que tanto o operador como os coletivos são construídos na interação com o mundo e na ação sobre ele, tanto para entendê-lo como para transformá-lo. É a atividade construtiva, de desenvolvimento dos indivíduos que constitui o motor da aprendizagem, da transformação e do desempenho. Ao contrário de uma ergonomia defensiva, na qual o trabalho é pensado principalmente como uma fonte de constrangimentos e o papel do ergonomista limita-se a atenuá-los, o objetivo da ergonomia construtiva é a remoção dos entraves ao sucesso e desenvolvimento. Ela visa à maximização das oportunidades.

Como veremos, o desafio para o ergonomista é desenvolver o potencial capacitante das organizações para que elas contribuam simultaneamente e de modo perene para a melhoria do bem-estar dos assalariados, para o desenvolvimento das competências e para as melhorias no desempenho. Toda organização dispõe de um potencial capacitante mais ou menos significativo. Contudo, esse potencial é muitas vezes subutilizado, desconhecido ou não reconhecido, às vezes até mesmo tolhido pela organização. O objetivo aqui não é criar uma nova tarefa "capacitante" que seria acrescentada às existentes, mas organizar as já existentes de modo a permitir que indivíduos e organizações progridam (FALZON; MOLLO, 2009).

2. *O desenvolvimento como fato, finalidade e meio*

2.1 O desenvolvimento como fato

Será considerado primeiramente o desenvolvimento como um fato: no decorrer e devido à prática profissional, os operadores e os coletivos desenvolvem competências de duas ordens. Por um lado, os saberes, os saber-fazer, os modos operatórios relacionados com a tarefa em si; por outro, o conhecimento sobre si mesmos: atividades mais ou menos bem dominadas, carga máxima admissível sem risco, zona de conforto da prática, estratégias de uso de si, heurísticas de economia etc. Essas competências têm uma dupla finalidade, de desempenho e bem-estar. Elas permitem aos operadores melhor atingir seus objetivos e atingi-los de forma mais eficiente, evitando situações de risco e preservando-se.

Além disso, ao longo do tempo, o operador se transforma, não só porque sua idade avança, mas porque seu percurso profissional lhe propicia ou não oportunidades de se desenvolver. Este efeito do tempo pode ser mais ou menos positivo, mais ou menos negativo, devido às condições concretas do exercício da atividade profissional. Essas condições, por um lado, pesam tanto para o declínio como para a preservação das pessoas; por outro lado, favorecem ou, ao contrário, dificultam a aquisição de competências que permitem enfrentar as situações (saberes de prudência e estratégias de economia), ou ainda dificultando a construção de práticas coletivas de preservação e desempenho. A questão então é conceber modalidades de organização do trabalho que deixem margens de manobra para o desenvolvimento dessas competências e das práticas ou metodologias que promovam a expressão ou o surgimento dos saberes e do saber-fazer.

2.2 O desenvolvimento como finalidade

O ergonomista, portanto, não pode simplesmente considerar o operador no "aqui e agora". Ele deve se interessar pelas condições de desenvolvimento, pelos percursos profissionais, pelas trajetórias de vida. O desenvolvimento é então uma finalidade da ação ergonômica: trata-se de contribuir para a concepção de ambientes que permitam desenvolver a atividade em todos os seus aspectos, gestuais, cognitivos e sociais, buscando constantemente o melhor compromisso entre objetivos de bem-estar e desempenho (FALZON; MAS, 2007).

Nesta perspectiva, o conceito de ambiente capacitante tem sido sugerido como modelo para integrar os diferentes níveis de ação do ergonomista (FALZON, 2005; FALZON; MOLLO, 2009; PAVAGEAU et al., 2006). Esse conceito foi desenvolvido com base nos trabalhos de A. Sen (2009/2010) e, especialmente, na ideia de "capabilidades" proposta por este autor. A "capabilidade" é definida como o conjunto de funcionamentos efetivamente acessíveis para um indivíduo. Ela supõe a disponibilidade de uma capacidade (um conhecimento, um saber-fazer), mas não se limita a isso: implica a possibilidade real de aplicação desta capacidade. O exercício da capacidade, portanto, requer condições favoráveis, fatores de conversão, no sentido de que uma capacidade é convertida em possibilidade real.

O objetivo das políticas públicas, para Sen, é o desenvolvimento das capabilidades. Da mesma forma, o ergonomista busca favorecer o operador na capacidade de agir, intervindo nas condições nas quais desenvolve sua atividade. Um ambiente capacitante pode então ser entendido em três aspectos: preventivo, universal e desenvolvimentista.

De um ponto de vista preventivo, um ambiente capacitante é aquele que não tem efeitos nefastos sobre o indivíduo e, portanto, preserva a sua capacidade futura de agir. Aqui encontramos um aspecto muito clássico, e ainda relevante, das intervenções ergonômicas: trata-se de detectar e prevenir os riscos, de eliminar a exposição a substâncias tóxicas ou a exigências que, no longo prazo, causam deficiências ou efeitos psicológicos negativos etc.

De um ponto de vista universal, um ambiente capacitante é aquele que leva em conta as diferenças interindividuais (características antropométricas, mas também as diferenças de idade, gênero, cultura) e compensa as deficiências individuais (relacionadas ao envelhecimento, às doenças, às incapacidades). É portanto um ambiente que previne a exclusão e o desemprego.

De um ponto de vista de desenvolvimento, um ambiente capacitante é aquele que permite aos indivíduos e aos coletivos:

- obterem sucesso, isto é, colocar em uso suas capacidades de forma eficiente e frutuosa: um ambiente que, além de não atravancar as capacidades, torna as pessoas capazes;
- desenvolverem novos saber-fazer e conhecimentos, ampliarem suas possibilidades de ação, seu grau de controle sobre suas tarefas e sobre o modo como as realizam, ou seja, sua autonomia: um ambiente de aprendizagem contínua.

2.3 O desenvolvimento como meio

Finalmente, o desenvolvimento é um meio da ação ergonômica. A condução de projetos e a inovação demandam que os atores assumam uma distância com relação a suas práticas, necessária para a concepção do trabalho futuro. Esse distanciamento pode ser instrumentalizado com a aplicação de métodos de simulação, confrontação de práticas e formação. A ação ergonômica é, então, uma oportunidade para uma dinâmica de desenvolvimento e de aprendizagem, quer na concepção de uma organização ou na de um artefato. Nesta perspectiva, trata-se de favorecer as dinâmicas de desenvolvimento concomitante à própria intervenção e de conceber sistemas de trabalho que favoreçam seu próprio desenvolvimento: o desenvolvimento como meio serve, então, o desenvolvimento como objetivo.

Este último ponto tem uma consequência metodológica. O ergonomista não pode anunciar o desenvolvimento como objetivo da disciplina sem defender metodologias de intervenção que o favoreçam. A participação ativa dos operadores nos processos de mudança e concepção não é uma característica "adicional", "opcional", da metodologia da ação ergonômica. Ela é necessária para assegurar a coerência de uma abordagem construtiva.

Isso afeta significativamente a postura do ergonomista. Em uma visão (muito) tradicional da disciplina, o ergonomista intervém como um especialista no fator humano, com base em conhecimentos gerais sobre o ser humano. Ele tem um papel de aconselhamento junto àqueles que decidem (gerentes de projeto, projetistas, gestores). Numa visão um pouco mais instrumentalizada da disciplina, o ergonomista, acrescenta aos seus conhecimentos gerais o saber que advém da análise da atividade. Ele se torna o representante dos operadores junto àqueles que decidem, projetista entre os projetistas. Na visão aqui defendida, o ergonomista se torna o eixo de uma abordagem participativa - desenvolvimentista -, que visa a vários objetivos simultaneamente: a transformação das representações do conjunto de atores - operadores, executivos, gestores, representantes dos trabalhadores etc. - e a obtenção de um resultado satisfatório, ou seja, a produção de uma situação que propicie a continuidade do desenvolvimento.

Esse posicionamento não significa de modo algum que o ergonomista abandone seus próprios saberes. Ele conserva o que sabe sobre os efeitos de certas condições de trabalho na atividade humana, o que sabe sobre os métodos úteis para a análise do trabalho, o que sabe sobre o trabalho analisado ou sobre trabalhar em outras situações semelhantes, o que sabe sobre a concepção e sobre seus métodos de concepção. Dependendo da necessidade do momento, ele precisará fazer valer tais conhecimentos quando o seu compartilhamento parecer útil para o avanço do projeto. Portanto, não se trata de uma forma de renúncia da profissão, que deixaria o ergonomista limitado ao papel de um facilitador, mas de um avanço, que deixa os saberes próprios do ergonomista a serviço de um processo de desenvolvimento.

3. Desenvolver os indivíduos, os coletivos e as organizações

3.1 O status central da atividade

Na França, a ergonomia está embasada em um modelo estruturante, que distingue tarefa de atividade, sendo esta o produto de um processo contínuo interno ao sujeito. Nesse modelo, o operador não é visto como aquele que executa uma tarefa, mas como o criador de sua própria mobilização, articulando, no contexto de seu trabalho, os requisitos da tarefa, a vontade de se preservar, de ter sucesso e de aprender, regulando sua atividade em relação aos resultados que ela produz, tanto do ponto de vista dos objetivos da tarefa como dos seus efeitos sobre ele mesmo e os coletivos (FALZON; TEIGER, 1995; WISNER, 1995).

Esse modelo, que nos parece muito banal, uma vez que está tão integrado ao nosso modo de pensar a atividade humana do trabalho, está muito longe de ser universalmente compartilhado na comunidade internacional dos ergonomistas. Todavia, ele é efetivo: permite-nos compreender a atividade de trabalho e seus efeitos, tanto os deletérios (muitas vezes porque eles inibem ou restringem os processos de regulação), como aqueles que permitem ao operador ficar satisfeito com o trabalho realizado e progredir. É de um sujeito ativo, engajado tanto na execução do trabalho como na preservação/transformação de si mesmo. Ele se opõe ao exemplo de um sujeito executor, passivo, "efetuador" de uma tarefa prescrita.

Este último modelo foi por muito tempo, e muitas vezes ainda é, prevalente. Se ele nunca permitiu perceber de modo pertinente a atividade do trabalho, é entretanto com base nessa visão que o trabalho foi frequentemente pensado pelas organizações tayloristas ou neotayloristas, mesmo em suas modalidades mais recentes. As demandas crescentes das empresas por mais qualidade (menos defeitos) e maior segurança (industrial e na área da saúde) ainda são tratadas com um aumento das prescrições (por exemplo, taylorização, gestão da qualidade total e produção enxuta, protocolos médicos de referência), isto é, confinando ainda mais o trabalho.

Isoladamente, essa perspectiva parece incapaz de assegurar o desempenho requerido. O analista do trabalho constata diariamente a contribuição constante dos operadores para a melhoria das situações e adaptação das regras. Essa contribuição, muitas vezes considerada como negativa, como uma violação das regras prescritas, deve, ao contrário, ser vista positivamente e incentivada. Autonomia de decisão, qualidade e segurança gerenciadas são necessárias para lidar com a variabilidade, otimizar os processos e facilitar o alcance dos objetivos do trabalho.

3.2 Um modelo construtivo da atividade

Vamos retomar o modelo clássico de regulação da atividade (ver Figura 1) tal como proposto por Leplat (2000), a fim de adaptá-lo à visão construtiva aqui defendida. Comecemos por recordar as suas principais características:

1. Distingue tarefa e atividade. A tarefa é caracterizada, de modo permanente, pelos objetivos, por um nível de exigência, pelos meios, pelos critérios a serem respeitados etc., e, de modo transitório, por uma instrução específica, pela incumbência do momento etc. A atividade corresponde à mobilização do sujeito, que resulta apenas indiretamente da tarefa. O operador acopla a tarefa prescrita com seus próprios atributos (suas competências, sua representação da profissão, sua condição no momento). Deste acoplamento surge a tarefa efetiva, aquela que o sujeito dá a si (redefine), e a sua mobilização para realizar essa tarefa efetiva.

2. Diferencia dois tipos de efeitos da atividade: os relacionados à tarefa (o grau de realização dos objetivos) e os relacionados ao operador (fadiga, por exemplo).

3. Propõe duas alças de regulação da atividade. A primeira compara o estado inicial do operador e o estado resultante de sua mobilização: dependendo do resultado dessa comparação, a atividade poderá ser modificada, com o operador mudando seu modo operatório. A segunda compara os resultados obtidos e os esperados. Novamente, de acordo com o que for encontrado, a atividade poderá ser modificada.

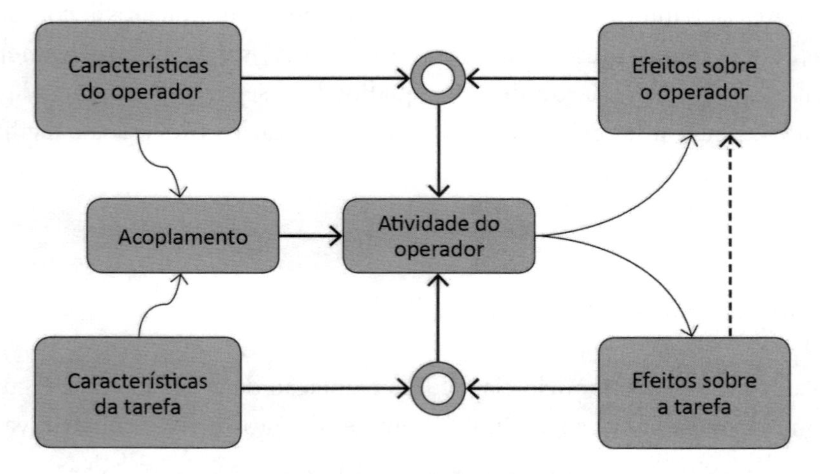

Figura 1 Modelo de regulação da atividade (adaptado de LEPLAT, 2000).

Esse modelo engendra vários comentários.

Em primeiro lugar, não há uma estrita dicotomia entre os efeitos sobre as tarefas e os efeitos sobre os sujeitos: os primeiros podem repercutir sobre o indivíduo. O sucesso leva à satisfação, e, inversamente, o insucesso gera frustração (por isso, a seta vertical dos efeitos do desempenho em direção aos efeitos sobre o sujeito). Convém notar que essa correlação não é tratada como tal por grande parte da literatura em ergonomia, que tende a colocar o desempenho como um benefício apenas para o sistema de produção, como se o fato de obter sucesso não fosse fator de bem-estar. Isso deixa em aberto a questão dos critérios de desempenho. As linhas anteriores só fazem sentido se os critérios de sucesso para o sujeito são idênticos, ou próximos, aos critérios de sucesso para a organização. Uma dificuldade – ou distúrbio – aparece quando o desempenho é satisfatório no que se refere aos critérios da tarefa prescrita e insatisfatório no que diz respeito aos da tarefa que o operador redefine.

Em segundo lugar, poder-se-ia pensar que o acoplamento é uma operação simples de pareamento entre as características do sujeito e da tarefa. Não é isso que ocorre. O acoplamento pode ocorrer dificilmente, por várias razões. Em particular, as características da tarefa podem levar a um acoplamento e uma mobilização problemáticos:

- os constrangimentos do trabalho, materiais ou imateriais, podem ser de tal ordem que deixam pouquíssima margem de manobra: o acoplamento será alcançado com pouca ou nenhuma autonomia, e as possibilidades para a regulação da atividade serão quase inexistentes. Consequentemente, a atividade do operador será limitada a um só modo de fazer, repetitivo, com as consequências que conhecemos em termos de saúde física e psíquica: lesões musculoesqueléticas, desgaste profissional ou insatisfação com o trabalho;

- as exigências prescritas podem entrar em contradição com os desejos dos operadores de modo insolúvel e levar a uma mobilização conflituosa do sujeito: este se mobiliza a contragosto, em busca de objetivos aos quais não adere. Ele pode ser levado a fazer um trabalho que viola seus próprios padrões de qualidade ou ainda sua ética pessoal. Desse ponto de vista, os distúrbios psicossociais podem ser vistos como patologias do acoplamento. Um acoplamento impossível conduz a uma mobilização do operador contra si mesmo, a um desenvolvimento impossível;

- tais dificuldades agravam-se ainda mais quando essas discrepâncias e contradições não podem ser debatidas coletivamente dentro da organização. Todos se encontram em um cara a cara solitário com a organização e as suas prescrições. Só um debate explícito sobre as regras de trabalho, entre os administradores e os trabalhadores, isto é, uma regulação a frio (TERSSAC; LOMPRÉ, 1996), permitiria a superação dessas dificuldades.

Finalmente, e este é o ponto mais importante para nosso propósito, o modelo se destina a considerar a atividade funcional do sujeito em uma dinâmica de curto prazo. Ele apresenta um sujeito instável no curto prazo (devido à fadiga ou da reação aos eventos, por exemplo), mas estável no longo prazo. Isso é insuficiente, particularmente na visão proposta aqui. Os operadores mudam, devido ao avançar da idade, mas também porque o trabalho os transforma e eles transformam o trabalho. Essas mudanças podem ser negativas – patologias profissionais, acidentes de trabalho –, ou positivas – aprendizagem, desenvolvimento de competências.

Essas transformações positivas são o resultado de um outro processo de regulação em um prazo mais longo, o que a Figura 2 procura mostrar. A observação feita pelo sujeito quanto ao impacto de sua atividade sobre si mesmo, à eficácia ou ineficácia dos seus modos operatórios e dos seus custos, permite a elaboração de recursos internos – de autoconhecimento (saberes sobre si), novos procedimentos, estratégias – e externos – ferramentas de apoio, adaptadas a partir das já existentes ou criadas *ex nihilo*. A atividade funcional alimenta a metafuncional, que transforma o sujeito (FALZON, 1994).

Na perspectiva aqui defendida, de uma ergonomia construtiva, a segunda alça de regulação é crucial. O objetivo é favorecer ao máximo a atividade metafuncional, o desenvolvimento de competências, este colocado como uma necessidade tanto para os indivíduos como para as organizações.

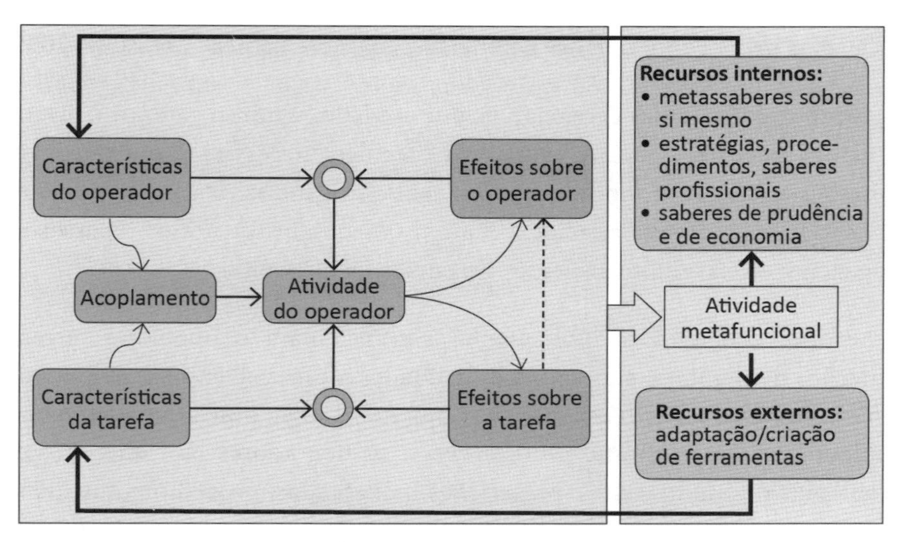

Figura 2 A regulação no longo prazo da atividade.

3.3 Saúde, desempenho e desenvolvimento

Nos parágrafos precedentes, foram estabelecidas ligações entre a saúde, o desempenho e o desenvolvimento. Montmollin (1993) havia indicado as primeiras bases desse tópico em um dos raros textos sobre a saúde cognitiva. Ele examinou a ligação entre cognição e saúde e as relações entre saúde, competências, carga mental e estresse. Para o autor, saúde cognitiva é "ser competente, isto é, dispor de competências que permitam ser contratado, ter sucesso e progredir" (p. XXXIX). O objetivo do ergonomista é, desse ponto de vista, o de manter o duo homem-sistema em um equilíbrio não patológico e contribuir para a concepção de uma "organização do trabalho que permita aos operadores a máxima eficácia, isto é, o exercício pleno das suas competências" (p. XL).

Do mesmo modo daquilo que diz respeito à dimensão física, essa visão cognitiva da saúde deve incluir a perspectiva do desenvolvimento. De fato, a questão não é apenas: "como conceber um sistema de trabalho que permita um exercício fecundo do pensamento?". É também: "como conceber um sistema de trabalho que favoreça o desenvolvimento das competências?" (FALZON, 1996).

Seguindo essa ideia, o objetivo não seria eliminar toda e qualquer dificuldade, mas propor dificuldades gerenciáveis e interessantes (FALZON, 2005).

Propor dificuldades gerenciáveis, por um lado, significa garantir a disponibilidade de recursos sociais, cognitivos e técnicos necessários; por outro lado, conceber tarefas com um adequado nível de exigências. O caráter inaceitável de certas situações está relacionado a um desequilíbrio entre os recursos e as exigências: tarefas muito exigentes e recursos insuficientes.

Propor dificuldades interessantes significa para o operador enfrentar situações de desafio e superar as dificuldades, desenvolvendo, nessa ocasião, novos saberes e saber-fazer. Isso, obviamente, não significa que qualquer dificuldade seja interessante. Muitas vezes, os operadores têm que enfrentar problemas desinteressantes: prescrições inadaptadas, procedimentos ineficazes ou incompreensíveis, interfaces inutilizáveis, ferramentas incômodas etc. Essas dificuldades são inúteis e contraproducentes, tanto em termos de saúde como de desempenho: elas devem ser eliminadas.

Os seres humanos têm um apetite natural pela aquisição de competências. Para todo ergonomista, é uma constatação frequente: os operadores desenvolvem saber-fazer, procedimentos e técnicas durante e devido ao trabalho. Essa tendência espontânea para o aprendizado e à descoberta deve ser incentivada, pois contribui ao mesmo tempo para a qualidade do trabalho para o operador e para o progresso das organizações.

No entanto, este apetite para aprender muitas vezes tem sido ignorado pelas organizações, e, sobretudo, estas têm apenas timidamente procurado organizar o trabalho a fim de favorecer a aprendizagem, ainda que os conceitos de capital humano (BECKER, 1964) e de organização que aprende (ARGYRIS; SCHÖN, 1978) tenham colaborado para a evolução das ideias.

A transição de uma visão do trabalho baseada na qualificação para uma visão baseada na competência foi uma primeira brecha: o que é requisitado não é apenas o cumprimento de uma prescrição, mas a capacidade de reagir de modo pertinente e autônomo a eventos aleatórios e imprevisíveis. Uma segunda brecha, correlata, resulta da ascensão de uma prescrição de trabalho mais em termos de missão do que de tarefas a serem executadas. Essa mudança confirma a expectativa: supõe-se que o operador construa o que vai fazer. Portanto, as duas mudanças têm o mesmo resultado: a aquisição contínua da competência torna-se uma condição para o desempenho.

A aquisição de competência torna-se então crucial. Ela não é mais construída por meio da confrontação repetida com situações idênticas ou similares, mas pela confrontação e análise de situações singulares. Passamos de uma aprendizagem implícita, pouco consciente, baseada na repetição, para uma explícita, consciente, fundada em práticas reflexivas explícitas, individuais ou coletivas.

4. Guia para o desenvolvimento do leitor

As contribuições recolhidas neste livro são bastante coerentes. Elas poderiam ter sido organizadas de diferentes formas. A escolha foi dividir o livro em duas seções, baseadas nas distinções feitas anteriormente entre o desenvolvimento como fato, finalidade ou meio. A primeira seção, "Recursos e condições do desenvolvimento", concentra-se no desenvolvimento como fato e como finalidade e examina as condições favoráveis para isso. A segunda, "Dinâmicas de ação, dinâmicas do desenvolvimento", coloca o desenvolvimento como finalidade e como meio da ação. Os desenvolvimentos metodológicos ocupam aí um lugar de destaque.

Em vez de apresentar sucessivamente os capítulos, propomos aqui uma grade de leitura, dividida em três grandes temas, sendo que um mesmo capítulo pode ilustrar vários deles.

4.1 Desenvolvimento como fator de saúde e de desempenho

A questão das competências e condições para o seu desenvolvimento é central neste livro. Esse assunto é abordado em diferentes capítulos, assim como as condições favoráveis ou desfavoráveis para o desenvolvimento de competências, sendo estas um vetor para a saúde e o desempenho.

Catherine Delgoulet e Christine Vidal-Gomel retomam a distinção fundamental entre atividades produtiva e construtiva, que corresponde à distinção entre atividades funcional e metafuncional apresentada anteriormente, e identificam as condições favoráveis, as quais, potencialmente, permitem o desenvolvimento, e as desfavoráveis, que combinam altos níveis de prescrição e forte incerteza.

O desenvolvimento do gesto profissional é abordado por Yannick Lémonie e Karine Chassaing. Eles examinam sucessivamente os mecanismos de produção do ato motor, o papel ativo do operador na construção do gesto e da variabilidade gestual, colocados como recurso, e as condições – reflexivas e, muitas vezes coletivas – que podem favorecê-los. Se o desenvolvimento das competências gestuais e cognitivas faz parte dos temas clássicos em ergonomia, não é tanto o caso do desenvolvimento de recursos psicossociais. Para Laurent Van Belleghem, Sandro De Gasparo e Irène Gaillard, esses recursos devem ser considerados como um componente da atividade funcional dos indivíduos, da mobilização de si demandada pelo trabalho, do mesmo modo que a mobilização física ou cognitiva. Dificultar o desenvolvimento psicossocial não é menos patogênico que fazer o mesmo com o do gesto.

A dimensão coletiva do desenvolvimento é enfatizada repetidamente.

Por um lado, os recursos não estão limitados apenas às competências individuais: o coletivo de trabalho é por si só um recurso construído ao longo do tempo. Partindo da constatação de que não basta a existência de uma equipe para que esta constitua um coletivo de trabalho, Sandrine Caroly e Flore Barcellini examinam as condições para o desenvolvimento do coletivo e da atividade coletiva. Isto as leva a distinguir trabalho coletivo, atividade coletiva e coletivo de trabalho. Justine Arnoud e Pierre Falzon tratam das condições favoráveis para a implantação de coletivos transversais, ou seja, os que envolvem diversas profissões.

Por outro lado, o coletivo contribui para a construção de recursos. Assim, na aprendizagem do gesto, ele permite transmitir uma experiência compartilhada da profissão, conceitualizar e debater os gestos de trabalho (LÉMONIE; CHASSAING, neste livro; SIX-TOUCHARD; FALZON, neste livro). Isso é particularmente útil para os saber-fazer gestuais, e tácitos, cuja expressão em palavras não é óbvia. O coletivo também intervém na construção de competências para o trabalho noturno. Efeitos negativos do trabalho noturno ou em turnos alternados são conhecidos. No entanto, sob certas condições, os operadores podem desenvolver saber-fazer e competências que permitam a eles se preservarem e terem sucesso. Para Cathy Toupin, Béatrice Barthe e Sophie Prunier-Poulmaire, o tempo de trabalho, constrangido por horários impostos, pode se tornar um tempo construído, se a organização do trabalho for favorável às transferências de práticas dentro do coletivo de trabalho.

A questão do tempo está colocada de modo diferente no capítulo consagrado ao percurso profissional. Corinne Gaudart e Elise Ledoux se interessam pelo longo prazo, o das trajetórias profissionais, e defendem uma análise longitudinal desses percursos. A atividade presente de alguém reflete as aquisições, positivas ou negativas, do passado e orienta o desenvolvimento futuro. Os processos de declínio e de crescimento combinam-se em uma dependência mútua. A experiência é o produto dessa constante recomposição; sua transmissão é uma tarefa de desenvolvimento.

4.2 Desenvolver a organização a partir do desenvolvimento das práticas

A questão da organização é tratada em vários capítulos, na maioria deles. Dois pontos centrais aparecem: por um lado, ela não está reduzida a uma estrutura: engloba os processos que estão em andamento; por outro, a organização não está limitada a uma prescrição, ela é o resultado de um processo contínuo de concepção que envolve administradores responsáveis pela prescrição que pretendem confinar o trabalho às regras e aos operadores que procuram lidar com a diversidade de situações.

Fabrice Bourgeois e François Hubault defendem a ideia de que a atividade dos operadores é, ao mesmo tempo, organizada – pela organização – e reorganizadora – da organização: ela procura adaptar a organização do trabalho naquilo que esta é falha, insuficiente para o enfrentamento das situações reais. Como tal, a atividade é um recurso para a organização, contribui para o trabalho de organização. Uma posição muito semelhante é defendida por Adelaide

Nascimento, Lucie Cuvelier, Vanina Mollo, Alexandre Dicioccio e Pierre Falzon com relação à construção da segurança. Esse campo assiste ao confronto de dois modelos: o da segurança regrada, segundo o qual ela é supostamente alcançada pelo respeito às prescrições; e o da segurança gerenciada, que considera que as prescrições são insuficientes para lidar com o real, seja porque este escapa a tais prescrições, seja porque as prescrições são contraproducentes ou ineficientes. Os autores são defensores da ideia de uma segurança construída, articulando o regrado e o gerenciado.

Isso nos leva à ideia de uma evolução conjunta das atividades humanas e da organização. Para Johann Petit e Fabien Coutarel, o funcionamento da organização deve fazer parte de um processo desenvolvimentista de transformação permanente. A intervenção ergonômica deve instrumentalizar esse processo, destacando as deficiências das prescrições, contribuindo para a sua superação e constituindo instâncias de debate. O objetivo é uma organização adaptável, na qual os operadores tenham um papel significativo. Nessa perspectiva, Justine Arnoud e Pierre Falzon aplicam à organização o paradigma instrumental de Pierre Rabardel, descrito neste livro por Gaëtan Bourmaud. Esta é um artefato, uma criação humana. Desse modo, para se tornar um instrumento, é necessário que os "usuários" se apropriem dela e que possam adaptá-la às suas necessidades.

4.3 A dimensão construtiva da intervenção

A intervenção em si é uma oportunidade para o desenvolvimento, o qual permite a mudança. Essa dimensão construtiva, apresentada em vários capítulos, é colocada como um objetivo explícito da intervenção.

Para Pascal Béguin, o sucesso de um projeto de concepção de um artefato (técnico ou organizacional) requer um processo de aprendizagem mútua entre os projetistas, de um lado, e os futuros usuários, de outro, cada um descobrindo as necessidades e as potencialidades do outro, tanto uns como outros finalmente participando da concepção de algo que é *in fine* mais que um artefato: um instrumento. Essa abordagem relacionada ao desenvolvimento da concepção é ainda central para o acompanhamento dos projetos de concepção propostos por Flore Barcellini, Laurent Van Belleghem e François Daniellou. Trata-se de articular análise ergonômica, abordagem participativa e simulação do trabalho. Essa abordagem favorece a apropriação e a implementação dos resultados do projeto por parte dos operadores, mas também o seu domínio por outros atores da empresa. Os efeitos do processo afetam os operadores, os projetistas, os responsáveis pelas decisões e os representantes dos trabalhadores.

No contexto de uma intervenção voltada para a prevenção de distúrbios musculoesqueléticos (LER/DORT), Fabien Coutarel e Johann Petit indicam que o desenvolvimento das atividades profissionais na e pela intervenção é um apoio de grande valia para a ação preventiva. Esse desenvolvimento resulta da combinação entre as margens de manobra externas (plasticidade do sistema de trabalho) e internas (adaptabilidade individual). Os autores observam que o modo de conduzir a intervenção ergonômica pode produzir efeitos duradouros para além do tempo e do âmbito da intervenção. A demonstração da possibilidade de agir sobre as condições e o ambiente de trabalho contribui para desenvolvimentos posteriores.

Vários capítulos propõem metodologias para instrumentalizar o desenvolvimento. Vanina Mollo e Adelaide Nascimento propõem ferramentas reflexivas coletivas, todas baseadas na confrontação dos operadores com o real da atividade e, em uma troca sobre isso. Essas ferramentas produzem dois tipos de resultados. Por um lado, melhoram a eficácia da atividade de produção: soluções melhores e uma maior diversidade de propostas. Por outro lado, aumentam a capacidade dos coletivos de arbitrar e lidar com situações ainda não encontradas. A eficácia dessas ferramentas demanda certas condições: a consideração do trabalho real, um coletivo perene, a possibilidade real de ação e o engajamento dos gestores.

A metodologia da coanálise construtiva descrita por Justine Arnoud e Pierre Falzon busca a confrontação das práticas dos operadores de diferentes profissões (e, no exemplo dado, trabalhando em locais remotos) que contribuem para o mesmo processo. Visitas cruzadas são organizadas em momentos significativos da atividade. A observação do trabalho do outro e as trocas que esse "desvelamento" propicia favorecem a compreensão das dependências mútuas e a construção de um coletivo transversal.

A formação para a análise do trabalho é proposta por Bénédicte Six-Touchard e Pierre Falzon como uma ferramenta de ajuda para operadores experientes que têm um papel de tutoria de novatos e, também, para os próprios novatos. Trata-se de ajudar os mais experientes a converterem os seus saberes incorporados em saberes verbalizáveis e transmissíveis, e ainda, de ajudarem os novatos a converterem sua capacidade geral de aprender em uma capacidade de contextualizar, a partir da experiência. A formação em autoanálise do trabalho visa à aquisição de competências produtivas, funcionais, construtivas e metafuncionais.

Referências

ARGYRIS, C.; SCHÖN, D. **Organizational Learning:** A theory of action perspective. New York: Addison-Wesley, 1978.

BECKER, G. S. **Human Capital:** A Theoretical and Empirical Analysis, with Special Reference to Education. Chicago: University of Chicago Press, 1964.

FALZON, P. Les activités méta-fonctionnelles et leur assistance. **Le Travail Humain**, v. 57, n. 1, p. 1-23, 1994

______. Des objectifs de l'ergonomie. In: DANIELLOU, F. (Ed.). **L'ergonomie en quête de ses principes.** Toulouse: Octarès, 1996.

______. **Ergonomics, knowledge development and the design of enabling environments?** Trabalho apresentado à Humanizing Work and Work Environment Conference, Guwahati, dez. 2005.

FALZON, P.; MAS, L. Les objectifs de l'ergonomie et les objectifs des ergonomes. In: ZOUINAR, M.; VALLÉRY, G.; LE PORT, M. C. (Ed.), **Ergonomie des produits et des services, XXXXII Congrès de la SELF**. Toulouse: Octarès, 2007.

FALZON, P.; MOLLO, V. Para uma ergonomia construtiva: As condições para um trabalho capacitante. **Laboreal**, v. 5, n. 1, p. 61-69, 2009.

FALZON, P.; TEIGER, C. Construire l'activité. **Performances Humaines & Techniques**, Hors Série, set. 1995, p. 34-39.

FAVERGE, J. M.; LEPLAT, J.; GUIGUET, B. **L'adaptation de la machine à l'homme**. Paris: PUF, 1958.

LEPLAT, J. **L'analyse psychologique de l'activité en ergonomie:** aperçu sur son évolution, ses modèles et ses méthodes. Toulouse: Octarès, 2000.

MONTMOLLIN, M. de. **Compétences, charge mentale, stress**: peut-on parler de santé "cognitive"? Trabalho apresentado ao XXVIII Congresso da Société d'Ergonomie de Langue Française, Genève, set. 1993.

PAVAGEAU, P.; NASCIMENTO, A.; FALZON, P. Les risques d'exclusion dans un contexte de transformation organisationnelle. **Pistes**, v. 9, n. 2, 2007. Disponível em: <http://www.pistes.uqam.ca>. Acesso em: 6 nov. 2015.

SEN, A. **L'idée de justice**. Tradução de P. Chemla. Paris: Flammarion, 2010.

TERSSAC, G. de; LOMPRÉ, N. Pratiques organisationnelles dans les ensembles productifs: Essai d'interprétation. In: SPÉRANDIO, J. C. (Ed.). **L'ergonomie face aux changements technologiques et organisationnels du travail humain**. Toulouse: Octarès, 1996. p. 251-266.

WISNER, A. **Réflexions sur l'ergonomie (1962-1995)**. Toulouse: Octarès, 1995.

Seção 1

Recursos e condições do desenvolvimento

1. O desenvolvimento das competências: uma condição para a construção da saúde e do desempenho no trabalho

Catherine Delgoulet e Christine Vidal-Gomel

A ergonomia sempre teve suas preocupações voltadas para o desenvolvimento dos operadores, sem que o sujeito estivesse no centro das questões de pesquisa (WATERSON et al., 2012). Na França, foi a partir da década de 1990 que esta questão realmente veio à tona, sobretudo a partir dos desafios de transformação ou concepção de instrumentos e situações de trabalho que não podiam mais ser ignoradas com relação às competências profissionais associadas, sua possível transferência ou formação. O conceito de competência apareceu gradualmente, e se torna necessário para dar conta do fato de que a atividade dos operadores não é nem aleatória nem totalmente previsível, e que não pode ser reduzida a uma lista de comportamentos situados em um determinado momento. Mais recentemente, a ergonomia colocou este tema como um dos seus objetivos a partir da noção de ambiente "capacitante" (FALZON, 2008).

Nessa perspectiva, vamos explicitar as ligações que unem o tema das competências às duas dimensões-chave da ergonomia, a saúde e o desempenho, e especificar a abordagem teórica subjacente que suporta esta tese. Em seguida, mostraremos como a ergonomia contribui, por um lado, à identificação das condições situacionais necessárias para a concepção dos ambientes de trabalho e, por outro, para evidenciar as escolhas organizacionais e técnicas que dificultam o desenvolvimento das competências no e para processos formativos ao trabalho. Finalmente, será dada ênfase à contribuição da ergonomia para a ideia de formações como dispositivos particulares de desenvolvimento das competências, mas também de transformação indireta do trabalho. Em conclusão, retornaremos aos desafios científicos e sociais que seguem existindo para apoiar e desenvolver a abordagem da ergonomia construtiva.

1.1 As competências: vetor da saúde e do desempenho

Em ergonomia, a saúde é definida como *"um equilíbrio dinâmico entre o bem-estar físico, mental e social ao longo da vida"* (RABARDEL et al., 1998, p. 49). Ela é construída dinamicamente na interação com os ambientes material, econômico e social. O trabalho é uma dimensão importante dessa construção. Por ser uma fonte de danos à saúde, ele também oferece possibilidades para a preservação física, realização pessoal, reconhecimento social e desenvolvimento das competências (DOPPLER, 2004): dimensões constitutivas desse equilíbrio dinâmico são favoráveis ao alcance dos objetivos profissionais estabelecidos.

1.1.1 A preservação da saúde por meio do desenvolvimento de competências

Montmollin (1993) foi provavelmente o primeiro a salientar as relações entre as dimensões cognitivas da atividade e a saúde, opondo saúde e "miséria cognitiva", e mostrando que o equilíbrio dinâmico que representa a saúde requer também o desenvolvimento de competências. Podemos considerar, a partir de Vygotski (1997), que o conjunto de competências adquiridas constitui os instrumentos psicológicos que favorecem o desenvolvimento de suas atividades mentais superiores e sua capacidade de compreender o mundo que o rodeia. Assim, no trabalho, a saúde se situa em um espaço entre dois polos – a "subcarga", que é a fonte potencial de tédio, de desinvestimento, de fadiga devido à inação, e a "sobrecarga", levando ao excesso na atividade, fator de risco para a saúde –, no qual os desafios a serem vencidos criam oportunidades para o desenvolvimento (MONTMOLLIN,

1993). Recentemente, uma pesquisa sobre as relações —"idade, saúde, trabalho" (MOLINIÉ, 2005) identifica uma ligação estatística entre o fato de "ter ou não uma profissão que lhe permita aprender", o sentimento de "se sentir capaz de permanecer em seu emprego até a aposentadoria" e a presença de problemas de saúde e sinais de desgaste. Esses resultados trazem à tona a questão da aprendizagem, e, mais amplamente, do desenvolvimento do sujeito na construção de sua saúde no trabalho e a manutenção do emprego, mostrando a importância de ser capaz de aprender no cotidiano como parte de sua atividade profissional.

As relações entre competências e saúde podem ser entendidas de muitas outras maneiras. A identificação, a compreensão, a antecipação e o controle de situações em que há o risco de acidentes se baseiam em competências individuais e coletivas (MARC; ROGALSKI, 2008; VIDAL-GOMEL, 2007), seja com relação aos riscos para si mesmo, os colegas de equipe, o sistema técnico ou, mais amplamente, aos riscos para os usuários de um serviço ou para a população. As competências do operador também estão envolvidas na prevenção de doenças profissionais e, de forma mais ampla, na preservação da saúde. Exemplos: no setor de processamento de carne, a perícia na afiação da faca, que exige sobretudo a representação mental do fio de corte, contribui para a prevenção de lesões musculoesqueléticas (LER/DORT; CHATIGNY; VÉZINA, 1995). Na indústria siderúrgica, os operadores mais idosos, responsáveis pela monitoração, são capazes de diagnosticar a qualidade do aço com base em informações sensoriais graças às competências adquiridas durante as suas experiências passadas na produção. Elas lhes permitem antecipar desvios de produção com mais antecedência do que para os iniciantes, evitando intervenções em caráter de urgência, que seriam uma fonte suplementar de fadiga (PUEYO, 2000).

Portanto, as competências e o seu desenvolvimento interessam aos ergonomistas por duas razões: desempenho e saúde, encontrados nas abordagens teóricas utilizadas para analisá-los.

1.1.2 Agir e compreender: condições para a construir o desempenho?

As competências se desenvolvem, em parte, na situação de trabalho, na atividade realmente desenvolvida para realizar uma tarefa. Duas dimensões de atividade podem ser diferenciadas (SAMURÇAY; RABARDEL, 2004): "a atividade produtiva", voltada para a produção de bens e serviços, e "a atividade construtiva", que contribui para o desenvolvimento do sujeito. A atividade construtiva enfoca a experiência do sujeito, resultado da atividade produtiva. Essas duas dimensões não podem ser completamente separadas, mesmo sendo distintas. As atividades construtivas dizem respeito tanto à realização da ação, no aqui e agora, de atividades metafuncionais (FALZON, 1994), as quais sobretudo visam à construção de ferramentas para uso futuro, como as atividades reflexivas (SCHÖN, 1993). As suas diferentes facetas favorecem a conscientização (PIAGET, 1974) e, consequentemente, a conceituação, momento no qual a compreensão da ação alcança sua realização, que muitas vezes a precede (WEILL-FASSINA; PASTRÉ, 2004).

A conceituação é elaborada ao longo do tempo, com a experiência em ambientes profissionais mais ou menos facilitadores. Ela oferece aos operadores novas formas de realizar suas tarefas e construir sua saúde no trabalho, por exemplo, a partir da extensão do "campo abrangido pelas representações" e do "campo temporal" que favoreça a antecipação, por meio de uma maior "resistência às perturbações" numa situação em que serão neutralizadas, compensadas parcialmente ou integradas ao registro do "normal" (VIDAL-GOMEL; ROGALSKI, 2007; WEILL-FASSINA, 2012). A análise desses processos e de suas condições de maturação revelam um desafio à ação ergonômica: colaborar para a concepção de ambientes "capacitantes" (FALZON, 2008) que preservem a saúde dos indivíduos, permitam a inserção e a sua continuidade na empresa e favoreçam a aprendizagem, proporcionando os meios para realizar as tarefas.

Assim, estudar o processo de desenvolvimento das competências também é abordar a questão do desempenho do ponto de vista não apenas das organizações (produção, qualidade, segurança, tempo etc.), mas também das pessoas que têm disposição para fornecer um trabalho de qualidade, um trabalho "bem feito" (CLOT, 2012). Nesse caso, o desempenho é um desafio para a saúde, como revelam trabalhos sobre os riscos psicossociais (GOLLAC; BODIER, 2011). Como ergonomistas, não enfocamos apenas o desempenho numa perspectiva positiva do ponto de vista da maestria, da perícia ou do sucesso na realização de uma tarefa conforme prescrita ou esperada. Qualquer operador é considerado *a priori* como dispondo de competências independentemente do resultado final. Os erros ou as dificuldades para dar conta das exigências de um trabalho de qualidade têm o mesmo *status* de interesse que os sucessos de um especialista. As competências que os fundamentam merecem tanta atenção de nossa parte para compreender em que e como, em dadas condições de trabalho, é possível (ou não) atingir os objetivos determinados, preservando e promovendo (ou não) a saúde ao longo do tempo (WEILL-FASSINA; PASTRÉ, 2004). É na confrontação das competências com as situações reais de trabalho que a sua análise nos permite identificar as medidas necessárias para a construção de um desempenho sustentável, apesar dos eventos inerentes a qualquer situação de trabalho e, em alguns casos, às impossibilidades criadas.

Em nossa proposta, o trabalho ficou até o presente em suspenso, como um pano de fundo para a discussão que propomos a respeito das relações entre "saúde-competências-desempenho". Passamos agora a centrar-nos sobre as possibilidades ou impossibilidades de desenvolvimento que os ambientes de trabalho propiciam.

1.2 Ambientes de trabalho para o desenvolvimento de competências

As dimensões temporais e situacionais do trabalho são fundamentais para a constituição das competências, sendo que o desenvolvimento não é nem aleatório nem predeterminado *a priori*. Ele está fortemente ligado a situações reais de trabalho, nas quais os operadores atuam (WEILL-FASSINA, 2012), e que podem ou não ser "situações potenciais de desenvolvimento", que atendem a um conjunto de condições para "envolver e apoiar o processo de desenvolvimento das competências de um indivíduo ou de grupo de indivíduos" (MAYEN, 1999, p. 66).

1.2.1 As condições favoráveis: situações potenciais de desenvolvimento e mediação

A primeira dessas condições estabelece uma relação entre as competências existentes de uma pessoa ou de um coletivo e as características da situação profissional em que ela participa. Essa associação pode ser descrita a partir da ideia do "envelope de situações" (ROGALSKI et al., 2002), correspondente à zona de desenvolvimento proximal dos indivíduos ou do coletivo (VYGOTSKI, 1997). Esse envelope compreende as situações que, para serem apreendidas, requerem aprendizagem e implementação da mediação por ferramentas (por exemplo, de ajuda), por seus pares ou outros (tutores, instrutores etc.). As situações que estão dentro desse envelope são conhecidas, rotineiras, e aquelas que estão fora não podem ser consideradas, uma vez que as competências foram adquiridas até o presente.

Outras condições dizem respeito às características das situações do mesmo trabalho, fontes eventuais de mediações (SAMURÇAY; ROGALSKI, 1998). A organização do trabalho disponibilizada, o tipo de tarefas ou missões a realizar, as suas condições efetivas de realização e as modalidades de emprego, assim como a gestão dos percursos profissionais nas organizações, irão modular e orientar o desenvolvimento das competências, ou até mesmo impedi-lo. Enfatizar que elas se aprimoram pela realização da atividade em determinada situação evidencia a importância dos processos de mediação não somente pelas condições de trabalho, mas também por seus pares, dois processos altamente interdependentes. Tomemos o exemplo do trabalho dos controladores de processos na indústria siderúrgica (PUEYO, 2000): é a organização do trabalho e as condições de realização que permitem aos mais velhos realizarem sua tarefa com uma latitude operatória e temporal suficiente (por exemplo, sair da sala de controle e avaliar em primeira mão a produção de aço); assim, eles foram capazes de conservar, transferir e utilizar as competências relacionadas à avaliação da qualidade do aço, anteriormente adquiridas nos cargos ocupados na produção. A mediação pelos pares (DELGOULET, 2012a) pode tomar forma na ação (por ocasião da realização de uma tarefa com várias pessoas), nos "momentos mais calmos" do trabalho (trajeto ou períodos de menor carga de trabalho), na realização de tarefas conexas (as fases de preparação e manutenção de equipamentos e ferramentas), por ocasião de incidentes, ou nos períodos de repouso no trabalho (as pausas). A mediação nem sempre é evidente, mas permite um enriquecimento mútuo. As competências adquiridas estão relacionadas aos conhecimentos e saber-fazer técnicos, além dos mais instáveis, implícitos e relativos a uma comunidade de prática (considerações éticas, valores do ofício etc.), ou mais "estratégicos", como "o saber gerir a margem de manobra" (TEIGER, 1993), o "saber-fazer de prudência" (CRU; DEJOURS, 1983) ou a transmissão do "cuidar" (GAUDART; THEBAULT, 2012), o que possibilita a prevenção dos riscos à saúde do operador e dos outros, sem que percam de vista os objetivos da tarefa.

Weill-Fassina (2012) enfatiza que estas mediações, pelas situações e pelos pares, funcionam quando as margens de manobra em cada caso são suficientes para permitir aos operadores desenvolverem respostas adequadas às situações reais. A construção dessas margens de manobra está ligada às atividades individual e coletiva *in situ*. De modo amplo, ela está relacionada com as práticas de concepção das situações, ferramentas e ambientes de trabalho. O ergonomista pode então contribuir considerando conjuntamente as três dimensões que definem os ambientes "capacitantes" (FALZON, 2008).

1.2.2 Condições desfavoráveis: entre forte prescrição e incerteza

No entanto, certas situações de trabalho não favorecem esse jogo entre atividades produtiva e construtiva. Assim, sua articulação pode estar em perigo em dois casos opostos (WEILL-FASSINA, 2012): por um lado, quando as regras e prescrições são numerosas, muito rigorosas ou contraditórias e constrangem a atividade e suas regulações; por outro, na condição de ausência de regras, o que gera uma incerteza muito grande, considerando as competências adquiridas, ou ainda as consequências potencialmente graves para si e para o sistema sociotécnico. Além disso, as situações de trabalho excessivamente rotineiras, que levam à elaboração de automatismos e não permitem a introdução de uma variação controlada na repetição, são bem conhecidas por não só desfavorecerem o desenvolvimento, mas o esclerosarem, o entravarem (LEPLAT, 2005). Outras características das situações de trabalho, tal como a organização temporal das tarefas, podem estar envolvidas. Ainda considerando o setor de processamento de carne, a maestria na afiação da faca, essencial para evitar o risco de lesões musculoesqueléticas, não pode ser adquirida em situações reais de trabalho, já que esse tempo não é reconhecido como importante para o cumprimento desta tarefa (CHATIGNY; VÉZINA, 1995).

Além disso, as dimensões construtivas da atividade, cuja importância para o desenvolvimento profissional foi ressaltada anteriormente, podem ser prejudicadas pela falta de espaço que lhes é dedicado no trabalho. Enquanto algumas organizações (como as "aprendentes" ou "enxutas") supõem a existência de um desenvolvimento contínuo dos operadores, o aumento das restrições comerciais em diversos setores profissionais (por meio da terceirização, da externalização ou do trabalho numa rede de filiais), a difusão de tecnologias da informação e comunicação, a automação, em conjunto com as crescentes limitações de tempo conduzem a uma contração dos tempos não imediatamente produtivos, em detrimento dos espaços de aprendizagem e reflexão. Os períodos que poderiam ser dedicados à integração de novos funcionários ou ao compartilhamento coletivo sobre as práticas do ofício são reduzidos, ou até mesmo banidos (GAUDART et al., 2008), deixando cada um frente a suas responsabilidades, suas dúvidas e dificuldades no trabalho, sob risco de efeitos danosos para a produção, a saúde ou a segurança das pessoas e dos sistemas. De forma mais ampla, muitas vezes, trata-se de uma "cascata" de determinantes que podem ser identificados como fontes de impedimento (CLOUTIER et al., 2012): do nível macro-organizacional (aumento dos empregos precários, não substituição daqueles que se aposentaram) ao dos coletivos de trabalho (sobrecarga, individualização das avaliações de desempenho), passando pelo nível local de um serviço ou de uma oficina de produção (alta rotatividade, trabalho em equipes alternadas, sem período de recuperação). Isso tudo fragiliza muito o processo de mediação pelos pares.

Todas as situações de trabalho não são, então, "potenciais de desenvolvimento". A ação do ergonomista envolve a identificação dessas condições e sua transformação, a fim de contribuir para a formação de ambientes de trabalho capacitantes. No entanto, isso não é suficiente: nem sempre é possível ou desejável aprender no curso do trabalho. Portanto, a formação inicial e contínua de homens e mulheres no decorrer de suas vidas continua a ser um importante propulsor de desenvolvimento, para a qual a ação ergonômica deve colaborar.

1.3 Conceber a formação: desenvolvimento/transformação do trabalho

Desde os anos 1950, a análise ergonômica do trabalho desenvolvida a partir dos trabalhos de Faverge está também voltada para a formação profissional de adultos (FALZON; TEIGER, 2011). As interações entre ergonomia e formação não cessaram desde então, mesmo que permaneçam certos mal-entendidos. Eles podem ser explicados pelos objetivos iniciais da ergonomia, que se destinam principalmente a adaptar o trabalho ao homem, enquanto a formação poderia ser considerada como destinada a um objetivo oposto. No entanto, alguns ergonomistas desenvolvem, desde os anos 1990, uma outra abordagem ergonômica da formação profissional (LACOMBLEZ et al., 2007).

Nessa abordagem, a contribuição da ergonomia à concepção da formação profissional favorece o desenvolvimento das competências. A análise do trabalho real (em suas dimensões produtiva e construtiva) é tida como fundamental para a construção de programas de formação ou, ainda, se constitui como uma ferramenta ou objeto da formação e transformação das situações de trabalho (DELGOULET et al., 2012). Considera-se também que aquilo que está em jogo na formação, na atividade dos aprendizes e dos instrutores, diz respeito a questões ergonômicas de saúde e desempenho.

1.3.1 Análise do trabalho para construir uma coerência externa para as formações

Tornou-se clássica a afirmação de que a análise da atividade de trabalho é "um pré-requisito para a formação" (MONTMOLLIN, 1974), sobretudo porque o trabalho real, as necessidades e as dificuldades dos operadores muitas vezes permanecem desconhecidas (FALZON; TEIGER, 2011). Consequentemente, as formações podem ser concebidas com base em situações de trabalho idealizadas (organização, condições materiais e físicas, nível de cooperação do cliente ou do usuário etc.) que contrariam, ou até mesmo bloqueiam, a aprendizagem ou a torna inoperante em situação profissional (DELGOULET, 2001; SANTOS; LACOMBLEZ, 2007).

Queremos enfatizar uma outra contribuição da ergonomia para a formação, típica de situações de trabalho específicas que não permitem uma aprendizagem suficiente do ofício. A análise da atividade em situação permite evidenciar essas impossibilidades e, então, conceber situações de formação, por meio da transformação das características da ação real, a fim de facilitar a aprendizagem.

Esse é o caso das situações de trabalho a risco ou, ainda quando os acidentes são muito raros para que a aprendizagem seja prevista *in situ*. Nesses casos, como no setor nuclear, na aviação, na área médica, a formação pela simulação é preferível. Há muito tempo, nesses sistemas sujeitos a riscos tem-se investido na formação dos operadores. Mas isso nem sempre é o caso em outras áreas, especialmente quando as tarefas dos operadores são consideradas "simples" *a priori*. O ramo de entrega de concreto pronto para uso está nessa categoria. Assim, a prevenção de riscos e a recuperação de incidentes são tratados apenas durante algumas horas de treinamento em sala, uma vez que os procedimentos envolvidos não podem ser adquiridos no trabalho devido aos riscos e nem mesmo ser transmitidos pelos pares, porque também são pouco conhecidos. Desse modo, mesmo operadores experientes, que tenham concluído essa formação, não conhecem as regras para recuperação de incidentes, o que pode se revelar fatal (VIDAL-GOMEL et al., 2009).

A análise da atividade de trabalho torna-se, então, uma ferramenta indispensável para identificar as dificuldades dos operadores em situação real de trabalho, para ajudar a desenvolver uma coerência externa das formações (DELGOULET, 2001) e para conceber dispositivos de aprendizagem que atinjam um desempenho satisfatório com relação à organização e aos atores envolvidos.

1.3.2 A análise do trabalho como ferramenta/objeto da formação

Esse artifício conceitual também permite entender a relação na formação, considerando por um lado a análise do trabalho como objeto de formação e, por outro, a intervenção ergonômica como ação formativa (DUGUÉ et al., 2010). As duas vertentes também encontram justificativa na preocupação dos ergonomistas, cada vez mais premente desde o início dos anos 2000, de ir além de uma abordagem "clássica" de diagnóstico e recomendações associadas. O impulso da intervenção ergonômica no âmbito dos projetos de concepção, a necessidade de acompanhamento das ações de transformação definidas por abordagens participativas e o desejo da perenização de ações ergonômicas gradualmente conduzem os ergonomistas para o campo da formação.

Trata-se, então, de deixar definitivamente uma postura de especialista sobre as situações e soluções a serem construídas, em prol de uma de apoio a diversos públicos visando a uma prática de análise da atividade de trabalho no contexto de dispositivos pedagógicos pela e para a ação (HUBAULT et al., 1994; SIX--TOUCHARD; FALZON, neste livro). São então sensibilizadas ou treinadas pessoas que atuam como "interface" na empresa (supervisores, por exemplo) para garantir a continuidade da ação ergonômica iniciada por meio da intervenção, sem que houvesse qualquer garantia de continuidade. Esse é o caso das abordagens "participativas", fortemente voltadas a uma prevenção sustentável dos problemas de saúde (GAUDART et al., 2012).

Essas formações têm como objetivo a transformação das representações iniciais dos aprendizes, por meio da revalorização do trabalho real em relação ao prescrito, abrindo o campo de possibilidades na interpretação dos cenários (de uma abordagem autocentrada para uma coletiva e compartilhada). Além do trabalho sobre as representações, essas formações têm a pretensão de contribuir para a transformação das situações de trabalho, munindo de ferramentas os atores envolvidos. Assim, formação e intervenção ergonômicas estão intimamente interligadas e se alimentam reciprocamente.

1.3.3 Analisar a atividade durante a formação para desenvolver a sua coerência interna

Finalmente, a análise da atividade durante a formação pode ser guiada por múltiplos objetivos: a melhoria dos dispositivos de formação existentes; a concepção de ferramentas para os atores da formação; o aprimoramento da formação inicial ou contínua dos instrutores e de suas condições de trabalho.

A análise da atividade de aprendizagem dos participantes pode revelar uma inadequação das situações de formação às suas características, dificuldades de aprendizagem específicas ou uma diversidade de estratégias de aprendizagem mobilizadas (CAU-BAREILLE et al., 2012). Grande parte dos trabalhos de pesquisa concentra-se nas dimensões cognitivas da atividade. São poucos aqueles que se focam nas dimensões conativas (ou seja, os aspectos afetivos e motivacionais). De fato, alguns estudos têm mostrado que a formação pode ser ansiogênica para os operadores mais velhos, especialmente quando as mudanças no trabalho são profundas – informatização de serviços ou mudança gerencial (DELGOULET; MARQUIÉ, 2002). Na mesma perspectiva, Santos e Lacomblez (2007) identificam em pescadores que estão em formação o medo de perder o domínio de saberes operantes anteriormente adquiridos, durante a tentativa de aprender uma nova maneira de usar uma ferramenta de seu cotidiano. Assim, a análise da atividade de aprendizagem nas suas dimensões cognitivas e conativas leva à identificação de barreiras significativas à aprendizagem e ao desenvolvimento de situações didáticas que permitam removê-las ou contorná-las.

A concepção, a avaliação ou a transformação de ferramentas pedagógicas muitas vezes é uma oportunidade para destacar a necessidade de considerar conjuntamente as atividades dos aprendizes e educadores (SIX-TOUCHARD; FALZON, neste livro). As ferramentas de ensino utilizadas pelo instrutor constrangem o trabalho de aprendizagem dos novatos em formação, assim como aquelas destinadas aos aprendizes são inadequadas se projetadas sem levar em conta o trabalho do instrutor e de suas condições efetivas de exercício (VIDAL-GOMEL et al., 2012). Portanto, em uma formação de manutenção automobilística, os instrutores são levados a complementarem os recursos insuficientes que lhes são fornecidos utilizando a experiência sobre defeitos anteriormente adquirida pelos aprendizes mecânicos (ANASTASSOVA; BURKHARDT, 2009).

Finalmente, a partir do final dos anos 1990, muitos autores se apoiaram nas contribuições da ergonomia para analisar o trabalho dos professores, rompendo com uma tradição que abordava o ensino apenas a partir de um ponto de vista pedagógico. No entanto, se a análise do trabalho dos professores em meio escolar dá origem a numerosos estudos, a atividade dos formadores, monitores, tutores etc. que atuam em meio profissional permanece muito menos conhecida (OLRY; VIDAL-GOMEL, 2011). Uma reflexão aprofundada para melhorar suas condições de trabalho, no que diz respeito a sua saúde e segurança, é necessária. Em um contexto de pressões econômicas, de evolução da gestão e das tecnologias, as profissões e as condições para o seu exercício são transformadas. Os formadores estão implicados por duas razões: sua profissão os conduz a acompanhar essas mutações e transformações, e eles mesmos estão submetidos a elas (TOURMEN; PRÉVOST, 2010). Nesse caso, a análise da atividade evidencia as novas tarefas e missões que lhes são atribuídas, além de suas dificuldades e os efeitos sobre sua saúde (DELGOULET, 2012). Dentre os problemas identificados, notamos: a diversidade e o acúmulo de empregos de alguns formadores; a variedade de tarefas que efetuam; as tensões na gestão do tempo e as longas jornadas de trabalho. Os estudos também apontam a presença de distúrbios infrapatológicos, forte sensação de fadiga ou ainda de riscos de distúrbios musculoesqueléticos, elementos que questionam as reais possibilidades de desenvolvimento profissional.

1.4 Discussão e conclusão

Neste capítulo, quisemos mostrar como a ergonomia contribui para o desenvolvimento de operadores dando apoio à construção de suas competências no trabalho e durante a formação. Isso também colabora para manter sua saúde, e segurança, e, mais amplamente, para o desempenho do sistema sociotécnico em que se encontram envolvidos. Ao longo desta análise, os temas clássicos da ergonomia, como a concepção e a transformação das situações de trabalho, cruzam com os do desenvolvimento (BÉGUIN; CERF, 2004). Encontramos para isso pelo menos quatro razões:

- o desenvolvimento dos operadores, pela construção e consolidação de competências, está intimamente relacionado com a sua saúde;
- a saúde, a inteligência dos operadores e os compromissos operacionais que são capazes de desenvolver face aos imprevistos das situações do trabalho, considerando as margens de manobra existentes, são garantias de desempenho;
- a atividade dos instrutores e dos aprendizes e sua análise podem alimentar o trabalho dos projetistas, melhorando o processo de concepção das ferramentas e das situações pedagógicas futuras. Elas também ajudam a promover as aprendizagens cruzadas entre projetistas e operadores, os futuros usuários;
- uma abordagem ergonômica da formação renova o questionamento sobre a concepção, uma vez que se trata de elaborar situações de desenvolvimento potencial que permitam o exercício da atividade dos operadores e instrutores.

Esses são, indubitavelmente, novos campos e temas de pesquisa que surgem para os ergonomistas e, também novos desafios que dizem respeito tanto aos referenciais teóricos e metodológicos utilizados como ao contexto social que, às vezes, parece apresentar contradições.

Assim, as primeiras pesquisas realizadas sobre o trabalho dos formadores mostram a utilidade da análise da atividade como ferramenta para melhorar as condições de trabalho, a sua saúde e a sua segurança, assim como para o desenvolvimento de suas competências. No entanto, elas enfatizam as limitações dos métodos e modelos teóricos atualmente utilizados pelos ergonomistas para apreender, em sua globalidade, um ofício cujas condições de trabalho e emprego são reconhecidas como pouco acessíveis, múltiplas e/ou efêmeras (CHATIGNY; VÉZINA, 2008; DELGOULET, 2012). O isolamento provocado pela precariedade das relações de trabalho acentua a natureza instável dessa profissão (fronteiras não claras entre o trabalho e a vida pessoal, por exemplo) o que incrementa as dificuldades de análise da atividade, desafios para se intervir na situação.

Finalmente, se as instituições nacionais e internacionais estabelecem como objetivos a aprendizagem e o desenvolvimento ao longo da vida, os conteúdos de formação nem sempre são pertinentes para promover o crescimento das competências requisitadas. Ainda, o contexto de intensificação do trabalho – que pode continuar a se desenvolver nos próximos anos – mina as oportunidades de formação e desenvolvimento em situação de trabalho. Na verdade, os tempos consagrados às atividades construtivas e metafuncionais, incluindo a formação, estão sendo reduzidos. A aquisição da experiência no longo prazo, que favorece a maestria e a preservação da saúde, tornou-se aleatória devido à extensão da precariedade. Há também que se considerar os sistemas organizacionais e de avaliação que impulsionam a individualização e a degradação das solidariedades nos coletivos de trabalho. Tantas são as formas de mediação pelos cenários e pelos pares que se enfraquecem ou desaparecem, aliadas a condições que constituem obstáculos ao desenvolvimento dos operadores. A pesquisa e a intervenção em ergonomia devem ajudar a identificar e compreender essas questões, para que se possa agir em uma perspectiva construtiva, considerando conjuntamente os objetivos da saúde e do desempenho.

Referências

ANASTASSOVA, M.; BURKHARDT, J. M. Automotive technicians' training as community-of-practice: implementation for the design of an augmented reality teaching aid. **Applied Ergonomics**, n. 40, p. 713-721, 2009.

BÉGUIN, P.; CERF, M. Formes et enjeux de l'analyse de l'activité pour la conception des systèmes de travail. **Activités**, v. 1, n. 1, p. 54-71, 2004.

CAU-BAREILLE, D.; GAUDART, C.; DELGOULET, C. Training, age and technological change: Difficulties associated with age, the design of tools, and the organization of work? **Work**, v. 41, n. 2, p. 127-141, 2012.

CHATIGNY, C.; VÉZINA, N. Analyse du travail et apprentissage d'une tâche complexe: Etude de l'affilage du couteau dans un abattoir. **Le travail humain**, v. 58, n. 3, p. 229-252, 1995.

______. L'analyse ergonomique de l'activité de travail: un outil pour développer les dispositifs de formation et d'enseignement. In: LENOIR, Y. (Ed.). **Didactique professionnelle et didactiques disciplinaires en débat**. Toulouse: Octarès, 2008. p. 127-159.

CLOT, Y. Le travail soigné, ressort pour une nouvelle entreprise. **La Nouvelle Revue du Travail**, n. 1, 2012. Disponível em: <http://nrt.revues.org/108>. Acesso em: 7 nov. 2015.

CLOUTIER, E.; LEDOUX, E.; FOURNIER, P. S. Knowledge transmission in light of recent transformations in the workplace. **Industrial Relations**, v. 67, n. 2, p. 304-324, 2012.

CRU, D.; DEJOURS, C. Les savoir-faire de prudence dans les métiers du bâtiment. **Les Cahiers Médicaux-sociaux**, n. 3, p. 239-247, 1983.

DELGOULET, C. La construction des liens entre situations de travail et situations d'apprentissage dans la formation professionnelle. **Pistes**, v. 3, n. 2, 2001. Disponível em: <http://www.pistes.uqam.ca> Acesso em: 7 nov. 2015.

DELGOULET, C. Being a trainer in the French vocational training system: a case study on job status and working conditions related to perceived health. **Work**, n. 41 (supl.), p. 5203-5209, 2012.

DELGOULET, C. et al. (Ed.). Ergonomic analysis on work activity and training. **Work special issue: Ergonomic Work Analysis and Training**, v. 41, n. 2, 2012.

DELGOULET, C.; MARQUIÉ, J. C. Age differences in learning maintenance skills: a field study. **Experimental Aging Research**, n. 28, p. 25-37, 2002.

DOPPLER, F. Travail et santé. In: FALZON, P. (Ed.). **Ergonomie**. Paris: PUF, 2004. p. 69-82.

DUGUÉ, B.; PETIT, J.; DANIELLOU, F. L'intervention ergonomique comme acte pédagogique. **Pistes**, v. 12, n. 3, 2010. Disponível em: <http://pistes.revues.org/2767>. Acesso em: 7 nov. 2015.

FALZON, P. Les activités méta-fonctionnelles et leur assistance. **Le Travail humain**, v. 57, n. 1, p. 1-23, 1994.

______. Enabling safety: issues in design and continuous design. **Cognition Technology and Work**, n. 10, p. 7-14, 2008.

FALZON, P.; TEIGER, C. Ergonomie, formation et transformation du travail. In: CASPAR, P.; CARRÉ, P. (Ed.). **Traité des sciences et techniques de la formation**. Paris: Dunod, 2011. p. 143-159.

GAUDART, C.; DELGOULET, C.; CHASSAING, K. La fidélisation de nouveaux dans une entreprise du BTP: approche ergonomique des enjeux et des déterminants. **Activités**, v. 5, n. 2, p. 2-24, 2008. Disponível em: <http://www.activites.org/ v5n2/v5n2.pdf.>. Acesso em: 7 nov. 2015.

GAUDART, C. et al. Impacting working conditions through trade union training. **Work**, v. 41, n. 2, p. 165-175, 2012.

GAUDART, C.; THÉBAULT, J. La place du care dans la transmission des savoirs professionnels entre anciens et nouveaux à l'hôpital. **Relations Industrielles**, v. 67, n. 2, p. 242-262, 2012.

GOLLAC, M.; BODIER, M. **Mesurer les facteurs psychosociaux de risque au travail pour les maîtriser**: Rapport du Collège d'expertise sur le suivi des risques psychosociaux au travail. Paris: Ministère du Travail, de l'emploi, de la formation professionnelle et du dialogue social, 2011. Disponível em: <http://www.travailler-mieux.gouv.fr/Mesurer-les-facteurs-psychosociaux.html>. Acesso em: 7 de nov. 2015.

HUBAULT, F. et al. **Formation par et pour l'action**: exemples d'apprentissage de la conduite de projet intégrant le point de vue du travail. Trabalho apresentado ao Congrès IEA, Toronto, ago. 1994.

LACOMBLEZ, M. et al. Ergonomics analysis of work activity and training: Basic paradigm, evolutions and challenges. In: PIKKAR, R.; KONIGSVELD, E.; SETTELS, P. (Ed.). **Meeting Diversity in Ergonomics**. Amsterdam: Elsevier, 2007. p. 129-142.

LEPLAT, J. Les automatismes dans l'activité: pour une réhabilitation et un bon usage. **Activités**, v. 2, n. 2, p. 43-68, 2005. Disponível em: <http://www.activites.org/v2n2/leplat.pdf>. Acesso em: 25 set. 2015.

MARC, J.; ROGALSKI, J. Collective management in dynamic situations: the individual contribution. **Cognition, Technology & Work**, v. 11, n. 4, p. 313-327, 2008.

MAYEN, P. Des situations potentielles de développement. **Éducation Permanente**, n. 139, p. 65-86, 1999.

MOLINIÉ, A. F. Se sentir capable de rester dans son emploi jusqu'à la retraite. **Pistes**, v. 7, n. 1, 2005. Disponível em: < http://www.unites.uqam.ca/pistes.> Acesso em: 7 nov. 2015

MONTMOLLIN, M. de. **L'analyse du travail préalable à la formation**. Paris: Armand Colin, 1974.

______. **Ergonomie et santé**. Trabalho apresentado ao XXVIII Congrès de la Société d'Ergonomie de Langue Française, Genève, set. 1993.

OLRY, P.; VIDAL-GOMEL, C. Conception de formation professionnelle continue: tensions croisées et apports de l'ergonomie, de la didactique professionnelle et des pratiques d'ingénierie. **Activités**, v. 8, n. 2, p. 115-149, 2011. Disponível em: <http://www.activites.org/v8n2/v8n2.pdf>. Acesso em: 7 nov. 2015.

PIAGET, J. **La prise de conscience**. Paris: PUF, 1974.

PUEYO, V. La traque des dérives: Expérience et maîtrise du temps, les atouts des anciens dans une tâche d'autocontrôle. **Travail et emploi**, n. 84, p. 63-73, 2000.

RABARDEL, P. et al. **Ergonomie: Concepts et méthodes**. Toulouse: Octarès, 1998.

ROGALSKI, J.; PLAT, M.; ANTOLIN-GLENN, P. Training for collective competence in rare and unpredictable situations. In: BOREHAM, N.; SAMURÇAY, R.; FISCHER, M. (Ed.). **Work process knowledge**. London: Routledge, 2002. p. 134-147.

SAMURÇAY, R.; RABARDEL, P. Modèles pour l'analyse de l'activité et des compétences: propositions. In: SAMURÇAY, R.; PASTRÉ, P. (Ed.). **Recherches en didactique professionnelle**. Toulouse: Octarès, 2004. p. 163-180.

SAMURÇAY, R.; ROGALSKI, J. Exploitation didactique des situations de simulation. **Le Travail Humain**, n. 61, p. 333-359, 1998.

SANTOS, M.; LACOMBLEZ, M. Que fait la peur d'apprendre dans la zone prochaine de développement? **Activités**, v. 4, n. 2, p. 16-29, 2007. Disponível em: <http://www.activites.org/v4n2/v4n2.pdf.>. Acesso em: 7 nov. 2015

SCHÖN, D. **Le praticien réflexif**: à la recherche du savoir caché dans l'agir professionnel. Montréal: Éditions Logiques, 1993.

TEIGER, C. L'approche ergonomique: du travail humain à l'activité des hommes et des femmes au travail. **Education Permanente**, v. 116, n. 3, p. 71-96, 1993.

TOURMEN, C.; PRÉVOST, H. (Ed.). **Être formateur aujourd'hui:** des formateurs de l'AFPA s'interrogent sur leur métier. Dijon: Raison et Passions, 2010.

VIDAL-GOMEL, C. Compétences pour gérer des risques professionnels: Un exemple dans le domaine de la maintenance des systèmes électriques. **Le Travail humain,** v. 70, n. 2, p. 153-194, 2007.

VIDAL-GOMEL, C. et al. Sharing the driving-course of a same trainee between different trainers, what are the consequences? **Work**, v. 41, n. 2, p. 205-215, 2012.

VIDAL-GOMEL, C.; OLRY, P.; RACHEDI, Y. Os riscos profissionais e a sua gestão em contexto: Dois objectos para um objectivo de formação comum. **Laboreal**, v. 5, n. 2, 31-47, p. 2009. Disponível em: <http://laboreal.up.pt/start.php>. Acesso em: 7 nov. 2015.

VIDAL-GOMEL, C.; ROGALSKI, J. La conceptualisation et la place des concepts pragmatiques dans l'activité professionnelle et le développement des compétences. **Activités**, v. 4, n. 1, p. 49-84, 2007. Disponível em: <http://www.activites.org/v4n1/v4n1.pdf>. Acesso em: 25 set. 2015.

VYGOTSKI, L. S. **Pensée et langage**. Paris: La dispute, 1997.

WATERSON, P.; FALZON, P.; BARCELLINI, F. The recent history of the IEA: an analysis of IEA Congress présentations since 1961. **Work**, n. 41 (supl.), p. 5033-5036, 2012.

WEILL-FASSINA, A. Le développement des compétences professionnelles au fil du temps, à l'épreuve des situations de travail. In: GAUDART, C.; MOLINIÉ, A.; PUEYO, V. (Ed.). **La vie professionnelle:** Age, expérience et santé à l'épreuve des conditions de travail. Toulouse: Octarès, 2012. p. 117-144.

WEILL-FASSINA, A.; PASTRÉ, P. Les compétences professionnelles et leur développement. In: FALZON, P. (Ed.). **Ergonomie.** Paris: PUF, 2004. p. 213-231.

2. O desenvolvimento da atividade coletiva

Sandrine Caroly e Flore Barcellini

A ergonomia trata os aspectos coletivos da atividade, enfocando-os como um objeto de regulação nas interações entre o(a) operador(a) e o seu contexto de trabalho. O objetivo deste capítulo é apresentar uma perspectiva construtiva sobre o desenvolvimento da atividade coletiva. Esta atividade é vista como uma articulação do trabalho coletivo com o qual os(as) operadores(as) estão comprometidos(as) e do coletivo de trabalho a que pertencem.

Na primeira parte deste capítulo, vamos introduzir as noções de coletivo de trabalho como um recurso para o desenvolvimento da saúde, do trabalho coletivo e do desempenho, como componentes de uma atividade em conjunto eficaz e eficiente. Na segunda parte, serão destacadas as condições organizacionais e materiais essenciais para a construção da atividade coletiva. Por fim, vamos concluir sobre a necessidade de se interessar pelo trabalho de organização de um ambiente capacitante que propicie o desenvolvimento dessa atividade coletiva e, consequentemente, pela atividade dos gestores desses ambientes.

2.1 Articulação do trabalho coletivo e do coletivo de trabalho na atividade

2.1.1 O trabalho coletivo: um recurso para o desempenho

O *trabalho coletivo* é a maneira como os operadores e as operadoras irão mais ou menos cooperar de forma eficaz e eficiente em uma situação de trabalho (ÁVILA ASSUNÇÃO, 1998; DE LA GARZA; WEILL-FASSINA, 2000). Ele é definido em relação à tarefa em que estão comprometidos os parceiros do trabalho coletivo e refere-se ao desempenho na realização de seus objetivos. Implica também processos de divisão das tarefas e das trocas de conhecimento, favorecendo a implementação da regulação na atividade.

Vários recursos sociocognitivos favorecem a produção de um trabalho coletivo eficaz (CAROLY, 2010; CARROLL et al., 2006; DARSES; FALZON 1996; SALEMBIER; ZOUINAR, 2004; SCHMIDT, 2002; WISNER, 1993): possibilidades *de sincronização operatória* – coordenação – entre os participantes; a *construção de um Referencial Operativo Comum* (ROC); conhecimento mútuo do trabalho de cada um, uma referência comum sobre o estado do processo, resultando no desenvolvimento de uma *consciência da situação* ou "*awareness*".

A *sincronização operatória* (DARSES; FALZON, 1996) determina as possibilidades de coordenação entre os participantes engajados no trabalho coletivo. Destina-se a assegurar: a divisão das tarefas entre os parceiros de um trabalho coletivo e a sua organização temporal (início, parada, simultaneidade, sequenciamento, ritmos de ações a serem realizadas). Essa coordenação nunca é completamente predefinida (por procedimentos prescritos, por exemplo), é coconstruída por parceiros e envolve a comunicação (verbal e não verbal) entre eles (GROSJEAN, 2005; SALEMBIER; ZOUINAR, 2004). Essa comunicação permite a instauração de regulações que garantem a eficácia do trabalho coletivo (LEPLAT, 2006). Por exemplo, os processos de coordenação parecem indispensáveis para regular os imprevistos e os riscos no local de trabalho, evitando situações de acidente (KEYSER, 1980).

Um segundo tipo de recursos classicamente evocado em ergonomia refere-se à possibilidade dos participantes se *sincronizarem cognitivamente* (DARSES; FALZON, 1996), ou seja, construir, manter e desenvolver um conjunto de "conhecimentos comuns", que permita aos parceiros do trabalho coletivo gerenciarem as dependências entre as suas diferentes atividades individuais. Esses são baseados em experiências vivenciadas em conjunto, conhecimentos ou crenças da profissão histórica e culturalmente constituídas (SALEMBIER; ZOUINAR, 2004).

Dois tipos de conhecimento aparecem como essenciais para o trabalho em equipe eficaz:

- Por um lado, os participantes deverão ser capazes de elaborar um conhecimento comum sobre a atividade (regras técnicas, objetos do campo da atividade e suas propriedades, procedimentos de resolução etc.), também chamado de ROC. Esse referencial inclui as "representações funcionais comuns aos operadores que orienta e controla a atividade que realizam coletivamente" (LEPLAT, 1991; 2001; TERSSAC; CHABAUD, 1990). Para construir um ROC, os protagonistas do trabalho coletivo devem ter a possibilidade de se engajar em atividades de esclarecimento (BAKER, 2004) e de explicação, as quais permitam negociar e construir uma compreensão mútua da situação (SALEMBIER; ZOUINAR, 2004), mas também de se ajustar conceitualmente (KARSENTY; PAVARD, 1997) e construir os conhecimentos mais duradouros necessários ao trabalho coletivo. Por exemplo, a construção de um ROC (LEPLAT, 1991) é determinante para a gestão de falhas do sistema de trabalho e o controle do perigo.

- Por outro, no "aqui e agora da tarefa", os sujeitos devem ser capazes de construir uma representação do estado atual da situação em que estão engajados (conhecimento de fatos relacionados ao estado da situação, às contribuições dos parceiros envolvidos na tarefa etc.), também da situação chamada de "*awareness*" (consciência) (CARROLL et al., 2006, SCHMIDT, 2002). A construção do "*awareness*" é apoiada por práticas por meio das quais os participantes que cooperam, enquanto enfrentam suas próprias urgências e riscos, têm a capacidade de "captar" o que fazem seus colegas e regular a sua atividade em relação ao que percebem (SCHMIDT, 2002). Por isso, eles devem ter a possibilidade de "permanecer sensíveis às suas condutas e às de seus colegas" (HEATH et al., 2002, p. 317, traduzido por GROSJEAN, 2005). No entanto, não é apenas uma vigilância com relação à atividade de seus parceiros, mas também tornar visíveis os elementos da sua própria atividade que podem ser pertinentes para outros (GROSJEAN, 2005; SALEMBIER; ZOUINAR, 2004; SCHMIDT, 2002). A construção de uma "consciência" não é apenas um processo oportunista, resultante da propiciação da situação, mas se apoia nas competências dos parceiros do trabalho coletivo para reconhecer, interpretar e compreender reciprocamente as suas condutas e os recursos que estão disponíveis (GROSJEAN, 2005; ZOUINAR; SALEMBIER, 2004).

2.1.2 O trabalho coletivo: um recurso para o desenvolvimento da saúde e das competências

O trabalho coletivo distingue-se do conceito de coletivo de trabalho. De fato, "todo trabalho coletivo não (necessariamente) implica um coletivo de trabalho" (BENCHEKROUN; WEILL-FASSINA, 2000, p. 6). No entanto, em vários estudos denota-se uma tendência a confundir um com o outro.

Para a ergonomia, um coletivo de trabalho é construído entre operadores e operadoras que compartilham objetivos referentes à realização de um trabalho de qualidade – isto é, tendo em vista os seus critérios de eficácia como definidos por eles e na acepção que atribuem a este trabalho. O coletivo de trabalho criado tem então um papel de proteção da subjetividade do indivíduo na sua relação com a ação. Esse papel protetor é desempenhado sobretudo por meio da capacidade do coletivo de elaborar – ou reelaborar – normas e regras que regem a ação, de acordo com os critérios de qualidade do trabalho, de gerenciar conflitos nas relações de trabalho e, finalmente, de dar significado a ele. Ela permite a cada um de seus membros ter acesso a esse sentido e aos critérios de qualidade do "trabalho bem feito" pelas regras do ofício (CRU, 1988), as quais são baseadas em uma história que articula as trocas entre as pessoas no trabalho e favorece a mobilização do sujeito em sua atividade. Nesse sentido, o conceito de *coletivo de trabalho* é mais forte que a noção de grupo restrito em sociologia

(ANZIEU; MARTIN, 1990), ou de equipe prescrita em ergonomia. O coletivo faz parte da atividade; não é apenas um determinante da situação de trabalho.

Em uma perspectiva construtiva, duas possíveis facetas do coletivo de trabalho são levadas em conta: o coletivo de trabalho aparecer como um recurso para o desenvolvimento da saúde em um sentido amplo e permitir que o indivíduo "cuide" do seu trabalho, contribuindo, desse ponto de vista, para a saúde individual. Além disso, promove a aprendizagem e o desenvolvimento das competências, o que é vetor de saúde (DELGOULET; VIDAL-GOMEL, neste livro).

O coletivo de trabalho ajuda a manter a saúde dos seus membros, uma vez que influi para que o debate sobre o trabalho não se volte diretamente a questões relativas às personalidades, mas sim à atividade e à organização do trabalho. A existência de um coletivo de trabalho leva os operadores e as operadoras a debaterem o significado de suas ações e a compartilharem as maneiras de resolver as questões associadas às situações de trabalho que estão na origem dos conflitos de objetivos no âmbito de suas atividades. Assim, o coletivo fornece um conjunto de gestos profissionais possíveis, uma série de maneiras de fazer um trabalho de qualidade (no sentido em que o operador o conceba), que podem ajudar o operador a encontrar em sua atividade meios e formas de fazer adaptados à situação, com o objetivo de preservação da sua saúde e de construção do sentido do trabalho.

Mais especificamente, o coletivo de trabalho participa da preservação dos recursos psicossociais (CAROLY 2011; MIOSSEC, 2011) e da prevenção de distúrbios osteomusculares (ÁVILA-ASSUNÇÃO, 1998; CHASSAING, 2008; SIMONET, 2011). Por exemplo, alguns conflitos de objetivos estão presentes nas atividades diárias de trabalho dos policiais (CAROLY, 2011): na intervenção junto a pessoas em situação precária, eles devem "prender a qualquer preço", para cumprir os objetivos fixados pela hierarquia, ou devem "não prender", para evitar uma degradação da situação e garantir a qualidade do serviço? Quando o coletivo de trabalho define as situações de não intervenção (por exemplo, orientar um sem-teto para procurar uma instituição de acolhimento, pedir a uma pessoa que apresente seus documentos na delegacia, ligar para a mãe para que ela entregue os filhos ao seu ex-marido etc.), os policiais elaboram um debate sobre a qualidade do trabalho com critérios que lhes permitem responder aos conflitos de valores e dilemas éticos na atividade real de trabalho. Por outro lado, em determinadas situações de trabalho – como nas centrais de atendimento ou nas organizações de trabalho neotayloristas –, as poucas possibilidades de recursos para o coletivo de trabalho reforçam a pressão exercida sobre o operador, que não pode "cuidar" de sua atividade já que sua subjetividade é constantemente minada por injunções contraditórias, as quais não podem ser geridas pelo coletivo de trabalho (GROSJEAN; RIBERT-VAN DE WEERT, 2005; SZNELWAR et al., 2006; THÉRY, 2006).

O coletivo de trabalho é um lugar de inovação com relação às diferentes maneiras pelas quais cada um pode fazer o seu trabalho: aprendizagem inovadora graças aos questionamentos, confronto e debate entre os membros deste coletivo.

2.1.3 Do necessário desenvolvimento da atividade coletiva

O coletivo de trabalho é pensado principalmente como um recurso para a saúde, enquanto o trabalho coletivo refere-se à eficácia de uma ação coletiva. No entanto, ambos são, na verdade, articulados na realização da atividade dos sujeitos. De fato, o trabalho coletivo é um recurso na prática, pois torna o trabalho coletivo mais "operante", por meio da construção de regras comuns para lidar com as exigências externas, enriquecendo, por exemplo, o referencial comum. Além disso, por permitir a gestão coletiva de situações, o coletivo apoia mais a cooperação que a gestão individual dessas situações. Por exemplo, ele possibilita a implementação de regulações que respeitem a idade e a experiência, o que promove a repartição de esforços, mas também o apoio a um membro do grupo que enfrenta dificuldades para atingir os objetivos da sua tarefa. Por fim, o coletivo de trabalho dá "poder de agir" (CLOT, 2008) ao operador na sua atividade diária para encontrar novos caminhos, novas maneiras de fazer o trabalho e, assim, tornar o trabalho coletivo mais eficaz.

Por outro lado, a experiência das situações de trabalho coletivo na ação é uma oportunidade para o desenvolvimento do coletivo de trabalho. De fato, o coletivo não preexiste à ação. Ele se cria nas oportunidades dadas pelo agir em conjunto na ação. Ele depende das situações de trabalho que oferecem experiências práticas de trabalho coletivo, as quais são a ocasião para o engajamento do sujeito no coletivo de trabalho.

Para explicar essa articulação entre o coletivo de trabalho e o trabalho coletivo na atividade, propomos o conceito de *atividade coletiva* (CAROLY, 2010). A implementação de uma atividade coletiva busca atingir objetivos de saúde, eficiência e desenvolvimento de valores específicos da atividade (sentido do trabalho para o(a) operador(a) inscrito(a) em uma relação de troca com colegas sobre a qualidade do trabalho na profissão). Essa atividade coletiva possibilita o desenvolvimento de competências individuais e de sua complementaridade no trabalho, além de enriquecer a vitalidade do coletivo de trabalho (CAROLY, 2010). Assim, ela não pode ser construída unicamente a partir de uma soma das diferentes atividades individuais, mas também pelas idas e vindas permanentes entre a atividade do sujeito, a implementação de um trabalho coletivo e o funcionamento do coletivo de trabalho.

Trabalho coletivo e coletivo de trabalho são os pilares da produção de uma atividade coletiva de qualidade: o primeiro favorece o desenvolvimento das competências, a aprendizagem e a preservação da saúde, e um trabalho coletivo eficaz ajuda a atingir os objetivos de desempenho. Mas isso só é possível sob certas condições. Em uma perspectiva construtiva, a ergonomia deve facilitar o desenvolvimento da atividade coletiva, agindo sobre as condições organizacionais e materiais que favorecem a construção de ambos.

2.2 Apoiar as condições do desenvolvimento da atividade coletiva

Em uma abordagem desenvolvimentista, o objetivo da ergonomia deve ser o de instrumentalizar a atividade coletiva, criando as ferramentas e os recursos necessários ao seu desenvolvimento: apoio ao desenvolvimento de representações acerca das competências e da qualidade do trabalho dos outros; construção de espaços para compartilhar os critérios sobre a qualidade do trabalho; desenvolvimento de organizações que permitam processos de reelaboração de regras; concepção de suportes ao desenvolvimento de recursos da atividade coletiva por meio de objetos intermediários e dispositivos tecnológicos de assistência à atividade coletiva.

2.2.1 Favorecer o reconhecimento das competências e da qualidade do trabalho do outro

A atividade coletiva baseia-se em um conhecimento do outro e no reconhecimento de suas competências. Este não se situa apenas nas relações verticais entre os superiores hierárquicos e os operadores e operadoras, ele está também nas relações horizontais entre eles. O reconhecimento das competências do outro, de seu colega, é necessário para o trabalho coletivo e enriquece o coletivo de trabalho. Assim, tal reconhecimento pode promover a atividade coletiva por meio da cooperação suscitada na ação e da eficiência do coletivo de trabalho que a cooperação pressupõe. Se o coletivo é reconhecido e apoiado, ele pode contribuir para a implementação de atividades metafuncionais sobre situações de trabalho que ajudem os operadores e operadoras a adquirirem consciência de suas experiências e a formalizarem suas competências, a fim de poder eventualmente transmiti-las.

As teorias do reconhecimento (ALTER, 2009; DEJOURS, 2007; HONNETH, 2000) compartilham a ideia de que a constatação do trabalho do outro implica um reconhecimento da qualidade do trabalho e do indivíduo. O reconhecimento das competências como condição de desenvolvimento da atividade coletiva remete a questões sobre o que cada um traz para a produção e a cooperação, além do debate sobre as normas e os valores. Ainda, a avaliação das competências do outro e da qualidade de seu trabalho é motor da construção de uma relação de confiança essencial para o desenvolvimento da atividade coletiva, por exemplo, para se comunicar de forma eficaz (KARSENTY, 2011). De fato, uma relação de confiança não pode ser imposta: ela é construída no decorrer das interações entre profissionais, em particular por meio de avaliação da concordância ou discordância entre as expectativas dos protagonistas do trabalho e os resultados dos seus colegas (KARSENTY, 2011). Portanto, há uma forte ligação entre as possibilidades de avaliação das competências e da qualidade do trabalho de cada um e as possibilidades de construção das relações de confiança.

A ergonomia deve ajudar no reconhecimento das competências dos protagonistas da atividade coletiva. A partir de técnicas explícitas ou de confrontação que propicia, ela pode ajudar a formalizar as competências desenvolvidas por uns e outros em situações de trabalho específicas, muitas vezes discrepantes ou até mesmo conflitantes com as expectativas existentes a respeito do trabalho. Portanto, ela leva os operadores e as operadoras a se questionarem sobre o que conhecem do outro, de suas competências e de suas fraquezas.

Esse reconhecimento das competências e da qualidade do trabalho de cada um é um pré-requisito para a implementação de debates sobre os critérios de qualidade do trabalho, essenciais para a atividade coletiva.

2.2.2 Construir espaços de debate para compartilhar critérios sobre a qualidade do trabalho

Para apoiar o desenvolvimento da atividade coletiva, o coletivo de trabalho deve ser um lugar que favorece um debate sobre os valores, as dimensões relevantes da atividade e as condições de trabalho necessárias para a realização de um trabalho de qualidade (ligada à eficácia, à preservação da saúde e à construção do sentido do trabalho). Para tanto, a ergonomia alimenta discussões entre operadores e operadoras a respeito da atividade real de trabalho e dos conflitos e injunções que surgem em determinadas situações de trabalho. Ela promove um debate sobre a qualidade que cada um mobiliza em sua atividade, sobre os seus critérios relacionados com os recursos e os impedimentos de cada um em sua atividade. Eles podem então ser diferentes de acordo com as formas de pensar e agir dos operadores e operadoras, e não são oriundos dos critérios de desempenho da tarefa definidos pela organização, mas sim da atividade real e do que ela demanda dos sujeitos.

Em uma perspectiva construtiva, a ergonomia deve ser encarregada de promover debates sobre a atividade de trabalho para que os membros do coletivo de trabalho possam dialogar tanto sobre as dificuldades como sobre os recursos internos e externos à atividade. Isso supõe equipar o coletivo de dispositivos metodológicos específicos, especialmente espaços de discussão entre operadores(as) de um mesmo ofício, permitindo a discussão sobre os critérios para a eficácia do trabalho e os valores mobilizados na atividade. Para isso, existem vários métodos que podem ser utilizados como meios de construir coletivamente os critérios de qualidade do trabalho: os de autoconfrontação cruzada (CLOT, 2008), que oferecem diferentes contextos de diálogos entre pares (SIMONET,

2011), e os de aloconfrontação (MOLLO; FALZON, 2004) ou Julgamento Diferencial de Aceitabilidade do risco, utilizado no campo da segurança em atividades de cuidado (NASCIMENTO, 2009; MOLLO; NASCIMENTO, neste livro).

A abordagem ergonômica deve ajudar o coletivo de trabalho a construir um ponto de vista sobre o que é importante defender no que diz respeito à qualidade do trabalho. Esse debate sobre os critérios de qualidade é um pré-requisito a toda transformação da situação de trabalho e permite definir as evoluções da organização obtidas por meio de negociações entre os diferentes atores (direção, projetistas e entidades representativas dos assalariados).

2.2.3 Desenvolver uma organização que promova os processos de reelaboração das regras

A possibilidade de elaboração ou reelaboração das regras compartilhadas por um coletivo é uma condição essencial para o desenvolvimento da atividade coletiva. O debate não somente sobre os critérios de qualidade do trabalho, mas também com relação às regras e a sua reelaboração, participa do funcionamento do coletivo, de seu enriquecimento e da eficiência do trabalho coletivo, além de ter uma função protetora para a saúde do indivíduo (CRU, 1988). Essas reelaborações de regras por parte do coletivo não só visam reduzir as limitações ao trabalho decorrentes das prescrições da hierarquia, mas também gerenciar conflitos de objetivos na atividade, encontrando maneiras de neutralizá-los a fim de conseguir um "trabalho bem-feito" (FLAGEUL-CAROLY, 2001). Condições organizacionais que permitam a confrontação de gestos e práticas de outros membros do coletivo e o debate sobre os valores e o sentido do trabalho são essenciais para favorecer tanto a aprendizagem das regras como a sua reelaboração (BOURGEOIS; HUBAULT, neste livro; ARNOUD; FALZON, neste livro).

Várias condições organizacionais são necessárias para que esse processo de reelaboração das regras possa ocorrer:

- As regras implementadas pela organização devem suportar as regulações efetivamente implementadas por operadores(as) para compensar as lacunas ou as contradições oriundas dela. Por exemplo, quando a não aplicação da regra prescrita se manifesta com a finalidade de se fazer uma gestão dos riscos, as normas podem ser reformuladas pelo coletivo para serem ajustadas à atividade real de trabalho. As margens de manobra criadas pelo operador em sua atividade e aquelas dadas pela organização para que tal sujeito se ajuste às dificuldades de sua tarefa devem ser completadas com as margens de manobra propiciadas pelo coletivo de trabalho (CAROLY, 2010).

- As margens de manobra fornecidas pela organização do trabalho devem facilitar a implementação de regulações operativas e a construção de metarregras que definam as regras coletivas de uso daquelas prescritas. Elas são construídas na confrontação com situações variadas e necessitam de tempo e compartilhamento de experiências.

- As regulações individuais e a distribuição de tarefas relacionadas à experiência e à idade devem ser possíveis no âmbito do trabalho coletivo. As regras reelaboradas coletivamente devem autorizar a expressão da singularidade de cada um em sua atividade, sem prejudicar a realização do trabalho comum.

2.2.4 Construir objetos intermediários de apoio à atividade coletiva

A presença de objetos intermediários é outra das condições para o desenvolvimento da atividade coletiva, sobretudo pelo apoio aos debates sobre os critérios de qualidade do trabalho. Esses objetos intermediários (JEANTET, 1998) incentivam os intercâmbios para a construção de sincronizações de Referencial Operativo Comum (ROC) e da *awareness* (consciência). Eles têm um papel mediador, tanto para o operador(a) em conexão com sua atividade individual, como também com a atividade coletiva, sendo um apoio à reflexão conjunta sobre a situação. Nesse sentido, eles podem concretizar discussões e apoiar debates quanto à qualidade do trabalho sobre os objetivos comuns de operadores e operadoras.

Em uma abordagem construtiva, esses objetos intermediários são instrumentos da atividade coletiva que a ergonomia pode ajudar a desenvolver.

Ela deve evidenciá-los aos atores, que nem sempre estão conscientes da sua existência, para promover um confronto entre eles a respeito dos objetivos de produção e de qualidade. Além disso, para promover o desenvolvimento da atividade coletiva, a ergonomia também deve participar da concepção de objetos intermediários que permitam debates sobre diferentes pontos de vista e promovam as controvérsias. Por exemplo, as abordagens de concepção em projetos com ergonomia integram desde já objetos intermediários – os suportes de simulação – que permitem aos atores participantes desenvolverem uma representação comum do objeto que está sendo projetado e apoiar as controvérsias em torno da atividade futura e, portanto, propiciar o desenvolvimento das atividades (BARCELLINI; VAN BELLEGHEM; DANIELLOU, neste livro).

2.2.5 Concepção de dispositivos técnicos que sustentem a atividade coletiva

As situações de trabalho coletivo estão cada vez mais equipadas com ferramentas informáticas que visam sustentar o trabalho coletivo. No entanto, essas tecnologias são muitas vezes pensadas em termos de uma sustentação ao trabalho colaborativo prescrito – ou ainda unicamente à coordenação prescrita –, e não de apoio para a construção de uma atividade coletiva. Por exemplo, essas ferramentas muitas vezes incorporam modelos de "processos de trabalho" (*workflow*, ou fluxo de trabalho), o que corresponde a uma visão prescrita do processo de coordenação entre os parceiros do trabalho coletivo (SALEMBIER; ZOUINAR, 2004). A introdução dessas ferramentas é normalmente acompanhada de um empobrecimento no contexto da ação, que é um elemento essencial para a compreensão das atividades de cada um e possibilidades da construção de uma consciência da situação (GROSJEAN, 2005; SALEMBIER; ZOUINAR, 2004) e do ROC. Finalmente, poucas ferramentas suportam diretamente a construção de representações sobre as competências, os papéis e a perícia de outros protagonistas – definida como consciência social (BARCELLINI et al., 2010) –, o que limita a possibilidade de usá-los como um recurso eventual para o desenvolvimento do coletivo de trabalho.

Existe, então, um risco real de rigidificação dos processos de trabalho, contrariando profundamente a atividade coletiva sob vários pontos de vista: as regulações, as comunicações da construção de referencial comum impossibilitadas pelo sistema técnico, as impossibilidades de acesso e reconhecimento do trabalho do outro, do compartilhamento de critérios de qualidade e, finalmente, dos conflitos de objetivos materializados em dispositivos técnicos. No médio prazo, são as possibilidades de desenvolvimento do coletivo de trabalho que podem ser frustradas, deixando os atores sem recursos para preservarem sua saúde.

Então, como conceber dispositivos técnicos que tanto suportem o trabalho coletivo como permitam o desenvolvimento do coletivo do trabalho? Algumas das limitações evidenciadas neste texto podem ser anuladas, propondo-se uma abordagem de acompanhamento dos projetos de concepção dos dispositivos técnicos que visam a um desenvolvimento conjunto dessas *tecnologias*, da *organização* em que estão inseridos e, finalmente, da atividade futura dos operadores e operadoras (BARCELLINI; DANIELLOU; VAN BELLEGHEM, neste livro).

Um dos objetivos dessa abordagem é agir sobre a concepção do artefato técnico para permitir o desenvolvimento de uma atividade coletiva:

- Por um lado, isso implica contribuir para o desenvolvimento das operações de apoio ao trabalho coletivo (a coordenação, o *awareness* e a construção de um referencial comum etc.), por exemplo, oferecendo modalidades das representações de ações de operadores(as) que permitam um acesso conjunto aos recursos e às informações presentes no ambiente (SALEMBIER; ZOUINAR, 2004).

- Por outro, implica contribuir para a definição das operações de apoio ao desenvolvimento do coletivo de trabalho. Elas deveriam remeter a possibilidades de construção de representações das competências dos outros e auxiliarem a formalização dos critérios de qualidade do trabalho usados por este ou aquele participante.

No entanto, é improvável que a tecnologia por si só seja suficiente para sustentar o desenvolvimento da atividade coletiva. O processo de acompanhamento dos projetos de concepção deve também contribuir para a ideia da situação de trabalho global na qual o artefato técnico vai ser instituído. Portanto, ela também deveria acompanhar a redefinição de regras das organizações que o dispositivo técnico vai ajudar a transformar.

Finalmente, a implementação da abordagem ergonômica de concepção é uma oportunidade para o desenvolvimento das atividades (BARCELLINI; VAN BELLEGHEM; DANIELLOU, neste livro; PETIT; COUTAREL, neste livro) e, portanto, das coletivas, já que deve incentivar, em especial durante as simulações, os processos de reelaborações das regras e as discussões sobre os critérios de qualidade necessários para o desenvolvimento do coletivo de trabalho.

2.3 Conclusão: sobre o desenvolvimento de ambientes capacitantes e a importância da atividade da supervisão

Produzir e desenvolver a atividade coletiva é então um trabalho para os operadores e operadoras, que requer o desenvolvimento de ferramentas ou de organizações que promovam a articulação do trabalho coletivo e do coletivo de trabalho.

Mais amplamente, a perspectiva desenvolvida neste capítulo contribui para a reflexão sobre a concepção de ambientes capacitantes, em nosso caso, para o desenvolvimento da atividade coletiva. Vimos que a questão das regras e da sua reformulação, bem como as discussões sobre os critérios de qualidade do trabalho, são essenciais para o desenvolvimento da atividade coletiva. Isso exige um trabalho sobre a concepção de *organização capacitante*, a qual promove o desenvolvimento de normas aceitáveis para a atividade – individual e coletiva (COUTAREL; PETIT, 2009; FALZON, 2005; ARNOUD; FALZON, neste volume) –, isto é, que permita a elaboração de uma atividade de qualidade articulando os objetivos de desenvolvimento em saúde (em sentido amplo) e de desempenho, e colabore para o debate sobre a conceituação do trabalho de qualidade (sobre os valores ligados a ele).

As modalidades de transformação das organizações propostas pela ergonomia são então de dois tipos. O primeiro é ajudar a supervisão e a gerência a serem capazes de identificar as formas de reorganização do trabalho de operadores e operadoras que permitam debates sobre o significado do trabalho e sua qualidade, de considerá-los na reconcepção das organizações, de modo a conceber organizações que propiciem espaço a esses debates e a modalidades de reelaboração das regras. Um segundo tipo é instrumentalizar esses durante o processo de concepção em si, a partir da implementação de simulações organizacionais que promovam controvérsias entre operadores(as) sobre as regras e o significado do trabalho.

Em outras palavras, para poder agir de forma eficaz sobre as organizações e sua concepção, a ergonomia deve prestar mais atenção à atividade dos organizadores do trabalho, a suas restrições, a seus recursos e estratégias para propiciar uma evolução destas e uma melhor consideração da atividade coletiva no processo de reorganização do trabalho. É nesta condição que o ambiente se tornará capacitante para o desenvolvimento da ação coletiva. Isso também significa que os seus equipamentos (dispositivo técnico, rede de atores, espaço de discussão, meios de transmissão da experiência) também precisam ser investigados diretamente pelos ergonomistas durante sua intervenção.

Referências

ALTER, N. **Donner et prendre**: la coopération en entreprise. Paris: La Découverte, 2009.

ANZIEU, D.; MARTIN, J. Y. **La dynamique des groupes restreints**. Paris: PUF, 1990.

ÁVILA ASSUNÇÃO, A. **De la déficience à la gestion collective du travail**: Les troubles musculo-squelettiques dans la restauration collective. 1998. Tese (Doutorado em Ergonomia) – Ecole Pratique des Hautes Etudes, Paris, 1998.

BAKER, M. **Recherches sur l'élaboration de connaissances dans le dialogue**. 2004. Habilitação para dirigir pesquisas. Université Nancy 2, Nancy, 2004.

BARCELLINI, F.; DÉTIENNE, F.; BURKHARDT, J. M. Distributed design and distributed social awareness: Exploring inter-subjective dimensions of roles. In: LEWKOWICZ, M. et al. (Ed.). **Proceedings of the COOP'10 conference**. Berlin: Springer, 2010.

BENCHEKROUN, T. H.; WEILL-FASSINA, A. **Le travail collectif en ergonomie**: perspectives actuelles en ergonomie. Toulouse: Octarès, 2000.

CAROLY, S. **Activité collective et réélaboration des règles:** des enjeux pour la santé au travail. Habilitação para dirigir pesquisas. Université Bordeaux 2, Bordeaux, 2010. Disponível em: <http://tel.archives-ouvertes.fr/tel-00464801/fr/.>. Acesso em: 7 nov. 2015.

______. Activité collective et réélaboration des règles comme ressources pour la santé psychique: Le cas de la police nationale. **Le Travail Humain**, v. 74, n. 4, p. 365-389, 2011.

CARROLL, J. M. et al. Awareness and teamwork in computer-supported collaborations. **Interacting with Computers**, n. 18, p. 21–46, 2006.

CHASSAING, K. **L'analyse des gestuelles, une ressource pour transmettre les savoirs**: les gestes dans le coffrage de ponts d'autoroute. Trabalho apresentado ao II Congrès francophone sur la prévention des TMS. Montréal, jun. 2008. Disponível em: <http://www.irsst.qc.ca/fr/programme.html.>. Acesso em: 7 nov. 2015.

CLOT, Y. **Travail et pouvoir d'agir**. Paris: PUF, 2008.

COUTAREL, F.; PETIT, J. Le réseau social dans l'intervention ergonomique: Enjeux pour la conception organisationnelle. **Management et Avenir**, v. 27, n. 7, p. 135-151, 2009.

CRU, D. Collectif et travail de métier. In: DEJOURS, C. (Ed.). **Plaisir et souffrance dans le travail**. Paris: Editions de l'AOCIP, 1988. p. 43-49.

DARSES, F.; FALZON, P. La conception collective: une approche de l'ergonomie cognitive. In: TERSSAC, G.; FRIEDBERG, E. (Ed). **Coopération et conception**. Toulouse: Octarès, 1996. p. 123-135.

DEJOURS, C. Psychanalyse et psychodynamique du travail: ambiguïtés de la reconnaissance. In: CAILLÉ, A. (Ed.). **La quête de la reconnaissance**: nouveau phénomène social total. Paris: La Découverte, 2007. p. 58-69.

DE LA GARZA, C.; WEILL-FASSINA, A. Régulations horizontales et verticales du risque. In: WEILL-FASSINA, A.; BENCHEKROUN, T. H. (Ed.). **Le travail collectif**: perspectives actuelles en ergonomie. Toulouse: Octarès, 2000. p. 217-234.

FALZON. **Ergonomics, knowledge development and the design of enabling environments?** Trabalho apresentado à Humanizing Work and Work Environment Conference, Guwahati, dez. 2005.

FLAGEUL-CAROLY, S. **Régulations individuelles et collectives des situations critiques dans un secteur des services**: le cas des guichetiers. 2001. Tese (Doutorado em Ergonomia) – Ecole Pratique des Hautes Etudes, Paris, 2001.

GROSJEAN, M. L'awareness à l'épreuve des activités dans les centres de coordination. **Activités**, v. 2, n. 1, 2005.

GROSJEAN, V.; RIBERT-VAN DE WEERT, C. Vers une psychologie ergonomique du bien-être et des émotions: Les effets du contrôle dans les centres d'appels. **Le Travail Humain**, v. 68, n. 4, p. 355-368, 2005.

HEATH, C. et al. Configuring awareness. **Journal of Computer Supported Cooperative Work**, v. 11, n. 1-2, p. 317-347, 2002.

HONNETH, A. **La lutte pour la reconnaissance**. Tradução de P. Rusch. Paris: CERF, 2000.

JEANTET, A. Les objets intermédiaires dans la conception. Eléments pour une sociologie des processus de conception. **Sociologie du travail**, v. 40, n. 3, p. 291-316, 1998.

KARSENTY, L. Confiance interpersonnelle et communications de travail: Le cas de la relève de poste. **Le Travail Humain**, v. 74, n. 2, p. 131-155, 2011.

KARSENTY, L.; PAVARD, B. Différents niveaux d'analyse du contexte dans l'étude ergonomique du travail collectif. **Réseaux**, v. 85, n. 15, p. 73-99, 1997.

KEYSER, V de. Analyser les conditions de travail. **Le Travail Humain**, v. 43, n. 1, p. 117-223, 1980.

LEPLAT, J. Activités collectives et nouvelles technologies. **Revue Internationale de Psychologie Sociale**, n. 4, p. 335-356, 1991.

______. La gestion des communications par le contexte. **Pistes**, v. 3 n. 1, 2001.

______. La notion de régulation dans l'analyse de l'activité. **Pistes**, v. 8, n. 6, 2006.

MIOSSEC, Y. **Les instruments psychosociaux de la santé au travail**. 2011. Tese (Doutorado em Psicologia do Trabalho) - CNAM Paris, Paris, 2011.

MOLLO, V.; FALZON, P. Auto- and allo-confrontation as tools for reflective activities. **Applied Ergonomics**, v. 35, n. 6, p. 531-540, 2004.

NASCIMENTO, A. **Produire la santé, produire la sécurité**: développer une culture collective de sécurité en radiothérapie. 2009. Tese (Doutorado em Ergonomia) - CNAM Paris, Paris, 2009.

SALEMBIER, P.; ZOUINAR, M. Intelligibilité mutuelle et contexte partagé: inspirations conceptuelles et réduction technologiques. **Activités**, v. 1, n. 2, p. 64-85, 2004.

SCHMIDT, K. The problem with 'awareness': introductory remarks on 'awareness in CSCW'. **Journal of Computer Supported Cooperative Work**, v. 11, v. 3-4, p. 285-298, 2002.

SIMONET P. **L'hypo-socialisation du mouvement**: prévention durable des troubles musculo-squelettiques chez des fossoyeurs municipaux. 2011. Tese (Doutorado em Psicologia do Trabalho) - CNAM Paris, Paris, 2011.

SZNELWAR, L. I.; MASCIA, F. L.; BOUYER, G. L'empêchement au travail: une source majeure de TMS? **@ctivités**, vol. 3, n. 2, p. 27-44, 2006. Disponível em: <http://www.activites.org/v3n2/activites-v3n2.pdf>. Acesso em: 7 nov. 2015.

TERSSAC, G. de; CHABAUD, C. Référentiel opératif commun et fiabilité. In: LEPLAT, J.; TERSSAC, G. de (Ed.). **Les facteurs humains de la fiabilité dans les systèmes complexes**. Toulouse: Octarès, 1990.

THÉRY, L. **Le travail intenable**: résister collectivement à l'intensification du travail. Paris: La Découverte, 2006.

WISNER, A. **L'émergence de la dimension collective du travail**. Trabalho apresentado ao XXVIII Congrès de la Société d'Ergonomie de Langue Française, Genève, set. 1993.

3. O desenvolvimento da dimensão psicossocial no trabalho

Laurent Van Belleghem, Sandro de Gasparo e Irène Gaillard

A recente emergência social e política dos "riscos psicossociais" (RPS) na França (SALHER et al., 2007), na Europa (LEROUGE, 2009) e em vários países industrializados, como o Japão (NDCVK, 1990; HERBIG; PALUMBO, 1994), perturba a ergonomia mais do que parece. Se ela for legitimamente convocada a responder a essas questões (os RPS afetam, sem dúvida, o trabalho humano), ela não pode fazê-lo sem reintegrar ao seu modelo de atividade as dimensões psíquica e social do trabalho, em grande parte ausentes da literatura até o momento e, dessa maneira, uma teoria do *sujeito agente.*

Duas hipóteses podem explicar essa ausência. A primeira refere-se ao caráter supostamente pouco funcional da dimensão psicossocial, tornando-a *a priori* pouco operatória no projeto da ergonomia na busca de "adaptação do trabalho ao Homem". A segunda remete ao caráter "subjetivo" da dimensão psicossocial, referindo-se mais a uma psicologia do sujeito que a uma da atividade.

Ora, em qualquer situação de trabalho, há uma exigência de mobilização pessoal e do corpo social. A mobilização pessoal opera tanto no registo do *engajamento do sujeito*, que corresponde a uma mobilização do "eu" na atividade de trabalho, e no registo da *eficiência* correspondente à busca de uma resposta operacional e parcimoniosa às exigências do trabalho de produção. A mobilização do corpo social tem como base as interações entre os sujeitos que se entendem e entram em acordo sobre as maneiras de fazer e sobre as linhas de conduta a serem mantidas.

Essa mobilização psicossocial não é dada de antemão, e, uma vez adquirida, tampouco é estável. Ela é uma renovação de cada instante face ao real da situação, dando um sentido à ação imediatamente por vir, que, em retorno, dá sentido à ação realizada. Em outras palavras, o engajamento no trabalho é também uma ocupação pessoal. Esse processo contribui ativamente para o desenvolvimento da atividade do sujeito agente e do sistema social por meio das interações que os indivíduos constroem entre eles dentro da organização para se coordenar e cooperar. A dupla dimensão, psicológica e social, do trabalho constitui aqui o motor do desenvolvimento da atividade.

A ocorrência de distúrbios psicossociais no trabalho indica uma desaceleração, ou mesmo um bloqueio, nesse duplo desenvolvimento, que então afeta tanto o sistema social (sobretudo a cooperação) como a saúde dos trabalhadores. Isso é chamado de situação de atividade "perturbada".

Portanto, a prevenção não pode simplesmente visar à proteção dos assalariados com relação aos fatores de risco externos à atividade, mas deve favorecer o desenvolvimento desta, em consonância com uma abordagem construtiva de sua saúde pelos próprios operadores e pelo sistema, participando ao mesmo tempo do desenvolvimento do sujeito e do corpo social. É um desafio para a ergonomia saber como acompanhar esse crescimento, não só porque ele de fato auxilia para a prevenção dos RPS, mas também porque apoia a emancipação dos indivíduos no e pelo trabalho.

Este capítulo apresentará sucessivamente:

- as características da *dimensão psicossocial no trabalho*, permitindo apreender a questão de seu desenvolvimento, e como este pode ser impedido, causando distúrbios psicossociais;
- a dinâmica de desenvolvimento da dimensão psicossocial, a partir de um duplo processo de *mobilização* frente ao real e de *sedimentação* dos resultados dessa mobilização, permitindo uma aprendizagem

pela (passado) e para a ação (futuro). Esse duplo processo se desenrola tanto para o *sujeito agente* como no âmbito do *sistema social* constituído de diferentes atores envolvidos na organização do trabalho;

- o desafio existente na intervenção ergonômica para fazer do desenvolvimento da dimensão psicossocial um objetivo operacional. Trata-se de superar uma abordagem estritamente preventiva do risco, muitas vezes visando à proteção contra algo nocivo, exterior e intangível, para visar uma abordagem construtiva da atividade apoiada sobre uma plena possibilidade de desenvolvimento e mobilização das competências dos indivíduos e coletivos de trabalho. Para tal objetivo, a simulação do trabalho, mas também todos os caminhos que permitam a criação dos espaços de discussão e debate sobre o trabalho real, podem contribuir.

3.1 A dimensão psicossocial no trabalho: uma dimensão esquecida

3.1.1 Dos riscos psicossociais à dimensão psicossocial do trabalho

O termo RPS é impróprio. De fato, o "psicossocial" não é um risco. Se o objetivo for designar as consequências do trabalho para os assalariados, é preferível utilizar o termo distúrbios psicossociais (DPS), da mesma forma que se fala em distúrbios osteomusculares (DORT) (BOURGEOIS; DE GASPARO, 2011). Podemos, portanto, defini-los assim: os DPS incluem certas manifestações (estresse, mal-estar, inquietação, tensão etc.) que podem se desenvolver sob formas agravadas (angústia, sofrimento, esgotamento no trabalho – *burn-out*, depressão, somatização etc.) e ainda dar origem a diferentes tipos de comportamentos (agressividade, comportamentos violentos, adição, assédio etc.) que afetam a esfera íntima do assalariado e/ou as relações entre os indivíduos (DE GASPARO; VAN BELLEGHEM, 2013). O risco é então a probabilidade de que DPS se manifestem no e por meio do trabalho.

Dada essa definição, podemos considerar os DPS no trabalho como sintomas do prejuízo à *dimensão psicossocial do trabalho ordinário* (DE GASPARO; MEZZAROBBA; WALLET, 2007) relacionados às mobilizações psíquica (motivação, engajamento, subjetividade, valores etc.) e social (cooperação, assistência, estratégias de proteção etc.) do trabalhador. É essa mesma perspectiva que busca Clot (2010) quando propõe a utilização da sigla RPS como "recursos psicológicos e sociais" dos indivíduos no trabalho, os quais devem ser reconhecidos para serem cultivados.

De fato, essa dimensão deve ser reconhecida pela ergonomia como estruturante da atividade (enquanto recurso), e não mais como uma característica conexa (porque foi considerada como pouco funcional), concebida seja como uma fonte potencial de "falha" do sistema de trabalho, seja como correlacionada apenas às disciplinas psicológicas, tais como a psicologia do trabalho (CLOT, 2006) e a psicodinâmica (MOLINIER, 2006).

Assim, os DPS aparecem precisamente quando a dimensão psicossocial é ou não é mais reconhecida no seu valor positivo pela organização do trabalho. É essa descoberta que a ergonomia deve ser capaz de ensinar. Também é, para ela, a oportunidade de identificar uma dimensão esquecida. Esse reconhecimento não é, no entanto, uma revolução para a ergonomia da atividade, uma vez que ela apenas lembra a exigência da mobilização pessoal que está convocada para se fazer frente à discrepância prescrito/real presente em qualquer situação de trabalho (DE GASPARO; VAN BELLEGHEM, 2013). Ela deve reincorporá-la.

Desse ponto de vista, como é considerado na ergonomia, se o trabalho for a atividade real realizada por um trabalhador a fim de obter os resultados que ele se dá como objetivo, deve ser considerado, então, que a atividade é construída com base:

- nos objetivos estabelecidos, nos modos operatórios prescritos e nos meios disponibilizados (o trabalho prescrito);
- na situação de trabalho real no momento de realizar a atividade, marcada por seu caráter complexo (MORIN, 1990), gerador da variabilidade e da imprevisibilidade (o real da atividade);

- nas dimensões *fisiológica, psicológica e social* presentes em qualquer atividade e permitindo:

— uma *mobilização do corpo* na ação: gestos, esforços, habilidades, destreza;

— uma *mobilização cognitiva:* representações, raciocínios, estratégias, regulações;

— uma *mobilização psíquica* do trabalhador: motivação, engajamento, competência, subjetividade;

— uma *mobilização coletiva:* cooperação, ajuda mútua, estratégias coletivas, contribuição para as regras da profissão etc.

A dimensão psicossocial intervém aqui como estruturante do trabalho ao lado das dimensões fisiológica e cognitiva, habitualmente designadas. Ela permite lidar com eventos da realidade do trabalho, fortalecendo as *possibilidades de agir* dos trabalhadores pelo *valor subjetivo* que dá às regulações do trabalho (permitindo a satisfação do trabalho bem feito), ao desenvolvimento das competências (promovendo o reconhecimento), às regulamentações coletivas (úteis à cooperação) etc. Ela também se apoia nas possibilidades de *debater* (interpelações, ajuda mútua, escuta etc.) e de *pensar* (manutenção de uma capacidade de julgamento, coerência da ação com relação aos valores pessoais etc.) indispensáveis para qualquer atividade. *Poder agir, poder debater e poder pensar* (DANIELLOU, 1998) são as condições necessárias para o trabalhador lidar com o real das situações. A dimensão psicossocial é estruturante pois propicia oportunidades para a coerência subjetiva.

No entanto, essa perspectiva não é dada de antemão. Ela deve ser construída na e pela atividade.

3.1.2 O desenvolvimento da dimensão psicossocial: um motor da atividade

A dimensão psicossocial do trabalho ordinário não é fixa: como as outras, ela está em constante desenvolvimento. Na verdade, é no confronto com os eventos do real, sempre imprevisíveis e complexos, que ela é solicitada. É nele também que o trabalhador encontra maneiras de "conseguir apesar de tudo", inventando novos modos de fazer, novas formas de lidar com as situações presentes, novas maneiras de agir frente aos constrangimentos do real, novas cooperações etc., e de dar sentido a eles.

Essa dimensão participa do desenvolvimento da atividade dos trabalhadores, não só no registro da *eficiência*, que corresponde à pesquisa operacional de uma resposta às exigências do trabalho de produção em uma economia de ação, mas também no registro do engajamento *subjetivo*, correspondente à implicação do "eu" na atividade de trabalho e na interação com os outros.

Assim, toda situação de atividade, uma vez que ela engaja uma nova mobilização subjetiva, deve ser considerada em desenvolvimento. Da mesma forma que todo evento, declarado como um constrangimento, é uma oportunidade para o trabalhador superar, dando-lhe a ocasião para um desenvolvimento operatório e subjetivo concomitante.

Cada evento assim tratado, uma vez que está no âmbito das possibilidades de agir, dizer e pensar dos trabalhadores, é reinvestida com um novo significado. Este é geralmente tanto mais forte quanto maior for o engajamento necessário para superá-lo. Em uma época em que o trabalho mudou

> *de uma definição social em que ele era considerado como uma execução rápida de gestos ou de operações elementares [...] para uma abordagem em que o trabalho pode ser considerado como a inteligência e a conduta pertinente de eventos (ZARIFIAN, 1995, p. 7),*

compreendemos a importância que esse significado dado aos eventos do trabalho e a sua "gestão" pode ter para o trabalhador contemporâneo. O orgulho que os profissionais têm por terem superarado coletivamente uma situação inesperada e delicada é tão importante quanto os saber-fazer específicos que eles construíram para aquilo naquele momento. O valor subjetivo da atividade não está dissociado de seu valor operatório. A eficácia da ação não produz apenas o efeito: também produz sentido.

O desenvolvimento da dimensão psicossocial fortalece então o indivíduo em sua busca de um *equilíbrio* frente aos constrangimentos do trabalho entre as suas próprias exigências (seus valores, suas expectativas, sua saúde etc.), as de sua atividade (contribuir para a qualidade da produção ou do serviço etc.) e as do coletivo de trabalho (cooperar, coordenar-se, apoiar, ajudar uns aos outros etc.), mesmo em situações em que os constrangimentos sejam muito pesados, solicitando significativamente o engajamento psíquico no trabalho. Em si, a manutenção desse equilíbrio é protetora com relação aos riscos, psicossociais ou outros.

A análise ergonômica da atividade deve se esforçar para compreender a *parte positiva* do engajamento dos assalariados no trabalho que organiza e estrutura no dia a dia a ligação entre *si*, sua *atividade* e os *outros* e como esta se desenvolve. Ela também deve entender o que obstrui.

3.1.3 O obstáculo para o desenvolvimento: um risco profissional

Os riscos surgem quando esse equilíbrio oscila, se rompe. Este caso ocorre quando, em determinadas situações de excesso (BOURGEOIS; VAN BELLEGHEM, 2004) relacionadas à variabilidade do trabalho, o saber-fazer profissional dos trabalhadores não lhes permite mais dar conta das diferentes exigências do trabalho. Atingir os objetivos do trabalho pode não ser mais viável, afetando ao mesmo tempo o sentido que os trabalhadores atribuem a ele individual e coletivamente.

É nesse momento que os primeiros distúrbios surgem ("estresse", tensões com os colegas, exaustão etc.), os quais podem rapidamente se agravar (conflitos interpessoais, distúrbios psicopatológicos, doenças somáticas etc.), incluindo possíveis efeitos na esfera pessoal do indivíduo (adição, problemas conjugais etc.), se as tensões persistirem, se instalam no tempo, sem que haja elaboração, expressão ou resolução. Trata-se do impedimento das possibilidades de agir, de dizer e de pensar, que está na origem da situação de atividade "conturbada".

Nesses casos, o processo de desenvolvimento da dimensão psicossocial é retardado ou mesmo impedido, e não mais contribui para construir os recursos necessários para lidar com eventos futuros. Um círculo vicioso se instala, confinando os trabalhadores em situações de insucessos repetidos, apesar do aumento dos esforços, associando, por vezes, à não realização dos objetivos do trabalho a ingrata tarefa de ter que transcrever em painéis esse custoso tempo de regulação como "tempo improdutivo". O risco (do aparecimento de problemas) psicossocial aumenta aqui, ao mesmo tempo que o domínio da situação diminui. As consequências afetam tanto os assalariados envolvidos, individual e coletivamente (na forma de DPS), como os resultados do trabalho.

Percebe-se que o "risco psicossocial" não está relacionado, como a abordagem higienista da segurança muitas vezes sugere, em referência aos riscos físicos, químicos ou biológicos, aos fatores exteriores à atividade (as fontes de perigo ou nocividade), dos quais seria preciso proteger os trabalhadores eliminando-os na fonte (cf. BOURGEOIS; VAN BELLEGHEM, 2004). Ao contrário, ele está intrinsecamente ligado à atividade, na incapacidade de, sob certas condições, se desenvolver. O risco não emerge da presença de dificuldades ou constrangimentos, mas pelos obstáculos a serem enfrentados. É o impedimento que faz o risco. É o desenvolvimento que o protege.

Portanto, o desafio da prevenção não é proteger os trabalhadores dos danos relativos a supostos fatores externos à atividade, nem mesmo preservar as condições de existência da dimensão psicossocial no centro da atividade, mas contribuir para o desenvolvimento da atividade nas suas várias dimensões, incluindo a psicossocial, com vistas à construção de sua saúde, por parte dos operadores. A concepção de ambientes capacitantes pode ser útil (cf. ARNOUD; FALZON, neste livro, FALZON, neste livro). A abordagem preventiva "clássica" deve ser substituída em favor de uma construtiva da atividade, visando ao seu desenvolvimento como uma opção estratégica para a empresa reduzir os riscos e melhorar o trabalho.

Para isso, é necessário aprofundar o processo na origem do desenvolvimento da atividade relacionado com o do sujeito, mas também do sistema social.

3.2 O processo de desenvolvimento em implementação

3.2.1 A discrepância prescrito-real: um espaço investido pela atividade

Lembremos do ponto de partida de nossa reflexão: a atividade de trabalho não se limita à mera execução de uma *tarefa*, tal como prescrita pela organização do trabalho imaginada por F. Taylor. Trata-se de reafirmar a descoberta fundamental e o princípio orientador de ergonomia da atividade desde as primeiras pesquisas-ações realizadas em locais de produção, junto a situações reais de trabalho (TEIGER et al., 2006). É importante, para entendermos o significado do que estamos acostumados a chamar de "discrepância entre o trabalho teórico (ou prescrito) e o trabalho real", não a atribuir rapidamente demais à vontade exclusiva do trabalhador: se um assalariado não faz exatamente o que lhe é demandado, isto não ocorre primeiramente por sua má vontade ou por falta de motivação, por exemplo. De fato, a relação entre a tarefa e o trabalhador responsável por sua realização deve ser contextualizada na situação concreta e singular em que a atividade ocorre. O que nos interessa é o "aqui e agora" da experiência atual do trabalhador no momento em que ele engaja sua ação.

Ao considerar as condições reais da realização de uma tarefa, a primeira experiência vivida pelo trabalhador é a de uma não coincidência entre "o que era esperado" e o estado do mundo como ele se apresenta no momento da ação. Pode-se também falar de uma "resistência" (do mundo exterior e do próprio corpo) à tarefa, enquanto representação e antecipação elaborada por quem prescreve o trabalho (que, às vezes, pode ser o próprio trabalhador). As coisas nunca acontecem *exatamente* como elas haviam sido imaginadas. O "real do trabalho" é este espaço aberto pela existência de uma discrepância irredutível entre a representação teórica do trabalho e a maneira concreta e sensível pela qual o estado do mundo se apresenta ao trabalhador. É nesse espaço que é, ao mesmo tempo inevitável e sempre singular, ocorre a atividade real do trabalhador, tornando-o algo que não somente um executor, ou seja, um sujeito agente no mundo (BOURGEOIS; HUBAULT, neste livro).

A noção de "real do trabalho" (DEJOURS, 2003) nos permite compreender que, na experiência concreta do trabalho, o primeiro momento é o do insucesso das previsões, dos conhecimentos e dos procedimentos elaborados anteriormente. A discrepância entre o trabalho prescrito e o real indica que antes de fazer o que lhe foi demandado, o trabalhador é primeiro confrontado com um problema, um evento imprevisto que a prescrição (tarefa, recursos alocados, informações diretamente disponíveis) não permite resolver totalmente. É para lidar com a resistência do mundo ao conteúdo da prescrição que o profissional deve mobilizar sua própria pessoa, para encontrar e inventar uma solução original para a ação, permitindo-lhe alcançar o objetivo desejado. Essa mobilização o engaja em todas as suas dimensões (os esforços de seu corpo; sua sensibilidade; seus saber-fazer técnicos; sua habilidade; sua engenhosidade; seus conhecimentos adquiridos com a experiência e aqueles mais formais dos sistemas simbólicos próprios do ofício) e é impulsionada por vários motivos. A *qualidade* do trabalho (CLOT, 2010) emerge primordialmente pela síntese que, potencialmente, ela promete entre as exigências do trabalhador, do coletivo e da empresa.

Nesse modo de se engajar de "corpo e alma" na situação real de trabalho, para superar a experiência primeira da discrepância prescrito/real, o sujeito agente mobiliza uma parte de si mesmo na cena do trabalho: desperta sua sensibilidade (corporal, cognitiva, afetiva), para entender melhor o que está acontecendo; recupera os conhecimentos adquiridos anteriormente, em outras circunstâncias; põe em uso suas competências para testar novas soluções; solicita a ajuda de outras pessoas; corre o risco de se distanciar da prescrição formal a fim de atingir o objetivo. Trata-se de uma mobilização total do trabalhador, que coloca à disposição do trabalho componentes pessoais para além (ou ao lado) do que é necessário e esperado, com o objetivo de responder aos eventos da situação real de trabalho. Enquanto a tarefa pode prever que se recorra a tal "recurso" específico do trabalhador (sua força física, capacidade de executar uma operação, de resolver um problema particular), a atividade real necessita da mobilização de todos os componentes de sua pessoa.

A atividade pode ser definida como uma *mobilização* global do sujeito agente que, por sua própria iniciativa, busca encontrar maneiras de fazer originais e eficazes face ao real das situações.

3.2.2 Sujeito e atividade: um desenvolvimento conjunto

Uma vez que "o que eu faço" (minha ação, seus resultados, a qualidade que eu espero) engaja uma parte do que "eu sou" (meu corpo, meus conhecimentos e também a minha iniciativa), podemos facilmente entender que o engajamento subjetivo na atividade é uma questão fundamental para a saúde mental e psíquica do trabalhador.

O caráter sempre único e singular do encontro com o real, em uma situação cada vez nova e diferente, implica que essa mobilização nunca será uma simples réplica de condutas ou soluções encontradas no passado. A busca por uma resposta adaptada, visando a uma determinada qualidade do trabalho, resulta em uma forma de criatividade e de invenção que é semelhante a um processo de aprendizagem, não se limitando à aquisição de conhecimentos formalizados, mas potencialmente se ampliando a todos os campos da existência do sujeito agente.

Propomo-nos a falar de *sedimentação* para designar essa parte do valor criado no ato do trabalho que retorna ao sujeito. Essa sedimentação pode assumir muitas formas, e não deve ser entendida como uma simples sobreposição de camadas sucessivas: com o passar do tempo, ela pode melhorar, modificar e alterar a relação do indivíduo com ele mesmo. É um terreno, um solo fértil sobre o qual se apoia toda a mobilização futura.

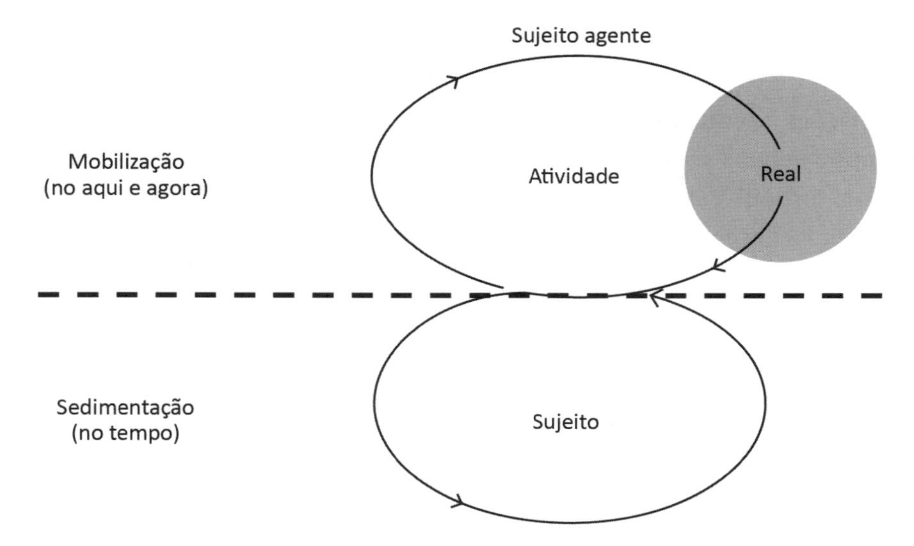

Figura 3.1 O processo de mobilização-sedimentação do sujeito agente.

O processo de desenvolvimento é duplo (ver Figura 3.1). Ele engaja tanto um processo de mobilização do sujeito na atividade como de sedimentação da atividade no próprio sujeito (DELGOULET; VIDAL-GOMEL, neste livro). "O que eu faço é o que eu sou." "O que eu sou é o que eu faço." É nesse circuito duplo, que se conectam o sujeito e a situação real em que se realiza a atividade, que se dá a dinâmica de mobilização/sedimentação. O desenvolvimento abrange tanto os impulsionadores da atividade do sujeito-agente como os diferentes campos de sua existência.

Mas o desenvolvimento da dimensão psicossocial não diz respeito apenas ao sujeito individualmente. Por definição, ele também se estende ao sistema social.

3.2.3 Sujeito agente e sistema social: dinâmicas espelhadas

O encontro do sujeito com o real por intermédio da atividade não ocorre de forma isolada. Além da divisão do trabalho imposta pela organização, a atividade de um indivíduo está sempre ligada a outros sujeitos, pelas interações sociais necessárias para sua coordenação (TERSSAC, 1992; 2003). Essas interações estão baseadas no compartilhamento de normas sociais que as enquadram, conhecidas e reconhecidas por todos. Estas enunciam os objetivos, as tarefas atribuídas, as instruções, as regras a respeitar, os prazos a serem mantidos, o regulamento a aplicar, os critérios de avaliação, as modalidades de controle, e os dispositivos a serem implementados. Elas regem o fluxo das informações, as modalidades de comunicação e cooperação, a gestão das tensões nos coletivos, as modalidades de capitalização da experiência, e os meios técnicos disponíveis. Tais regras estabelecem padrões de referência sobre o que fazer, fornecem os critérios para iniciar uma ação e entender o seu escopo.

Esse conjunto constitui um bem comum que oferece recursos para o gerenciamento de riscos, tensões e futuros eventos. Não deve ser uma fonte de restrições (TERSSAC; GAILLARD, 2009). Além de seu caráter prescritivo sobre os meios e os processos para implementá-lo, ele também veicula, mais ou menos explicitamente, valores e concepções a respeito do trabalho a ser realizado e da profissão.

O que precisamos entender é que essas normas sociais foram desenvolvidas na ação coletiva, e não "alhures". Elas são o produto, sedimentado ao longo do tempo, das interações de todos os atores do sistema, desde os "simples operadores" aos "grandes projetistas". As normas sociais capitalizam as decisões da organização. Elas refletem os acordos e os desacordos sobre os modos de proceder e fazer o trabalho. Elas foram "filtradas" pelo real das situações e da experiência coletiva. Elas foram comprovadas pelo compartilhamento ou pela confrontação entre os conhecimentos e as perspectivas daqueles que prescrevem e daqueles que agem e as colocam em prática. Elas contribuem, finalmente, à definição concreta das regras organizacionais.

Em outras palavras, a organização do trabalho é sempre o produto de um trabalho de organização (TERSSAC, 1992), que estrutura as normas do corpo social e lhe permite agir coletivamente, e que ela se reconheça como uma entidade detentora de valores comuns, legitimidades compartilhadas, regras de autoridade e delegação, princípios de ação e decisão etc. Semelhante ao sujeito, depositário de sedimentações da atividade, o corpo social sedimenta as normas elaboradas nas interações coletivas (ver Figura 3.2).

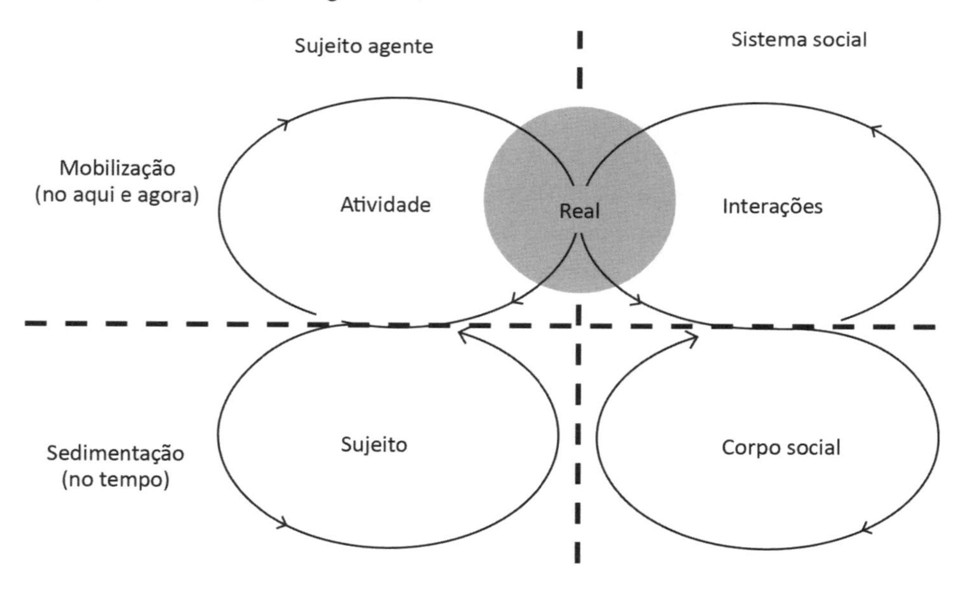

Figura 3.2 O processo de mobilização-sedimentação entre o sujeito agente e o sistema social.

Por sua vez, as normas sociais sedimentadas no seio do corpo social guiam e constituem os recursos para a ação. Elas são o solo fértil para a mobilização do coletivo de trabalho para lidar com o real das situações no aqui e agora da atividade.

Contribuem, assim, para relacionar o sujeito ao corpo social, não em uma ligação abstrata entre um e outro, mas por meio da atividade, tanto individual como coletiva, desenvolvida para lidar com eventos do real e na busca de um objetivo compartilhado. Estruturam, então, a dimensão social do trabalho em uma ligação íntima com sua dimensão psíquica.

Este processo de mobilização/sedimentação, mais uma vez, não é fixo. Trata-se de uma dinâmica cada vez mais renovada, no tempo contínuo da ação, contribuindo para o desenvolvimento conjunto das interações (em termos de eficiência coletiva, cooperação, coordenação etc.) e corpos sociais (em termos de regras, valores comuns, princípios coletivos morais etc.).

Assim, o desenvolvimento do sujeito-agente é realizado ao mesmo tempo que o do sistema social no seu conjunto. O motor da dimensão psicossocial do trabalho é iniciado.

3.2.4 O desenvolvimento como finalidade da ergonomia

O aparecimento de DPS indica um bloqueio nesse duplo desenvolvimento, que afeta tanto o corpo social (tensão entre colegas, agressões dos usuários, conflitos de regras, questionamento da legitimidade da autoridade etc.), como a saúde dos trabalhadores (estresse, ansiedade, depressão etc.), mas também a qualidade do trabalho (eventos não gerenciados, disfuncionamentos, indicadores de qualidade em baixa, serviços ao usuário em parte ou não realizados etc.).

Tal modelo nos permite considerar sob uma outra luz o aparecimento de distúrbios nas organizações. As abordagens convencionais de RPS (segurança, saúde, securitária) são guiadas pela questão da atribuição (de causa, etiologia, culpa). A ação que segue logicamente esta pesquisa tem como objetivo a supressão do "fator de risco" identificado, sugerindo que há elementos supranumerários no trabalho dos quais devemos nos livrar. No entanto, trata-se do inverso: a atividade está sofrendo porque está empobrecida, amputada de uma parte dos recursos que lhe permitem se desenvolver para manter, em situação real, a qualidade do trabalho como aquela das relações sociais e do engajamento individual. A atividade sofre dessa carência, não se trata de um excedente a ser reduzido.

Assim, a reação violenta de um usuário em um espaço de serviço ao público (vendas, recepção, serviços administrativos etc.) é muitas vezes interpretada como resultante de uma agressividade latente que vem aumentando na população. Essa interpretação muitas vezes leva à implantação de dispositivos de proteção para os agentes, tais como janelas anti agressão. Entretanto, uma outra análise com relação a essas situações pode ser proposta à luz de um desenvolvimento impedido: a situação de violência emerge, por exemplo, devido à discrepância que ocorre entre a promessa comercial feita aos clientes pela empresa e o que realmente o agente lhes responde no momento da transação. O desenvolvimento de uma cooperação entre o agente e o usuário à coconstrução de um serviço de qualidade, tanto para um como para o outro, é então prejudicado, apesar do desejo de fazer bem feito do primeiro e da benevolência do segundo. Uma outra ação que não seja proteção física é desejável, a qual deve estar orientada para o redimensionamento da promessa comercial (ou do "serviço prestado") com meios eficazes aos agentes, com um objetivo de desenvolvimento construtivo da relação de serviço. Esta é tanto uma questão de prevenção como de qualidade de serviço.

A intervenção ergonômica deve então visar uma análise das situações de trabalho à luz das questões relacionadas ao desenvolvimento da dimensão psicossocial. Ela deve verificar se esses laços de desenvolvimento operam para cada um dos protagonistas da situação, tanto no seu componente operacional (mobilização), como naquele subjetivo ou social (sedimentação). Ela deve, enfim, e acima de tudo, ultrapassar essa postura de análise para saber engajar com todos os interessados um processo de transformação das situações de trabalho. Essa transformação deve explicitamente visar o debate sobre o trabalho e as suas condições de realização, por meio da criação de espaços de regulação e discussão (DETCHESSAHAR, 2011).

A ergonomia deve se dotar de instrumentos para instruir este debate relativamente novo para ela, quando ela visar explicitamente desenvolver a dimensão psicossocial do trabalho (BARCELLINI; VAN BELLEGHEM; DANIELLOU, neste livro). Mais precisamente para contribuir na promoção de uma simulação organizacional (VAN BELLEGHEM, 2012), que tem como objetivo desenvolver regras aceitáveis para a atividade. Trata-se de implementar dispositivos participativos de concepção ou transformação das situações de trabalho, em que os trabalhadores são encorajados a "encenarem" o seu próprio trabalho por meio de um suporte de simulação adaptada. Essa simulação de atividade permite a instrução e a avaliação de cenários de prescrição propostos. É um debate entre os diferentes atores envolvidos na transformação (operadores, decisores, projetistas, representantes dos trabalhadores) sobre as regras e formas de trabalho e a qualidade esperada. Nessa ocasião, a simulação deve permitir que se avaliem as potencialidades operatórias, mas também as questões subjetivas das escolhas a serem consideradas (como o interesse potencial das tarefas atribuídas, sua coerência com o ofício, a pertinência dos recursos alocados, a potencial discrepância entre as expectativas da organização e as dos assalariados etc.). Finalmente, ela deve permitir que haja sentido nas escolhas feitas, uma vez que são o produto de um compromisso. Participando na sua elaboração, os operadores estão em condições de associar a ela um significado, mesmo antes de estarem operantes.

A simulação da atividade, que em si é uma atividade (graças à participação "ativa" dos operadores), também engaja um processo de mobilização/sedimentação. As escolhas discutidas e feitas durante a simulação (mobilização) produzem sentido para os operadores, ao mesmo tempo que contribuem para a elaboração de novas normas ao corpo social (sedimentação). Em outras palavras, a simulação do trabalho pode ser uma oportunidade de "encenar", a montante e em escala reduzida, o processo de desenvolvimento que possivelmente será implementado após a transformação da situação. Com base nessas várias hipóteses de prescrição, o processo pode se acelerar, permitindo a exploração de diferentes vias ao seu desenvolvimento e selecionando a mais adaptada.

Essas ferramentas metodológicas devem ser consolidadas com outras. A ergonomia deve ser capaz de abrir e instrumentalizar novos espaços de discussão e debate sobre o trabalho (abordagens participativas, retornos da experiência – REX etc.), que enriquecem do ponto de vista da atividade os processos de decisão, quer no âmbito técnico, organizacional ou social. Esses locais devem responder à proposição feita por Detchessahar (2011, p. 100-101), a de se orientar em direção a "uma engenharia da discussão" (que consiste em "organizar o trabalho da organização"), visando explicitamente ao equilibro sócio-organizacional da empresa e à saúde psíquica dos assalariados.

Essa opção oferece potencialmente uma perspectiva rica de sentido para a ergonomia: fazer do desenvolvimento da dimensão psicossocial uma de suas finalidades.

Referências

BOURGEOIS, F.; DE GASPARO, S. La privation d'agir, objet commun d'analyse des TPS et TMS. In: HUBAULT, F. (Coord.). **Risques psychosociaux**: quelle réalité, quels enjeux pour le travail? Toulouse: Editions Octarès, 2011.

BOURGEOIS, F.; VAN BELLEGHEM, L. Avec l'approche travail dans l'évaluation des risques professionnels (décret du 5/11/01), enfin du nouveau en prévention. In: HUBAULT, F (coord.). **Travailler, une expérience quotidienne du risque?** Toulouse: Editions Octarès, 2004.

CLOT, Y. **La fonction psychologique du travail.** Paris: PUF, 2006.

______. **Le travail à cœur.** Paris: La Découverte, 2010.

DANIELLOU, F. Participation, représentation, décisions dans l'intervention ergonomique. In: PILNIÈRE, V.; LHOSPITAL, O. (coord.). **Journées de Bordeaux sur la Pratique de l'ergonomie:** participation, représentation, décisions dans l'intervention ergonomique. Bordeaux: Éditions du LESC, 1998. p. 3-16.

DE GASPARO, S.; MEZZAROBA; D.; WALLET, M. **L'enjeu d'une problématique qui intègre des indicateurs qualitatifs pour la gestion des risques psychosociaux**. Trabalho apresentado ao Colloque de l'Association Internationale de Sécurité Sociale, Athènes, jun. 2007.

DE GASPARO, S.; VAN BELLEGHEM. L'ergonomie face aux nouveaux troubles du travail: le retour du sujet dans l'intervention. In: HUBAULT, F. (Coord.). **Persistance et évolutions**: les nouveaux contours de l'ergonomie. Séminaire de Paris, 11-13 juin 2012. Toulouse: Editions Octarès, 2013.

DEJOURS, C. **L'évaluation du travail à l'épreuve du réel.** Critique des fondements de l'évaluation. Paris: Editions INRA, 2003.

DETCHESSAHAR, M. Santé au travail. Quand le management n'est pas le problème, mais la solution… **Revue Française de Gestion**, 2011/5, n. 214, p. 89-105, 2011.

HERBIG, A.; PALUMBO, F. Karoshi: Salaryman Sudden Death Syndrome. **A Journal of Managerial Psychology**, v. 9, n. 7, 1994.

LEROUGE, L. **Risques psychosociaux au travail.** Etude comparée Espagne, France, Grèce, Italie, Portugal. Paris: L'Harmattan, 2009.

MOLINIER, P. **Les enjeux psychiques du travail**. Introduction à la psychodynamique du travail. Paris: Payot, 2006.

MORIN, E. **Introduction à la pensée complexe.** Paris: ESF Éditions, 1990.

NDCVK (National Defense Council for Victims of Karoshi). **Karoshi: when the "corporate warrior" dies.** Tokyo: Mado-Sha, 1990.

SALHER, B. et al. **Prévenir le stress et les risques psychosociaux au travail.** Lyon: Éditions ANACT, 2007.

TEIGER, C. et al. Quand les ergonomes sont sortis du laboratoire... à propos du travail des femmes dans l'industrie électronique (1963-1973). Rétro-réflexion collective sur l'origine d'une dynamique de coopération entre action syndicale et recherche-formation-action. **Pistes**, v. 8, n. 82, 2006.

TERSSAC, G. de. **Autonomie dans le travail**. Paris: Presses Universitaires de France, 1992.

______. La théorie de la régulation sociale: repères pour un débat. In: ______ (Dir.). **La Théorie de la Régulation Sociale de JD Reynaud:** débats et prolongements. Paris: La Découverte, 2003. p. 11-33.

TERSSAC, G. de.; GAILLARD, I. Règle et sécurité: partir des pratiques pour définir les règles? In: TERSSAC, G. de; BOISSIÈRES, I.; GAILLARD, I. **La sécurité en action**. Toulouse: Editions Octarès, 2009. p. 13-34.

VAN BELLEGHEM, L. Simulation organisationnelle: innovation ergonomique pour innovation sociale. In: DESSAIGNE, M. F.; PUEYO, V.; BÉGUIN, P. (Coord.). **Innovation et travail.** Sens et valeurs du changement. XLVII Congrès de la Société d'Ergonomie de Langue Française, 5-7 septembre 2012. Lyon: Editions du Gerra, 2012.

ZARIFIAN, P. **Le travail et l'événement, essai sociologique sur le travail industriel à l'époque actuelle**. Paris: L'Harmattan, 1995.

4. Da adaptação do movimento ao desenvolvimento do gesto

Yannick Lémonie e Karine Chassaing

Se a questão dos gestos no trabalho não é nova, as evoluções demográficas e do trabalho lhe conferem ainda uma atualidade importante. O objetivo reafirmado de normalização do trabalho, na qual o gesto é um objeto de prescrições cada vez mais forte, ou ainda a amplificação detectada na incidência dos distúrbios musculoesqueléticos (LER/DORT), impõem uma revisão dos modelos e das estratégias de ação que o ergonomista mobiliza para abordar as questões dos gestos no trabalho em suas ações de transformação.

O objetivo de uma ergonomia construtiva reside na concepção de ambientes de trabalho capacitantes. Esses locais têm como característica serem ao mesmo tempo não prejudiciais, universais e propícios ao desenvolvimento e à aprendizagem (PAVAGEAU; NASCIMENTO; FALZON, 2007). Nesse contexto, a intervenção sobre os gestos profissionais deve permitir a identificação dos constrangimentos que propiciam a emergência de modos operatórios deletérios para os operadores, além de possibilitar a preservação da variabilidade gestual como um recurso construído pelos operadores para serem eficazes e se preservarem. Deve também abrir espaços reflexivos que permitam colocar em debate esses gestos. Estes três níveis de ações são essenciais.

Assim, em oposição aos modelos prescritivos e normalizadores, a ação sobre o gesto no trabalho não pode ser feita em detrimento do reconhecimento de sua dimensão intencional, criativa e reflexiva. Dito de outro modo, não se trata de prescrever o bom gesto, mas fornecer recursos que permitam aos operadores desenvolverem seus próprios gestos, tanto para serem eficazes, se preservarem como para se construírem. Isso implica considerar o gesto como uma construção, e não como uma simples execução; a sua variabilidade como um recurso para a organização do trabalho e não como um obstáculo; e a reflexividade como o motor do desenvolvimento gestual.

Estruturamos a argumentação em três partes. Na primeira, veremos que a compreensão dos mecanismos de produção e controle do ato motor permite uma ação sobre os constrangimentos da tarefa e do ambiente, de modo que o operador possa produzir movimentos não nocivos para sua saúde. Se este primeiro nível de ação é necessário, ele permanece insuficiente, uma vez que tende a reduzir o gesto a uma simples execução. Considerando a porção ativa que o operador assume na construção da solução gestual, passaremos para uma segunda parte, na qual a variabilidade gestual é um recurso que permite ao operador regular a sua atividade, a fim de ser eficaz e se preservar. Nesse sentido, a intervenção ergonômica também deve preservar esse recurso para os operadores. No entanto, isso não pressupõe as possibilidades de desenvolvimento do gesto. Passaremos então para uma terceira seção, na qual o desenvolvimento do gesto só pode ser feito graças à abertura de um espaço reflexivo que permita aos operadores trabalharem essa variabilidade gestual.

4.1 Agir sobre os constrangimentos que pesam no movimento

Apreender o impacto das situações de trabalho em termos de constrangimentos não é algo novo em ergonomia. De fato, um dos primeiros eixos de trabalho para o ergonomista é garantir que o ambiente de trabalho não restrinja os modos operatórios dos profissionais a modalidades prejudiciais a sua saúde ou a sua eficácia. Os modelos principalmente biomecânicos focados nos movimentos ilustram essa visão redutora do trabalho do ergonomista, centrada em soluções relativas à geometria dos postos de trabalho.

No entanto, a análise biomecânica não é suficiente para considerar as soluções que o ergonomista pode fornecer em termos de distribuição dos postos de trabalho. Assim, Aptel e Vézina (2008) insistem na "necessidade de integrar o papel do comando motor para entender os efeitos sobre os operadores". O movimento não é apenas concebido na sua parte de efetuação, mas como o produto de "um sistema complexo e integrado, de natureza psico-cognitivo-sensório-motora". Nesse contexto e até a última década, as explicações oferecidas no campo da neurociência para explicar a produção e o controle do movimento voluntário se basearam exclusivamente na abordagem computacional. Essa corrente teórica postula um controle central pelo sistema nervoso do movimento voluntário, que prescreve a organização de todos os graus de liberdade do corpo pelo envolvimento de programas motores armazenados no sistema nervoso central (por exemplo, SCHMIDT, 1975).

Todavia, essa abordagem foi contestada pela emergência de modelos derivados da análise de sistemas dinâmicos não lineares (por exemplo, KELSO, 1995). Eles postulam, a partir das ideias de Bernstein (1967), que o sistema nervoso central não é capaz de controlar todos os graus de liberdade do corpo no âmbito da produção de um movimento complexo. Nessa perspectiva, este é concebido como emergente de uma rede de constrangimentos. O comando motor não é centralizado em tal sistema, mas reside na dinâmica das interações entre o indivíduo e o seu ambiente físico. Dependendo do nível de constrangimentos, vários padrões motores preferenciais podem emergir. Por exemplo, para uma baixa velocidade de locomoção imposta a um sujeito em uma esteira rolante, é possível que um sujeito adote duas soluções motoras: caminhar ou correr. Quando o nível de constrangimento aumenta, essas soluções tendem a se restringir. Assim, quando é imposta uma alta velocidade, o padrão preferencial que emergirá é o da corrida. A adoção de um outro padrão motor pelo sujeito, como a caminhada, terá um custo energético muito elevado para o sujeito (por exemplo, BRISSWALTER; MOTTET, 1996).

Esse exemplo leva a afirmar que um dos primeiros níveis da ação do ergonomista é identificar e agir sobre os constrangimentos que pesam no movimento e fazem emergir coordenações potencialmente ineficazes ou prejudiciais. Assim, é possível identificar os níveis de constrangimentos suscetíveis a diminuir a variabilidade das coordenações possíveis e aumentar os efeitos negativos da repetição do movimento. De fato, a cadência exigida por uma tarefa, assim como os eventos aleatórios inerentes a todas as situações, associados ao arranjo físico, são suscetíveis, além de um certo limiar, a limitar as possibilidades de coordenação adotadas pelos operadores.

Um exemplo da indústria agroalimentar ilustra esse ponto. O ritmo de uma cadeia de limpeza de *foie gras* (remoção das veias do fígado) é fixado a partir do tempo necessário para realizar as operações sobre o produto, mas considerando que todos eles sejam idênticos. No entanto, algumas mercadorias, como o *foie gras*, variam: algumas são mais duras do que outras, maiores ou menores etc. Desse modo, as operações a serem executadas, como a retirada das veias, não demoram o mesmo tempo para todos. As operadoras retiram as veias com uma faca, que segurada em parte pela lâmina, em parte pelo cabo. Nem todas elas usam luvas, com o objetivo de reduzir o deslizamento das veias entre o polegar e a lâmina da faca. Enquanto elas retiram as veias com a faca em uma das mãos, a outra segura o fígado para evitar que este se dilacere muito e para não haver a perda de material junto com a veia extraída. O cálculo da cadência fixa o espaçamento entre os fígados, assim como o posicionamento das operadoras ao longo da linha não propicia espaço suficiente para regular a atividade de acordo com a variabilidade do produto. Além disso, a norma proíbe se "espalhar" (isto é, ficar atrasado e se deslocar para jusante). Aparecem então os riscos, particularmente no que diz respeito às LER/DORT, a partir dos fenômenos de autoaceleração, de pressões e de tensionamento para manter o ritmo, uma queda da variabilidade gestual e um sentimento de não ser capaz de fazer um trabalho de qualidade:

> "Fazemos quantidade, e não qualidade"; "fazer rápido, fazer mal feito"; "não é do que faço que eu não gosto, mas as condições em que eu faço."

As operadoras não têm liberdade gestual no tempo real de produção; elas não têm como lidar com os eventos aleatórios da produção.

Outros constrangimentos impostos pela cadência podem explicar a adoção de coordenações de movimentos ineficazes ou prejudiciais para o operador. Newell (1986) identifica três tipos: relacionadas à tarefa, ao meio ambiente e ao organismo. Retomando aqui um exemplo dado por Bril (2012), vários constrangimentos interagem e organizam o movimento ao portar uma carga: a natureza do solo, o peso da carga, a distância. Além disso, aspectos relacionados com o potencial do organismo (nível fisiológico, cognitivo, afetivo etc.).

Os modelos dinâmicos que integram uma abordagem cognitiva e biomecânica são de grande ajuda para agir sobre os constrangimentos que restringem o movimento voluntário dos operadores. No entanto, ainda são modelos redutores, uma vez que não possibilitam a compreensão da parte ativa do operador na busca e na produção de soluções motoras eficazes e eficientes para atender às exigências da tarefa. Assim, esses modelos tendem a reduzir o gesto ao movimento.

Se o movimento é a parte observável do gesto, não se pode reduzi-lo somente a isso. Ao contrário, ele é por natureza complexo, isto é, irredutível a suas múltiplas dimensões: biomecânico, psicológico, social, contextual ou, ainda, cultural. A análise biomecânica do gesto é, desse ponto de vista, redutora uma vez que tal ato, como entidade complexa, implica uma abordagem holística em vez de analítica. Além disso, os gestos não são separáveis de uma história cultural, bem como dos locais e da transformação das situações de trabalho. A noção de gesto se aproxima assim daquela de técnica corporal tal como Vigarello (1988), na continuidade das obras de Marcel Mauss, a define como "os meios físicos transmissíveis considerados os mais apropriados para atingir um objetivo em uma determinada situação".

Essa definição mínima permite compreender que o gesto é uma solução motriz encontrada pelo operador para ser eficaz e eficiente aos fins que ele persegue. A questão do trabalho do ergonomista é, a partir desse ponto de vista, conceber situações de trabalho que possibilitem a mobilização pelo operador de soluções gestuais adaptadas para atender às exigências da situação do momento e aquelas que lhes são próprias.

4.2 A variabilidade gestual: abrir o espaço das soluções possíveis

O gesto é um compromisso, uma solução desenvolvida pelo operador em um dado momento para atender às exigências de uma tarefa, que pode ser entendida como um espaço-problema (DURAND, 1993). No entanto, esse espaço-problema nunca é invariável nas situações de trabalho. Ele tem sua própria dinâmica produzida pela variabilidade das situações de trabalho enfrentada pelos operadores: variabilidade dos produtos e constrangimentos, das condições ambientais, do operador, consideradas nas pesquisas sobre os horários de trabalho (por exemplo, BARTHE; QUÉINNEC; VERDIER, 2004; TOUPIN). De fato, é razoável considerar que a variabilidade gestual é um recurso construído pelo operador para se adaptar às dinâmicas próprias das restrições da tarefa, do ambiente e de seu estado.

Além disso, a variabilidade gestual permite aos operadores se preservarem com relação às LER/DORT (MADELEINE, 2010). Adotando um procedimento para a recuperação dos tecidos do corpo solicitados anteriormente, ao mudar o modo operatório, essa variabilidade gestual possibilita uma forma de repetição sem monotonia. Não fazer exatamente o mesmo gesto e, portanto, variar, permite que se solicitem diferentes partes do corpo, mas também ajuda a quebrar a monotonia, criar variações gestuais, procurar a solução gestual melhor adaptada para si e para o momento. No caso de impedimento desses processos criativos, o gesto é amputado, é o resultado de uma atividade impedida que

> *confina o gesto a ser repetido de modo idêntico, engajando o sujeito a desenvolver atividades compulsivas nas quais o aspecto motor já não é feito por automatismo, mas por sincinesias. Estas são um sistema de movimentos que só podem ser executados em conjunto e sempre da mesma forma (CLOT; FERNANDEZ, 2005, p. 74).*

A variabilidade gestual é um recurso construído pelos operadores para lidarem com os eventos e com a variabilidade das situações de trabalho. É um indicador de suas competências e reforça o papel ativo que adotam e engajam no trabalho (BOURGEOIS; HUBAULT, neste livro). Portanto, é necessário respeitar essa variabilidade para promover a eficiência e a eficácia das ações visadas pelos gestos. Eles constituem um recurso para o desempenho do sistema. A concepção dos sistemas de trabalho implica a definição das margens de manobra para os gestos, tanto relacionadas com o tempo real da produção como durante os processos de aprendizagem.

Ilustramos essa ideia com um exemplo de uma empresa do setor automotivo. Nessa organização, que adota a padronização do trabalho, existem profissionais responsáveis pela definição das prescrições gestuais descritas nas fichas de operação (CHASSAING, 2010). Essas fichas apresentam uma só maneira de operar, não dão opções para o operador, deixando pouco espaço para a variedade de gestos.

Um exemplo de uma prescrição:

> "Pegar o revestimento com as duas mãos [peça que constitui o interior de um lado da caixa de rodas de um carro] no TM [grande contêiner]. A mão esquerda na abertura oblonga perto da roda, a mão direita no painel na porção central, saindo do TM, girar 90° para a direita da peça."

Essa prescrição limita os operadores na busca pelo equilíbrio da peça, do controle, do espaçamento dos braços de acordo com o seu tamanho. Eles adotam modos operatórios muito diferentes daquilo que a prescrição recomenda. Esta se torna um constrangimento para os operadores, uma vez que adotam um posicionamento das mãos para segurar o forro diferente do prescrito. Essas soluções gestuais permitem a eles garantir os objetivos de segurança, conforto, redução da fadiga muscular e eficácia, não considerados na ficha de operação. Ao contrário do que foi exposto, as prescrições não deveriam restringir os modos operatórios, mas sim permitir e incentivar a construção por parte do operador de uma solução gestual. A seguir, apresentamos um exemplo de uma prescrição que proporciona uma margem de manobra potencial aos operadores para construir soluções gestuais:

> "Colocar o revestimento durante a montagem, de modo a alinhar simultaneamente a parte superior esquerda do piloto com o orifício cilíndrico superior do revestimento e o conjunto piloto central com o orifício oblongo central do revestimento."

Quem prescreveu indica aqui apenas as referências relativas ao resultado da ação. Ele não menciona a posição das mãos. Portanto, esse ato oferece aos operadores oportunidades distintas sobre as maneiras de fazer.

No entanto, as operações de uma ficha formam um todo. Elas são interdependentes. Algumas deixam margens de manobra, outras não. A realização de uma operação descrita com margens de manobra potenciais, e que portanto possibilita vários modos operatórios, pode ser restringida por uma precedente que seja muito detalhada. Esse é o caso para o exemplo citado. De fato, a indicação sobre o modo de pegar o revestimento impõe um posicionamento das mãos. Esse procedimento precede o da colocação, que oferece algumas margens de manobra potenciais para tal. Essas margens são restringidas pela rigidez da prescrição relativa à etapa precedente.

Surge então a questão de não reforçar inadvertidamente as restrições à diversidade dos modos operatórios possíveis e, portanto,

- fornecer a quem prescreve os meios, tanto em tempo de trabalho como durante a sua formação, para permitir a compreensão das causas da diversidade na atividade dos operadores em um determinado posto de trabalho, para respeitá-la, ao menos em parte, e de forma adequada;
- priorizar as prescrições "justificadas", aquelas para as quais um desafio de qualidade ou de segurança está bem estabelecido e explicado aos operadores;
- de um modo geral e também considerando essa dupla finalidade, não favorecer a redação de fichas detalhadas a respeito de todos os pontos, nem exigir o respeito absoluto a todos eles, sem referência à sua importância. No uso dessas fichas também parece legítimo que haja alguma hierarquização das obrigações.

O desafio na concepção das prescrições dos procedimentos de trabalho é integrar de pronto a perspectiva da diversidade dos gestos no plano intraindividual, bem como no interindividual. Nessa perspectiva, se é necessário o suporte material para a definição das operações a serem executadas, pode-se, por exemplo, adotar a forma de um "guia para a atividade". Este pode servir para propor as operações com suas vantagens e desvantagens, especialmente úteis para os operadores em processo de aprendizagem, e também, para reunir e confrontar as variantes gestuais que cada um desenvolve com vistas a favorecer o debate (VÉZINA et al., 1999). Essa indicação pode então se tornar uma fonte de reflexão sobre a prática, um suporte para compartilhar as práticas. A análise da atividade de trabalhadores experientes desenvolvida por um ergonomista se torna, a partir desse ponto de vista, um instrumento para identificar e extrair os conhecimentos gestuais incorporados para ajudar na concepção de prescrições que respeitam a variabilidade e a diversidade dos homens e das situações de trabalho.

Da mesma forma, os treinamentos focados nos gestos deveriam incentivar a construção de uma solução gestual em conformidade com as diversas formas de variabilidade. Então, só podemos ser céticos com relação aos programas de formação "ao bom gesto" e à "boa postura", que tendem a reduzir o leque de soluções que os operadores implementam e a descontextualizar as soluções gestuais elaboradas em contextos específicos. Em vez disso, eles devem ser concebidos com base em uma análise da variabilidade gestual e identificação dos saberes gestuais para possibilitar que os que estão sendo treinados construam suas próprias soluções gestuais com base naquelas dos mais experientes.

Aqui apresentamos um exemplo. Em uma empresa do setor agroalimentar, a concepção de uma linha de corte de patos oferece margens de manobra para organizar a formação dos novos empregados na própria linha de produção sem perturbar o fluxo produtivo (COUTAREL; DANIELLOU; DUGUÉ, 2003). Uma intervenção realizada cinco anos após esse projeto permitiu estudar, mais precisamente, o processo de formação dos gestos de corte (DUGUÉ et al., 2010). Trata-se de um treinamento orientado por um operador experiente, que guia o operador em treinamento no tempo real da produção. O instrutor mostra o gesto, decompõe a ação em operações mais elementares para que o aprendiz aprenda por etapas. Ele olha e assimila aquilo que o aluno não fez. É um treinamento aos gestos contextualizados, o gesto de corte é discutido em toda a sua complexidade, em termos de eficácia, eficiência e saúde. O professor mostra os gestos e acompanha os do aprendiz. Ele insiste sobre a qualidade do produto cortado e sobre a força a ser exercida sobre a faca. Ele mostra os truques que permitem fazer menos força e fazer com qualidade mantendo-se o ritmo. Por exemplo, para cortar uma coxa de pato, uma parte do corte é cego, uma vez que a articulação não é vista. O instrutor explica, mostrando e guiando a faca na articulação que esta forma um "S" e que se deve seguir este "S" para bem cortar a coxa (sem quebrar os ossos) e não usar força excessiva (sobre as partes duras dos ossos), não perder tempo bloqueando a faca nas partes duras. A atenção é focada nas sensações transmitidas pela faca durante o movimento do "S" e nos obstáculos que podem ser encontrados pela lâmina no contato com as partes mais duras. Outros conhecimentos são transmitidos com relação à inclinação da lâmina da faca sobre a carne e sobre o nível de profundidade da faca na carne. A diversidade das informações sensoriais que os operadores usam pode enriquecer o conteúdo dos dispositivos de formação. Esses dados sensoriais durante a realização dos gestos são essenciais, e muitas vezes tanto eles como o seu papel são subestimados. Isso fica evidenciado pelos processos de treinamento focados nos gestos, cuja maioria baseia-se exclusivamente em uma visão biomecânica. Além disso, o aprendiz se encontra imediatamente confrontado com a variabilidade da situação. O conhecimento subjacente ao gesto de corte da coxa, como o de "fazer um S", é feito na diversidade do contexto, ou seja, no tempo real da produção e, consequentemente, sobre uma variedade de patos. Essa variação de contextos torna-se fonte de reflexão para construir novos modos operatórios.

Se a variabilidade gestual é essencial, isso não exclui a possibilidade de desenvolvimento do gesto e dos modos operatórios escolhidos. Não é suficiente na concepção de postos de trabalho, da prescrição, dos dispositivos de formação, entre outros, autorizar e pensar a variabilidade gestual para que os operadores desenvolvam seus gestos. Essa é uma condição essencial, mas não suficiente, para este desenvolvimento. É também importante abrir locais reflexivos, espaços-tempo para desenvolver os gestos.

4.3 Abrir espaços reflexivos para o desenvolvimento dos gestos

Se o papel do processo reflexivo durante o desenvolvimento do gesto no trabalho é insubstituível, é porque este ato é simultaneamente produtivo e construtivo (SAMURÇAY; RABARDEL, 2004). Ele permite a realização de uma tarefa, a obtenção de um objetivo produtivo (a dimensão produtiva), mas, ao mesmo tempo, ele possibilita a construção da experiência própria (a dimensão construtiva). Isso ajuda a entender como os saber-fazer e a experiência permitem aos operadores se preservarem. Portanto, a questão que retorna ao ergonomista consiste em conceber ambientes de trabalho que disponibilizem a construção dessa experiência e o desenvolvimento do gesto. O processo reflexivo é o motor dessa construção e o objetivo é integrar margens de manobra nos sistemas de trabalho, permitindo aos operadores serem profissionais reflexivos (SCHÖN, 1983), e não apenas simples executantes.

Cognitivamente, a perícia gestual é caracterizada pelo caráter incorporado (LEPLAT, 1995), e em grande parte implícito ou tácito (POLANYI, 1969), dos conhecimentos subjacentes aos gestos. A maioria dos estudos científicos mostra que o desenvolvimento da perícia na produção gestual é acompanhado por um esforço cognitivo menor. Por exemplo, no modelo SRK de Rasmussen (1983), três níveis de especialização são definidos por um maior ou menor grau de internalização/exteriorização. Nesse contexto, o nível sensório-motor ("habilidades") é o mais interiorizado e o menos explicitável.

Face a essa constatação, várias questões aparecem: qual(is) lição(ões) o operador pode obter de sua experiência, se a dimensão mais internalizada é, em grande parte, implícita e incorporada e, portanto, dificilmente verbalizável? Como o ergonomista pode agir em situações para facilitar a externalização e a reflexão sobre as dimensões incorporadas e tácitas da experiência gestual?

4.3.1 Da explicitação à reflexão sobre a ação: a intervenção ergonômica como criadora de um espaço reflexivo

Tirar partido de sua experiência implica que o operador reflita a respeito dos gestos utilizados, ou seja, que ele desenvolva uma atividade metafuncional (FALZON, 1994). Essa reflexão causa um distanciamento diante de seu trabalho. É nesse nível que se devem tornar explícitos os conhecimentos procedurais usados na execução dos gestos. É essa passagem dos saberes implícitos incorporados no gesto à sua explicitação, sob forma verbal, que se trata de explorar para vislumbrar pistas para o ergonomista. No âmbito da ergonomia centrada na atividade, o uso de dispositivos metodológicos de verbalização *a posteriori* advém claramente dessa lógica: entrevistas de "auto e aloconfrontação" (por exemplo, MOLLO; FALZON, 2004), de explicitação (VERMESCH, 1994) ou ainda em "re-situ subjetivo" – centrado na fenomenologia da vivência do ator (RIX; BIACHE, 2004). Sem entrar nos detalhes metodológicos desses dispositivos, é possível notar que o papel do ergonomista consiste em acompanhar a descrição da vivência do gesto mobilizado em uma situação singular. Assim, esses dispositivos podem criar as condições para a externalização e atualizar os conhecimentos tácitos subjacentes aos gestos dos operadores.

Duas etapas articuladas podem ser vislumbradas na explicitação dos conhecimentos procedurais mobilizados nos gestos (SIX-TOUCHARD; FALZON, neste livro): uma primeira fase de externalização, ou seja, de colocação em palavras que podemos chamar explicitação. Uma segunda fase a partir da qual é possível engajar uma reflexão sobre a ação.

No entanto, nem sempre é necessário criar um "espaço-tempo" separado para que o operador possa explicitar os conhecimentos tácitos incorporados em seu gesto. Fillietaz (2012) mostra, por exemplo, que, na análise da atividade, os operadores estão em condições de introduzir, apresentar, demonstrar ou expressar em palavras aspectos de seus conhecimentos situados no contexto de seu trabalho, utilizando uma postura reflexiva. Essa expressão verbal que Fillietaz chama de "explicitação situada" constitui verdadeiras oportunidades de desenvolvimento profissional. A intervenção ergonômica é suscetível de desempenhar um papel significativo na explicitação do gesto, uma vez que o operador procura descrever e compreender as suas maneiras de fazer, adotando efetivamente uma postura que precisa ser reflexiva.

4.3.2 O papel desempenhado pelas variabilidades encontradas no trabalho

Além da criação do espaço-tempo separado ou dos efeitos de intervenções ergonômicas, é possível identificar outros aspectos que podem provocar um processo de conscientização e uma postura reflexiva por parte do operador. Entre o objetivo e o resultado da ação (ambos conscientes), há uma aquisição de consciência com relação aos meios da ação no confronto com o insucesso ou quando, por uma razão ou outra, o sujeito procura conhecer as modalidades operatórias adotadas em relação aos resultados da ação. Assim, face aos obstáculos profissionais, acontece um processo de conscientização. O papel do ergonomista não pode, nesse contexto, ser o de eliminar qualquer dificuldade do trabalho. O seu papel é favorecer a transformação das situações de trabalho para que incorporem como um aspecto central as "*enabling constraints*" (DAVIS; SUMARA, 2007), isto é, os constrangimentos que permitem o desenvolvimento dos gestos no trabalho (DELGOULET; VIDAL-GOMEL, neste livro). Nesse contexto, a variabilidade das situações pode ser considerada como uma modalidade que possibilita a conscientização e o envolvimento da reflexividade do operador. Para retomar o exemplo mostrado anteriormente sobre a linha de limpeza do *foie gras*, a variabilidade dos fígados pode se constituir uma fonte de reflexividade para que o operador desenvolva um gesto eficaz e eficiente. Todavia, isso é possível especialmente à condição de que, na concepção da linha de produção, a relação espaço-tempo permita essas regulações gestuais. Na prática, o operador pode engajar reflexões devido às repetições para identificar as situações afins, as variações, as constantes e as variáveis, para modificar, desenvolver e ajustar o seu gesto.

4.3.3 O coletivo a serviço de reflexividade: transmitir, capitalizar e fazer trabalhar os gestos

Uma última dimensão dos gestos é o seu enraizamento em uma cultura profissional, o que alguns autores chamam de um gênero profissional (CLOT; FAÏTA, 2000). Todo ofício tem o seu inventário de saber-fazer e técnicas emblemáticas de uma forma de profissionalismo reconhecido. Portador desta cultura compartilhada do ofício, o coletivo é um recurso indispensável para o desenvolvimento. Mesmo que o gesto seja adquirido apenas pela experiência pessoal, raramente se aprende sozinho. A experiência é facilitada por aqueles que já a adquiriram e, nesse sentido, o coletivo constitui um recurso para a construção do gesto no trabalho (SIGAUT, 2009). Na aprendizagem do gesto, o coletivo transmite a seus novos membros uma experiência compartilhada do ofício. Desse modo, o debate sobre os gestos de trabalho é suscetível de ser um "instrumento psicológico" a serviço dos membros do coletivo. Com base na questão dos impedimentos e da engenhosidade pessoal, essa discussão pode oferecer novas perspectivas de realização (SIMONET, 2011).

A criação de um espaço de discussão na ação sobre os modos de fazer é possível desde que, na concepção das situações de trabalho seja possível a presença de um colega no posto; o arranjo físico permita essa presença mas também que as instruções autorizem a ajuda mútua. Isso favorece as discussões possíveis entre pares sobre o gesto, como é o caso da linha de corte de patos. A potencial presença de um colega no mesmo posto de trabalho é ainda mais valiosa para debater sobre gestos cuja verbalizacão não é evidente. Os operadores podem mostrar os gestos, comentando para facilitar a explicitação dos conhecimentos gestuais tácitos.

Como mencionado por Pastré (1997), certos indivíduos saberão tirar proveito de seus erros, de seus fracassos e sucessos; outros, pelo contrário, vão repetir os mesmos comportamentos sem adaptá-los. Para explicar essa diferença entre as pessoas, o autor discute aqui a ideia de "aproveitar", que é equivalente à noção de prática reflexiva, condição essencial para a conceituação. Ele distingue duas formas de experiência a partir da perspectiva daquilo que ela produz: uma "experiência que envolve o sujeito em uma automatização de sua conduta e uma experiência que abre, mesmo que de forma limitada, as perspectivas que vão além do vivenciado" (PASTRÉ, 1997, p. 90). Assim, de acordo com o autor, a experiência é construída a partir da

> *capacidade de um sujeito voltar sobre o que foi experimentado para o analisar e reconstruir o saber-fazer em outro nível cognitivo: aproveitando o passado, o sujeito expande sua capacidade de antecipação, ele se abre mais amplamente sobre o futuro e sobre o leque dos possíveis (PASTRÉ, 1997, p. 91).*

É essa capacidade dos indivíduos de retornarem ao que foi vivido, condição essencial para o desenvolvimento dos gestos, que interroga a intervenção do ergonomista e o seu nível de ação. O coletivo desempenha um papel primordial nessas análises reflexivas e, portanto, no desenvolvimento dos gestos.

4.4 Conclusão

As análises biomecânicas podem ser utilmente complementadas pela compreensão dos mecanismos de produção e controle do movimento voluntário. Elas oferecem um vislumbre sobre as pistas de ação a respeito dos constrangimentos impostos ao operador nos processos de coordenação gestual ou ainda sobre os movimentos ineficazes ou prejudiciais. Mas agir sobre o gesto tem outro sentido.

O gesto é por natureza complexo. Ele é uma criação em contexto que permite aos operadores responderem aos problemas trazidos pela tarefa. Trata-se de levar a sério a parte ativa que tem o operador na produção de uma solução gestual. Para responder às exigências da tarefa, não existe uma, mas sim diversas soluções gestuais pertinentes, sendo que as condições e os constrangimentos enfrentados pelos operadores mudam com o desenrolar de seu trabalho: variabilidade dos produtos, das condições ambientais, do estado dos operadores etc. Pode-se acrescentar que a variabilidade do gesto constitui uma ferramenta para os operadores com tripla função: uma de eficácia, uma de preservação da saúde e, finalmente, uma da produção de um trabalho de qualidade. Agir sobre o gesto implica a liberação de margens de manobra, permitindo aos operadores ajustarem, repetirem seu gesto, sem que jamais ele seja idêntico.

Liberar margens de manobra, contudo, é necessário, mas não suficiente para o desenvolvimento do gesto, o qual exige a abertura de um espaço reflexivo que permita aos operadores debaterem as soluções gestuais que eles adotam. Nesse contexto, a variabilidade e os obstáculos encontrados, assim como o papel do coletivo, são importantes para propiciar o afastamento necessário e a reflexão dos operadores sobre os seus gestos.

Uma abordagem de ergonomia construtiva requer, portanto, uma ação em três níveis: dos constrangimentos que tornam o movimento ineficaz ou deletério, das margens de manobra para liberar o espaço para soluções gestuais adotadas pelos operadores e, finalmente, no nível de uma organização que permita o debate e a reflexão sobre os gestos utilizados.

Essa perspectiva requer o reconhecimento da inteligência e criatividade dos operadores quanto à capacidade de inventar novas soluções gestuais para responder às exigências do trabalho.

Referências

APTEL, M.; VÉZINA, N. **Quels modèles pour comprendre et prévenir les TMS?** Pour une approche holistique et dynamique. Trabalho apresentado ao II Congrès Francophone sur les TMS, Montréal, 2008.

BARTHE, B.; QUÉINNEC, Y.; VERDIER, F. L'analyse de l'activité de travail en poste de nuit: bilan de 25 ans de recherches et perspectives. **Le Travail Humain**, v. 67, n. 1, p. 41-61, 2004.

BERNSTEIN, N. A. **The co-ordination and regulation of movements**. Oxford: Pergamon Press, 1967.

BRIL, B. Apprendre des gestes techniques. In: BOURGEOIS, E.; DURAND, M. (Ed.). **Apprendre au travail**. Paris: PUF, 2012. p. 141-151.

BRISSWALTER, J.; MOTTET, D. Energy cost and stride duration variability at preferred transistion gait between walking and running. **Canadian Journal of Applied Physiology**, v. 21, n. 6, p. 471-480, 1996.

CHASSAING, K. Les "gestuelles" à l'épreuve de l'organisation du travail: du contexte de l'industrie automobile à celui du génie civil. **Le Travail Humain**, v. 73, n. 2, p. 163-192, 2010.

CLOT, Y.; FAÏTA, D. Genre et style en analyse du travail. Concepts et méthodes. **Travailler**, n. 4, p. 7-42, 2000.

CLOT, Y.; FERNANDEZ, G. Analyse psychologique du mouvement: apport à la prévention des TMS. **@ctivités**, v. 2, n. 2, p. 68-78, 2005. Versão eletrônica.

COUTAREL, F.; DANIELLOU, F.; DUGUÉ, B. Interroger l'organisation du travail au regard des marges de manœuvre en conception et en fonctionnement. **Pistes**, v. 5, n. 2, 2003. Disponível em: <http://www.pistes.uqam.ca/v5n2/pdf/v5n2a2.pdf>. Acesso em: 7 nov. 2015.

DAVIS, B.; SUMARA, D. Complexity Science and Education: Reconceptualizing the Teacher's Role in Learning. **Interchange**, v. 37, n. 1, p. 53-67, 2007.

DUGUÉ, B. et al. **L'ergonome peut-il contribuer à créer des systèmes adaptatifs et résilients?** 5 ans après la conception d'une ligne de découpe, le retour sur un abattoir de canards gras. Trabalho apresentado ao XXXXV Congrès de la Société d'Ergonomie de Langue Française. Fiabilité, résilience et adaptation. Liège, 2010.

DURAND, M. Stratégie de recherche, optimisation et apprentissage moteur. In: FAMOSE, J. P. (Ed.). **Cognition et performance**. Paris: INSEP, 1993.

FALZON, P. Les activités méta-fonctionnelles et leur assistance. **Le Travail Humain**, v. 57, n. 1, p. 1-23, 1994.

FILLIETAZ, L. Réflexivité et explicitation située de l'action des formateurs: une perspective interactionnelle et multimodale. In: VINATIER, I. (Ed.). **Réflexivité et développement professionnel**. Toulouse: Octares, 2012. p. 275-304.

KELSO, J. A. S. **Dynamics patterns**: the self-organization of brain and behavior. Boston: MIT Press, 1995.

LEPLAT, J. À propos des compétences incorporées. **Éducation Permanente**, n. 123, p. 101-114, 1995.

MADELEINE, P. On functional motor adaptations: from the quantification of motor strategies to the prevention of musculoskeletal disorders in the neck–shoulder region. **Acta Physiologica**, n. 199, p. 1-46, 2010.

MOLLO, V.; FALZON, P. Auto and allo-confrontation as tools for reflective activities. **Applied Ergonomics**, v. 35, n. 6, p. 531-540, 2004.

NEWELL, K. M. Constrainst to the development of coordination. In: WADE, M. G.; WHITING, H. T. A. (Ed.). **Motor development in children**: aspects of coordination and control. Dordrecht: Martinus Nijhoff, 1986. p. 341-360.

PASTRÉ, P. Didactique professionnelle et développement. **Psychologie Française**, v. 42, n. 1, p. 89-100, 1997.

PAVAGEAU, P.; NASCIMENTO, A.; FALZON, P. Les risques d'exclusion dans un contexte de transformation organisationnelle. **Pistes**, v. 9, n. 2, 2007. Disponível em: <www.pistes.uqam.ca/v9n2/articles/v9n2a6.htm>. Acesso em: 7 nov. 2015.

POLANYI, M. **The tacit dimension**. New York: Doubleday & Company, 1969.

RASMUSSEN, J. Skills, rules and knowledge: signal, signs, symbols and other distinctions in human performance models. **IEEE Transactions on Systems, Man and Cybernetics**, n. 13, p. 257-266, 1983.

RIX, G.; BIACHE, M. J. Enregistrement en perspective subjective située et entretien en re-situ subjectif: une méthodologie de la constitution de l'expérience. **Intellectica**, n. 38, p. 363-396, 2004.

SAMURÇAY, R.; RABARDEL, P. Modèles pour l'analyse de l'activité et des compétences, propositions. In: ______ (Ed.). **Recherches en didactique professionnelle**. Toulouse: Octarès, 2004. p. 163-180.

SCHMIDT, R. A. A schema theory of discrete motor skill learning. **Psychological Review**, v. 82, n. 4, p. 225-260, 1975.

SCHÖN, D. A. **The reflexive practitioner**: how professionals think in action. New York: Basic Books, 1983.

SIGAUT, F. Techniques, technologies, apprentissage et plaisir au travail. **Technique & Culture**, n. 52-53, p. 40-49, 2009.

SIMONET P. **L'hypo-socialisation du mouvement**: prévention durable des troubles musculo-squelettiques chez des fossoyeurs municipaux. 2011. Tese (Doutorado em Psicologia do Trabalho) – CNAM Paris, Paris, 2011.

VERMESCH, P. **L'entretien d'explicitation**. Paris: ESF, 1994.

VÉZINA, N. et al. Élaboration d'une formation à l'affilage des couteaux: le travail d'un collectif, travailleurs et ergonomes. **Pistes**, v. 1, n. 1, 1999. Disponível em: <http://www.pistes.uqam.ca/v1n1/pdf/v1n1a3.pdf>. Acesso em: 7 nov. 2015.

VIGARELLO, G. **Techniques d'hier et d'aujourd'hui**. Paris: Revue EPS & Michel Laffont, 1988.

5. Do tempo constrangido ao tempo construído: para uma organização capacitante do trabalho em turnos alternantes e do trabalho noturno

Cathy Toupin, Béatrice Barthe e Sophie Prunier-Poulmaire

Em um contexto de constante expansão dos horários atípicos, especialmente de turnos alternantes e períodos noturnos, a abordagem sistêmica e construtiva da ergonomia permite considerar a organização temporal do trabalho como elemento que pode contribuir para a qualidade do trabalho, para a segurança e para a confiabilidade dos sistemas, assim como à saúde dos homens e das mulheres que trabalham nesses horários.

Depois de recordar os efeitos deletérios geralmente associados com a prática dos turnos alternantes e do trabalho noturno, o objetivo deste capítulo é mostrar que a organização do tempo de trabalho também pode ser respeitosa com o estado de saúde dos assalariados e, da mesma forma, sob determinadas condições, contribuir para o desenvolvimento de habilidades, saber-fazer e competências favoráveis para um percurso profissional de sucesso. A análise conjunta do trabalho realizado, das características individuais dos assalariados encarregados, assim como aqueles que elaboram constantemente estratégias de trabalho, ao longo dos meses e dos anos, permite vislumbrar um número de bases para ação. Os efeitos adversos do trabalho em turnos permanecerão certamente, mas as opções organizacionais selecionadas pelas empresas têm um papel considerável a desempenhar: sem anular esses efeitos, elas podem reduzi-los, favorecendo o desenvolvimento de homens e mulheres no trabalho, em um percurso profissional pensado e construído.

Este capítulo se concentrará sobre os turnos alternantes e sobre o horário noturno, porque são, entre todos os períodos atípicos, os mais comuns e, portanto, aqueles que mais focalizaram a atenção, tanto no âmbito científico quanto econômico, político e social. Os horários alternantes são uma consequência direta do trabalho em turnos, definido como um modo de organização temporal do trabalho, no qual várias equipes se sucedem nos mesmos postos em diferentes horas para garantir a continuidade de um bem ou serviço[1]. Na França, os períodos noturnos são aqueles situados entre 21 horas e 6 horas da manhã[2], ou em outro período negociado e definido por convenção ou acordo, obrigatoriamente incluindo a faixa entre 24 horas e 5 horas da manhã.

5.1 Trabalhar em turnos alternantes e horários noturnos: uma prática ainda em expansão, com efeitos deletérios

Na França, se 37% dos assalariados trabalham em horários "normais", ou seja, próximos do horário comercial (das 8 às 18 horas), quase dois entre três trabalham em horários qualificados como atípicos, de manhã cedo, final da tarde, à noite, em horários alternados, em períodos interrompidos, em turnos longos (mais de dez horas), no final de semana, em tempo parcial, em horas imprevisíveis etc. (BUÉ; COUTROT, 2009). Um em cada cinco assalariados trabalha em equipes submetidas a turnos alternantes ou noturnos. Em 2009, 15,2% dos assalariados (3,5 milhões de pessoas) trabalhavam à noite (habitual ou ocasionalmente), ou seja, 1 milhão a mais que em 1991. A proporção de assalariados que declaram geralmente trabalhar à noite mais que dobrou em 20 anos (7,2%

1 De acordo com a Diretiva Europeia 93/104/CE, complementada pela Diretiva Europeia 2003/88/CE.

2 Artigo L 3122-29 do Código do Trabalho.

em 2009 contra 3,5% em 1991), com um aumento acentuado entre as mulheres (ALGAVA, 2011). Nota-se que o trabalho noturno muitas vezes combina-se com outras formas de horários atípicos (alternantes, que variam de uma semana para outra, no final da tarde, sábado ou domingo).

Na União Europeia, as evoluções nesses últimos anos são bastante contrastantes (apesar de uma harmonização da legislação europeia sobre o trabalho noturno), com uma recente redução da prática de trabalho noturno nos países europeus vizinhos. De acordo com a última pesquisa realizada pela Fundação Europeia em Dublin, a percentagem de trabalho noturno representa, no entanto, entre 18% e 24% nos 31 países europeus estudados (EDOUARD, 2010).

Essas organizações temporais do trabalho colocam os indivíduos em situações de conflito de temporalidades (BARTHE, 2009; QUÉINNEC; TEIGER; TERSSAC, 2008), o que pode ter efeitos deletérios sobre o trabalho, além da saúde e vida familiar e social das pessoas envolvidas.

De fato, os horários alternados, e sobretudo os turnos noturnos, podem ser acompanhados de consequências nefastas sobre o trabalho, especialmente em termos de segurança e confiabilidade. Os horários em que ocorreram os acidentes e as catástrofes industriais mais graves do século XX reforçam essa relação: Three Mile Island (1979) às 4 horas, Chernobyl (1986) à 1h30, Bhopal (1984) à 0h45 e Refinaria Total (1992) às 05h22. Uma pesquisa científica desenvolvida em uma outra escala estudou 1.020 casos de acidentes fatais na Austrália. Os resultados mostram que a taxa de mortalidade é duas vezes maior no período noturno do que durante os turnos diurnos (WILLIAMSON; FEYER, 1995). Folkard e Tucker (2003) mostram, a partir de vários estudos sobre as indústrias que operam no sistema de turnos 3×8, um aumento do risco de acidente em comparação com o turno diurno de 18,6%, para o da tarde, e de 30,4% para o noturno. Folkard (1981) resumiu os resultados de um conjunto de estudos que apresentam uma mudança no desempenho ao longo das 24 horas, com uma queda acentuada entre meia-noite e 4 horas em várias profissões (tempo de resposta mais longo para as operadoras de telex; aumento dos erros de leituras em medidores nas fábricas; sonolência durante a condução de automóveis; ausência das respostas de maquinistas de trens aos sinais de controle; aumento de incidentes no hospital etc.). Essa variação no desempenho constatada se assemelha à de vigilância dos trabalhadores, que acompanha uma ritmicidade circadiana no curso das 24 horas, com um mínimo no meio da noite e um máximo à tarde.

Além dos efeitos dessas modalidades de organização temporal sobre a confiabilidade e a segurança do e no trabalho, os prejuízos à saúde são numerosos e inegáveis: deterioração quantitativa e qualitativa do sono; distúrbios mais ou menos graves da digestão; distúrbios nervosos que podem chegar até a estados depressivos; aumento dos riscos cardiovasculares (para uma síntese, ver GADBOIS, 1998); distúrbios durante a gravidez (CROTEAU, 2007) e risco de câncer, sobretudo de mama e cólon (HAUS; SMOLENSKY, 2006). Assim, os horários alternantes e noturnos são considerados na França como fatores de trabalho árduo desde a reforma das aposentadorias de 2010.

Deve-se notar que a prevalência dos distúrbios de saúde nos assalariados é variável e depende da duração da exposição, dos sistemas de horários praticados, além das características da situação de trabalho, dos constrangimentos pessoais e familiares, da idade etc. Algumas pessoas toleram por bastante tempo os horários alternantes e noturnos, enquanto outras devem renunciar a eles rapidamente. Todavia, o retorno aos horários diurnos e regulares não necessariamente é acompanhado do desaparecimento dos distúrbios de saúde (BOURGET-DEVOUASSOUX; VOLKOFF, 1991).

Os assalariados que trabalham em horários alternantes e noturnos também encontram dificuldades em gerir as defasagens de tempo entre a vida profissional e a sociofamiliar, devido à discrepância existente entre esses horários e os momentos de disponibilidade necessários para compartilhar atividades com a família e os amigos. As consequências se situam em diferentes níveis: dificuldades na relação do casal, redução e alteração da qualidade das relações com os filhos, diminuição da vida associativa e com amigos, "isolamento social" (PRUNIER-POULMAIRE, 1997).

5.2 Do tempo "constrangido" ao tempo "construído"

Os horários de trabalho praticados podem apresentar riscos aos assalariados e, em particular, contribuir para uma "*deterioração* de sua saúde", mas também podem colaborar para uma perturbação em sua vida pessoal.

Mas, se os horários alternantes e noturnos exigem das pessoas implicadas que trabalhem em defasagem com o seu funcionamento fisiológico, psicológico e social, hoje em dia sabe-se que eles não permanecem passivos diante das dificuldades inerentes a esse tipo de organização. Os assalariados ativamente colocam em prática processos de regulação do trabalho, que irão construir e refinar ao longo dos meses e anos de prática.

Além disso, sob certas condições, a organização do tempo de trabalho pode contribuir para "*construir* o estado de saúde" dos operadores, ou pelo menos para não prejudicá-lo (GOLLAC; VOLKOFF, 2007). A organização temporal do trabalho também pode ser uma fonte de desenvolvimento de si, de aprendizagem, de aquisição de competências e autonomia, de saberes, de conhecimentos, de saber-fazer, do desenvolvimento de estratégias de regulação, de oportunidades de aprender sobre si mesmo e sobre os outros etc. e, portanto, em um sentido mais amplo do termo, de desenvolvimento da saúde.

5.2.1 O tempo "construído": estratégias no trabalho para preservar a saúde

Uma série de estudos em ergonomia evidenciou como os operadores, sujeitos às variações circadianas em suas propriedades psicofisiológicas, gerenciam a baixa da vigilância para atingir seus objetivos de trabalho. Eles mostram a construção e a implementação de regulações, as quais se manifestam na própria atividade de trabalho por uma reorganização qualitativa e quantitativa da atividade, perceptível individual e coletivamente (BARTHE; QUÉINNEC; VERDIER, 2004). Esses profissionais trabalham de forma diferente de dia e à noite, mas também durante o andamento do turno noturno, sem que isso afete a sua eficácia no trabalho. A prática dessas regulações foi observada em diversos setores profissionais: controle de processos, controle de satélites, indústrias químicas e petroleiras, jornais, setor hospitalar, de transportes etc.

Uma parte das variações observadas na atividade de trabalho reflete diretamente o nível de ativação funcional dos indivíduos. Essa variabilidade quantitativa de algumas dimensões da atividade ao longo dos turnos da noite tem sido particularmente colocada em destaque no âmbito das comunicações no trabalho, nos deslocamentos e nas obtenções de informação. Isso atesta uma diminuição progressiva de atividade ao longo das horas de trabalho durante a noite, e pode ser representado em um gráfico similar ao da ritmicidade circadiana da vigilância, com um mínimo entre uma e três horas da manhã.

Mas realizar menos ações ou fazê-las mais rapidamente quando a vigilância está reduzida não significa trabalhar de forma menos eficaz. Os ajustes são realizados de modo que os objetivos essenciais da atividade sejam, em todos os momentos, atingidos e que a produtividade também seja garantida. Às variações quantitativas mencionadas anteriormente se acrescentam as reorganizações qualitativas da atividade. Por exemplo, os vigilantes noturnos reagrupam, no início da noite, as tarefas que exigem raciocínio, precisão e decisão a fim de, em seguida, mudar para outras, mais físicas e que exigem menos atenção (PRUNIER-POULMAIRE, 2008). Essa estratégia ajuda a manter a vigilância e a quebrar a monotonia de certas tarefas. Nos hospitais, as enfermeiras e as auxiliares de puericultura de um serviço pediátrico implementam, durante os plantões noturnos longos (de 11h30), estratégias de cuidado específicas e mais rápidas às 2 horas da manhã em comparação com outros períodos da noite. Algumas atividades de cuidados secundários são adiadas e certas técnicas de alimentação dos bebês são modificadas para preservar o sono destes, mas também para prevenir o acúmulo de fadiga por meio de um repouso antes da última fase de cuidados, na qual elas sentem como sendo a mais difícil (BARTHE; QUÉINNEC, 2005).

O conjunto desses resultados dizem respeito à atividade de um operador considerado isoladamente. Mas reorganizações coletivas também ocorrerão dentro das equipes para lidar com as exigências do trabalho, enquanto gerenciam coletivamente as variações individuais do estado de vigilância. Dorel e Quéinnec (1980) mostraram, no controle de processo de uma usina de água potável, uma reorganização coletiva do trabalho de monitoramento visando a confiar o máximo responsabilidades ao operador beneficiado, ao final do turno, com três dias de descanso, com o objetivo de preservar o colega que trabalhará na noite seguinte. Na unidade neonatal mencionada, os enfermeiros e auxiliares se ajudam a fim de reduzirem mutuamente suas cargas de trabalho e prestarem entre si assistência técnica ou aportarem competências específicas em determinados momentos do turno (BARTHE, 2000). Eles também organizam a atividade coletivamente para conseguirem momentos individuais de descanso. Nos serviços alfandegários, surge uma divisão informal de tarefas entre os agentes. Constatou-se que aqueles que começam o turno da noite são responsáveis pelas tarefas mais delicadas, as mais perigosas (como um interrogatório de infratores), algo que exige ao mesmo tempo um grande autocontrole, uma escuta atenta, uma alta concentração e uma paciência a toda prova (PRUNIER-POULMAIRE, 1997).

Portanto, parece razoável considerar que se "aprende" a trabalhar à noite e em horários alternantes, ou pelo menos a "lidar habilmente com..." As pessoas adquirem conhecimentos específicos sobre si mesmos e sobre as tarefas – que são diferentemente moduladas de acordo com o horário praticado –, saberes que permitem reorganizar o trabalho. As estratégias apresentadas nos exemplos precedentes, que são concretizadas sobretudo por uma reorganização temporal de certas ações durante a noite, mostram uma forte necessidade de autonomia dos assalariados.

5.2.2 Uma construção ao longo dos meses e dos anos

Ao longo dos meses e anos passados em horários atípicos, os trabalhadores desenvolvem experiência, competências, saberes e saber-fazer específicos ao trabalho desenvolvido em horários alternantes e noturnos. Essa experiência vai proporcionar aos trabalhadores recursos para melhor gerenciar as dificuldades e exigências específicas do horário praticado, ou ainda para melhor se proteger.

Um estudo realizado no setor hospitalar (TOUPIN, 2008; 2012), com enfermeiros que trabalhavam em turno noturno fixo em serviços de pneumologia, ilustra este fenômeno. As observações e análises feitas, no contexto da intervenção ergonômica, procuraram destacar como a experiência permite aos cuidadores melhor "gerir sua noite". Nessa área, o trabalho executado por eles não é radicalmente diferente entre a noite e o dia, mas apresenta particularidades no período noturno. As condições para realização da tarefa prescrita são específicas, dado o estado psicofisiológico deles (fadiga, queda no estado de vigilância), as características do seu ambiente de trabalho nesse período (trabalho com efetivo reduzido, médicos e supervisores ausentes, ausência de atendimentos etc.) e as condições dos pacientes (cansados, angustiados etc.). Essa especificidade noturna da atividade deve ser enfatizada, especialmente para evitar considerar a cuidadora da noite – cujo trabalho é fortemente prescrito, com tarefas obrigatórias inteiramente determinadas por prescrições médicas e pelo estado dos pacientes –, exatamente como se ela fosse uma cuidadora diurna que simplesmente trabalharia em um outro período, em condições distintas com relação ao ritmo circadiano. Isso também é uma realidade em muitos outros setores profissionais (PRUNIER-POULMAIRE; GADBOIS, 2004).

No início, quando os trabalhadores começam a trabalhar à noite, nem sempre são devidamente informados e treinados com relação aos detalhes, aos desafios e às dificuldades do ofício relativos a este horário. Por vezes, isto os coloca em situações problemáticas: por exemplo, como dar conta de diminuição da vigilância durante o turno noturno e o aparecimento da fadiga no ciclo de rotação dos turnos e das noites sucessivas de trabalho? E ainda como dar conta de situações de emergência que exigem imperativamente estar em alerta e desperto?

Após anos de prática, os profissionais que trabalham à noite vão redefinindo a sua missão, estabelecendo novos objetivos "temporalmente situados" (GAUDART; LEDOUX, neste livro). Com a experiência, afirma-se a preocupação de se planejar em relação à atividade de trabalho que virá na sequência, com dois objetivos principais:

- Limitar e lidar com a fadiga que ocorre durante a noite.

Por exemplo, em hospitais, os cuidadores tentam evitar a realização de algumas tarefas mais exigentes (física e/ou cognitivamente), delicadas e até mesmo perigosas em um momento em que, por experiência própria, sabem que a vigilância é menor. Quando isso não for prejudicial à saúde do paciente, eles podem decidir antecipar ou atrasar um cuidado, a fim de conseguir um tempo de repouso no meio da noite. A cooperação também ocorre na equipe para mover ou trocar um paciente, ou ainda substituir um colega que não se sente suficientemente alerta para prestar um cuidado porque está muito cansado, por exemplo, para dar uma injeção em um paciente com vírus HIV (TOUPIN, 2008, 2012), ou para fazer uma perfusão em um bebê prematuro (BARTHE, 2000).

Em um setor bem diferente, os agentes alfandegários optam por efetuar no começo da noite seus controles nos lugares e pontos estratégicos que, de acordo com sua experiência, são os de mais alto grau de perigo (PRUNIER-POULMAIRE; GADBOIS; VOLKOFF, 1998), deixando para o fim da noite, aqueles que requerem uma vigilância menos acentuada.

- Limitar e evitar as situações de emergência, fontes de fadiga e estresse (principalmente por causa da falta de supervisão), para, se possível, ter um melhor domínio sobre a atividade de trabalho.

Em uma aciaria, uma parte dos controles nas bobinas é realizada antecipadamente pelos trabalhadores. Tal ato leva os trabalhadores a decidirem sobre certos controles que eles farão em duas ou três bobinas seguintes. Essas antecipações de controle são mais comuns quando, primeiramente, os trabalhadores são experientes e, em segundo lugar, quando o trabalho é feito à noite. Esse modo de proceder evita que alguns operadores tenham que, em algumas situações, agir na urgência no momento em que sua vigilância é menor e sua memória é menos confiável (PUEYO; TOUPIN; VOLKOFF, 2011).

No hospital, as cuidadoras procuram se assegurar, desde o início do turno da noite, que as prescrições médicas não serão empecilhos quando tiverem que ajudar em eventuais ataques de angústia dos pacientes pelos quais serão responsáveis durante a noite (TOUPIN, 2008; 2012). O nível de angústia de um paciente é muito importante, pois determina a forma como se passará a noite: para o indivíduo, para a equipe de cuidados – e, particularmente, para a cuidadora responsável –, mas também para outros pacientes da enfermaria, os quais, despertados pelas solicitações de um paciente angustiado, podem ter dificuldade de voltar a dormir e terem as suas angústias e/ou dores despertadas. As cuidadoras se esforçam também para fazer uma primeira visita aos quartos o quanto antes, para poderem ver um máximo de pacientes ainda acordados, poderem construir uma representação de sua saúde e imaginarem como será a noite para eles e, portanto, para elas.

Da mesma forma, no controle de processo, os controladores recolhem o dobro de informações por unidade de tempo logo no início do seu turno. Essa coleta global e intensa de informações lhes permite atualizar a representação do estado do sistema e obter conhecimentos para que possam ser capazes de antecipar as variações futuras (ANDORRE; QUÉINNEC, 1996).

Em geral, várias fontes de experiência permitirão essas evoluções e levarão os trabalhadores a modificarem a sua prática ao longo dos meses e anos:

- A experiência adquirida com a prática profissional: por serem confrontados repetidamente com situações problemáticas durante o turno da noite, sem a possibilidade de recorrer à supervisão, os operadores, por exemplo, puderam mudar seus métodos de questionamento nas comunicações orais quando da passagem de turno com a equipe do período da tarde, ou ainda redistribuir diferentemente as tarefas sob sua responsabilidade ao longo da noite.

- A experiência adquirida com a prática dos colegas de trabalho, fonte de trocas e aprendizagem: os operadores que começam a trabalhar à noite costumam dizer que se inspiram nos modos operatórios e nas estratégias implementados pelos seus colegas mais experientes, dos conselhos pródigos, dos saber-fazer relatados e das habilidades desenvolvidas na e pela atividade.

- A experiência adquirida com o conhecimento de si mesmo, de suas capacidades psicofisiológicas, da evolução de seu estado ao longo do turno de trabalho (especialmente em termos de fadiga e vigilância) e do impacto desse estado na sua capacidade de se manter acordado e reagir com rapidez e eficácia durante todo o turno.

Assim, as condições de exercício da atividade noturna não apenas terão como efeito que uma mesma tarefa (aquela realizada durante o dia ou em horários regulares) seja feita de forma diferente, mas que é uma *outra tarefa* sendo trabalhada, devido às exigências específicas do trabalho noturno (responsabilidade e autonomia mais intensas, por exemplo), e uma ponderação diferente com relação a certos critérios (flutuação das exigências da tarefa, gestão da fadiga etc.). Esses elementos levam os operadores e as operadoras a pensar diferentemente o seu trabalho, a construírem novas competências que irão influenciar, por um lado, a dificuldade do trabalho e a preservação da saúde e, por outro, a qualidade do trabalho realizado.

5.3 Conceber organizações capacitantes do trabalho em horários alternantes e noturnos

Ao considerar a organização do tempo de trabalho, indubitavelmente, as possibilidades de ação passam pela concepção dos horários, de acordo com os conhecimentos atuais em medicina (FOLKARD, 1992; KNAUTH, 1996), mas não apenas. Isso é associado (assunto tratado na seção anterior) com a implementação das modalidades de organização do trabalho que respeitem as estratégias individuais e coletivas dos operadores, que autorizem e permitam o desenvolvimento de suas práticas, sua experiência e suas competências. Esse crescimento enquanto uma contribuição para a qualidade do trabalho, mas também para a autopreservação, deve ser incentivado e ser uma finalidade da ação ergonômica. Vários níveis de ação são cogitáveis.

5.3.1 Agir sobre as condições de trabalho e o conteúdo durante esses horários

Muitas vezes, as situações dos horários alternantes e noturnos são cumulativas com outros constrangimentos temporais, físicos, ambientais, psíquicos, organizacionais etc. (ALGAVA, 2011; BUÉ; COUTROT, 2009; VOLKOFF, 2005). Reduzir esses constrangimentos permite melhorar as condições de trabalho e, portanto, a saúde das pessoas que trabalham sob essas modalidades de organização temporal. Em uma primeira etapa, uma reflexão sobre a natureza das tarefas atribuídas aos operadores é essencial para tentar reduzir o peso dos constrangimentos inerentes aos horários alternantes e noturnos. Particularmente, trata-se da concepção de tarefas compatíveis com as capacidades físicas e cognitivas dos trabalhadores, em especial assegurando a redução das exigências relativas às cadências, ao esforço físico, à atenção, à memorização etc. Também pode ser prevista a reorganização de certas tarefas da noite, ou até mesmo a transferência de algumas para o dia, e oferecer pausas criteriosamente distribuídas no decorrer do turno de trabalho.

Os conhecimentos que temos sobre o trabalho real e sobre os processos de regulação individuais e coletivas implementados em determinados momentos do turno permitem vislumbrar uma série de pistas para a reflexão.

Um rearranjo das condições de trabalho consiste em induzir uma maior flexibilidade na tarefa prescrita, permitindo que os assalariados tenham margens de manobra e autonomia suficientes (a partir das possibilidades individuais ou coletivas de regulação) e aceitáveis do ponto de vista da saúde e segurança, para que possam organizar as suas atividades. Essa autonomia constitui um verdadeiro desafio de concepção com relação aos horários de trabalho. Não se trata de tolerá-la, mas sim de favorecê-la e construí-la.

Vimos, no contexto do trabalho em horários atípicos ou noturnos, que o coletivo é um recurso importante (ver CAROLY; BARCELLINI, neste livro). Portanto, é primordial uma reflexão sobre os efetivos das equipes de trabalho e as características dos assalariados que as constituem, no que diz respeito às competências e ao saber-fazer, em especial para permitir e incentivar o intercâmbio e a aprendizagem entre colegas. Um efetivo suficiente também possibilitará estabelecer períodos de repouso oficiais durante os turnos (especialmente no decorrer da noite), assegurando o compartilhamento de competências no âmbito das equipes. Prática pouco comum na França, o cochilo noturno tem efeitos benéficos sobre o estado de vigilância e sobre o nível de fadiga no final do turno e no curso do ciclo de rotação (MATSUMOTO; HARADA, 1994), sobre o humor (KAIDA; TAKAHASHI; OTSUKA, 2007) e sobre algumas propriedades cognitivas dos operadores, mas também sobre o risco de erros (BONNEFOND et al., 2001).

É também necessário garantir que o tempo de copresença entre as equipes que chegam e partem seja longo o suficiente para facilitar a troca de informações e para propiciar aos operadores que entram, melhores condições para assumirem progressivamente o trabalho (LE BRIS et al., 2012).

Finalmente, promover a construção da experiência (práticas, competências), por exemplo, por meio de oportunidades de aprender, de se desenvolver, de refletir em coletivo sobre o trabalho, é um desafio fundamental para a intervenção ergonômica. Tornar visível a atividade desenvolvida em horários alternantes ou noturnos poderia servir como um ponto de apoio para o reconhecimento das especificidades dos ofícios durante esses períodos e para a consolidação da aprendizagem. As atividades reflexivas (MOLLO; NASCIMENTO, neste livro) poderiam contribuir para a construção do desenvolvimento das competências noturnas dos assalariados e de suas capacidades de ação. Porém, ainda é necessário que o sistema de trabalho (a composição e a estabilidade dos coletivos, as oportunidades para a reflexão conjunta sobre o trabalho, os programas de formação etc.) promova essa construção da experiência e a oportunidade de utilizá-la no trabalho.

5.3.2 Agir sobre os percursos profissionais e a gestão de recursos humanos

Vimos que algumas características das condições de trabalho dificultam ou favorecem a construção da experiência. Mas a questão não é se interessar exclusivamente por essas características em um momento específico e em um contexto no qual os percursos profissionais são cada vez mais caóticos, mas sim considerar o seu encadeamento ao longo dos anos. O tempo deve ser considerado não apenas na escala da empresa, mas na da carreira: é essencial adotar aqui uma perspectiva diacrônica.

É especialmente importante estudar o trabalho em horários alternantes e noturnos nas suas relações com o itinerário profissional, o avanço da idade e a construção da experiência profissional, em um contexto sociodemográfico atual, que é marcado por dois acontecimentos: o envelhecimento da população ativa e o aumento dos horários atípicos e noturnos. Essas evoluções devem ter duas consequências: um aumento do trabalho em horários atípicos (especialmente à noite), entre os trabalhadores que estão envelhecendo (já observado na França), e uma maior frequência de situações de trabalho compartilhadas entre assalariados de diferentes gerações. Nesse contexto, os desafios relativos à saúde e à experiência merecem ser analisados com cuidado, e ações preventivas devem ser desenvolvidas.

Assim, as oportunidades de ação não se restringem apenas ao nível da situação de trabalho, mas incluem também o percurso profissional (PRUNIER-POULMAIRE et al., 2011). Particularmente, eles adicionam a redução gradual dos períodos de sujeição aos horários alternantes e noturnos e do trabalho com horários atípicos de maneira mais geral (atenuação dos horários, tempo parcial, concessão dos períodos de descanso compensatório no local de trabalho ou em casa, redução do tempo de presença na situação de trabalho etc.).

Pensar o tempo de trabalho, é também melhor planejá-lo, a partir de uma melhor gestão das carreiras e das competências, um acompanhamento médico regular e mais próximo dos trabalhadores de turnos alternantes e noturnos, um acesso facilitado à formação profissional contínua etc. Ao fazê-lo, é possível interromper o processo de exclusão dos funcionários de seus postos de trabalho, de sua empresa ou instituição ou, ainda, do mercado de trabalho.

5.4 Conclusão: do tempo constrangido ao construído

Em termos de temporalidade e trabalho, a abordagem ergonômica é inegavelmente um trunfo, porque não basta pensar nos horários como tal, mas sobretudo nas pessoas que estão sujeitas a eles, nas características do trabalho que elas têm sob sua responsabilidade, sem nunca considerar esses elementos de forma independente, em consonância com um forte princípio de não dissociação (PRUNIER-POULMAIRE, 1997). Refletir sobre o tempo de trabalho sem pensar no que acontece sutilmente em seu interior, naquilo que se passa e no que é feito, não faz sentido.

Além disso, e surpreendentemente, conceber os horários de trabalho é, em primeiro lugar, fazer análises finas da atividade, a mesma que vai se desdobrar na estrutura temporal prevista. Essas análises tornam visível o que não era, ou seja, as grandes diferenças entre as estratégias adotadas durante o dia e à noite, as quais permitem aos assalariados atenderem às exigências específicas de seu trabalho. É assim que a abordagem ergonômica adquire todo o seu sentido: analisar a atividade em questão, considerar a singularidade da situação de trabalho estudada e as particularidades das populações envolvidas. Ela permite também que se revelem essas estratégias individuais e coletivas cuja importância foi salientada no curso deste capítulo.

Ainda, pensar os horários de trabalho, especialmente quando são alternantes e noturnos, é garantir que eles permitam aos assalariados o aprendizado de novos saberes sobre si mesmos, sobre os outros no âmbito do coletivo, sobre o trabalho em si e sobre a sua variabilidade ao longo do dia e da noite. É saber se apropriar e tirar proveito para desenvolver os saber-fazer originais e as competências específicas. São aquisições e atributos adquiridos, que podem ser transferidos de uma situação para outra, todos úteis para a construção dos percursos profissionais escolhidos. Se admitirmos que a experiência profissional não se limita a capitalizar a maestria com relação às tarefas, mas inclui o conhecimento dos contextos nos quais estas devem ocorrer (PIGNAULT; LOARER, 2008), então o conhecimento desses contextos temporais específicos e, do desenvolvimento de habilidades particulares serão recursos que podem ser transferidos e que favorecem uma mobilidade profissional construída e escolhida. Então, a prática dos horários alternantes e noturnos pode ser vislumbrada como um auxílio para o futuro.

As modalidades organizacionais também devem favorecer as margens de manobra no trabalho, tais como possibilitar a hierarquização das tarefas a serem realizadas, seu reagrupamento ou sua distribuição no espaço de tempo; tornar viável a escolha de modos operatórios mais eficientes, ou seja, aqueles compatíveis com a evolução do estado interno do assalariado. Assim, implementar modalidades organizacionais favoráveis ao processo de construção dessas estratégias e propiciar uma latitude de decisão e de ação aos operadores é contribuir para o desenvolvimento das suas capacidades e, assim, também favorecer a preservação de seu estado de saúde. Finalmente, conceber horários de trabalho é elaborar um contexto temporal que permita e incentive a autonomia, aquela que colabore ativamente para o desenvolvimento e a construção da saúde.

Como vemos, a definição de horários *favoráveis* é algo complexo, mas muito importante, porque contribui para a criação de um "ambiente capacitante", ou seja, respeitoso com o indivíduo no momento, mas também suscetível de preservar suas capacidades no longo prazo: suas capacidades futuras de agir. A ergonomia pode ajudar a pensar que o tempo de trabalho não é *um tempo constrangido, mas um tempo construído.*

Referências

ALGAVA, E. Le travail de nuit des salariés en 2009. Fréquent dans les services publics; en augmentation dans l'industrie et pour les femmes. **DARES Analyses**, n. 9, 2011.

ANDORRE, V.; QUÉINNEC, Y. La prise de poste en salle de contrôle de processus continu: Approche chronopsychologique. **Le Travail Humain**, n. 59, p. 335-354, 1996.

BARTHE, B. Travailler la nuit au sein d'un collectif: Quels bénéfices? In: BENCHEKROUN, T. H.; WEILL-FASSINA, A. (Ed.). **Le travail collectif**. Perspectives actuelles en ergonomie. Toulouse: Octarès, 2000. p. 235-255.

______. Les 2x12h: Une solution au conflit de temporalités du travail posté? **Temporalités**, n. 10, 2009. Disponível em: <http://temporalites.revues.org/index1137.html>. Acesso em: 7 nov. 2015.

BARTHE, B.; QUÉINNEC, Y. Work activity during night shifts in a hospital's neonatal department: How nurses reorganize health care to adapt to their alertness decrease. **Ergonomia IJE&HF**, v. 27, n. 2, p. 119-129, 2005.

BARTHE, B.; QUÉINNEC, Y.; VERDIER, F. L'analyse de l'activité de travail en postes de nuit: Bilan de 25 ans de recherches et perspectives. **Le Travail Humain**, v. 67, n. 1, p. 41-61, 2004.

BONNEFOND, A. et al. Technical Note-Innovative working schedule: Introducing one short nap during the night shift. **Ergonomics**, v. 44, n. 10, p. 937-945, 2001.

BOURGET-DEVOUASSOUX, J.; VOLKOFF, S. Bilans de santé et carrière d'ouvriers. **Economie et Statistique**, n. 242, p. 83-93, 1991.

BUÉ, J.; COUTROT, T. Horaires atypiques et contraintes dans le travail: une typologie en six catégories. **DARES Premières Synthèses**, v. 22, n. 2, 2009.

CROTEAU, A. **L'horaire de travail et ses effets sur le résultat de la grossesse**. Méta-analyse et méta-régression. [S.l.]: Institut National de Santé Publique du Québec, 2007. Disponível em: <http://www.inspq.qc.ca>. Acesso em: 25 set. 2015.

DOREL, M.; QUÉINNEC, Y. Régulation individuelle et interindividuelle en situation d'horaires alternants. **Bulletin de Psychologie**, v. 33, n. 344, p. 465-471, 1980.

EDOUARD, F. **Le travail de nuit: impact sur les conditions de travail et de vie des salariés**. Rapport du Conseil Economique, Social et Environnemental. Paris: Conseil Economique, Social et Environnemental, 2010.

FOLKARD, S. Shiftwork and Performance. In: JOHNSON, L. C. et al. (Ed.). **Biological rhythms, sleep and shiftwork**. Advances in sleep research. Lancaster: M.T.P. Press Limited, 1981. v. 7. p. 283-305.

______. Is there a "best compromise" shift system? **Ergonomics**, v. 35, n. 12, p. 1453-1463, 1992.

FOLKARD, S.; TUCKER, P. Shift work, safety and productivity. **Occupational Medicine**, 53, 95-101, 2003.

GADBOIS, C. Horaires postés et santé. In: LENOBLE, M. (Ed.). **Encyclopédie médico-chirurgicale**: toxicologie-pathologie professionnelle. Paris: Elsevier, 1998. p. 16-785-A-10.

GOLLAC, M.; VOLKOFF, S. **Les conditions de travail aujourd'hui**. Paris: La Découverte, 2007.

HAUS, E.; SMOLENSKY, M. Biological clocks and shift work: circadian dysregulation and potential long-term effects. **Cancer Causes Control**, n. 17, p. 489-500, 2006.

KAIDA, K.; TAKAHASHI, M.; OTSUKA, Y. A short nap and natural bright light exposure improve positive mood status. **Industrial Health**, n. 45, p. 301-308, 2007.

KNAUTH, P. Designing better shift systems. **Applied Ergonomics**, v. 27, n. 1, p. 39-44, 1996.

LE BRIS, V. et al. Advantages of shift changeovers with meetings: ergonomic analysis of shift supervisors. **Applied Ergonomics**, v. 43, n. 2, p. 447-454, 2012.

MATSUMOTO, K.; HARADA, M. The effect of night-time naps on recovery from fatigue following night work. **Ergonomics**, v. 37, n. 5, p. 899-907, 1994.

PIGNAULT, A.; LOARER, E. Analyser l'expérience en vue de la mobilité professionnelle: une nouvelle approche. **Éducation Permanente**, n. 174, p. 39-50, 2008.

PRUNIER-POULMAIRE, S. **Contraintes des horaires et exigences des tâches**: la double détermination des effets du travail posté. Santé et vie socio-familiale des agents des Douanes. 1997. Tese (Doutorado em Ergonomia) – Ecole Pratique des Hautes Etudes, Paris, 1997.

______. Horaires décalés. Salariés à contretemps. Concilier horaires et activité. **Santé et Travail**, n. 61, p. 30-31, 2008.

PRUNIER-POULMAIRE, S.; GADBOIS, C. Temps et rythme de travail. In: BRANGIER E.; LANCRY, A.; LOUCHE, C. (Ed.). **Les dimensions humaines du travail**. Nancy: Presse Universitaire, 2004.

PRUNIER-POULMAIRE, S. et al. Volver a pensar la organización del tiempo de trabajo cuando la tecnología cambia: el caso del equipo de operación de una central nuclear. **Laboreal**, v. 7, n. 2, p. 10-24, 2011.

PRUNIER-POULMAIRE, S.; GADBOIS, C.; VOLKOFF, S. Combined effects of shift systems and work requirements on customs officers. **Scandinavian Journal of Work, Environment and Health**, v. 24, n. 3, p. 134-40, 1998.

PUEYO, V.; TOUPIN, C.; VOLKOFF, S. The role of experience in night work: lessons from two ergonomics studies. **Applied Ergonomics**, n. 42, p. 251-255, 2011.

QUÉINNEC, Y.; TEIGER, C.; TERSSAC, G. **Repères pour négocier le travail posté**. Reimpressão da 2. ed. Toulouse: Octarès, 2008.

TOUPIN, C. **Expérience et redéfinition de la tâche dans le travail des infirmières de nuit**: une recherche menée dans des unités de pneumologie. Tese (Doutorado em Ergonomia) – CNAM Paris, Paris, 2008.

______. L'expérience du travail de nuit chez des infirmières de pneumologie. In: GAUDART, C.; MOLINIÉ, A. F.; PUEYO, V. (Ed.). **La vie professionnelle**: age, expérience et santé à l'épreuve des conditions de travail. Toulouse: Octarès, 2012. p. 161-177.

VOLKOFF, S. **L'ergonomie et les chiffres de la santé au travail**: Ressources, tensions et pièges. Toulouse: Octarès, 2005.

WILLIAMSON, A.; FEYER, A. Causes of accidents and the time of day. **Work and Stress**, v. 9, n. 2-3, p. 158-164, 1995.

6. A atividade, recurso para o desenvolvimento da organização do trabalho

Fabrice Bourgeois e François Hubault

A organização do trabalho é necessária desde o momento em que mobilizamos recursos para agir em um determinado contexto. Essa mobilização organizada, induz, a partir do taylorismo e fordismo, a redução do trabalho ao procedimento, mesmo nas ditas "novas formas de organização", como recentemente, a "*lean*".

Essa abordagem tem como pressuposto que a eficácia da organização reside no valor dos procedimentos estabelecidos para agir no mundo real e no seu controle. Ora, a análise ergonômica mostra que, para ser eficaz, a *atividade* dos operadores – incluindo também os gestores – deles se distancia. Isso não condena o princípio de uma organização de trabalho, mas sim os métodos determinísticos dominantes que geralmente a suportam e obrigam os operadores a darem um jeito de produzir com meios insuficientes ou inadaptados, correndo o risco de verem degradadas sua eficiência e saúde.

Neste capítulo, será defendida uma visão positiva da atividade como um recurso de organização. Trata-se de redefinir o papel da normalização e a natureza da prescrição e de precisar a relação da organização com o real e com a subjetividade.

6.1 Quando a padronização torna rígida a organização, o operador padece

Com relação ao taylorismo, é importante lembrar sua pretensão de prescrever "cientificamente" a melhor maneira, para todos e, portanto, para cada um, de trabalhar. Já de partida, a organização taylorista nega qualquer legitimidade ao operador de decidir sobre a validade desse método empírico de trabalhar, confiando a responsabilidade da sua concepção e a prescrição à *direção da empresa* e às ciências da engenharia. Essa reapropriação é uma das chaves da revolução industrial. Dito *científico,* porque apoiado em correspondências formais entre as medidas da atividade física e do desempenho industrial, esse modelo de eficácia permitirá, por meio do fordismo, desenvolver o emprego e o poder de compra de muitas pessoas que estavam excluídas ou que desejavam deixar a condição social agrícola. No entanto, a sua crítica se construirá rapidamente. Os sindicatos norte-americanos a acusam de transformar homens em máquinas, conforme a famosa frase de Taylor ao operário Shartle: "não peço que você pense, há pessoas pagas para isso". Em um período mais recente, nos anos 1970, muitos movimentos sociais denunciaram seus efeitos (monotonia, repetição, falta de perspectivas).

A *ergonomia da atividade* nascerá nesse contexto, com três críticas principais ao taylorismo e ao fordismo:

- por um lado, reduzir a mobilização do "recurso humano" à *execução* de gestos simplificados e predefinidos (a divisão do trabalho);

- por outro, não compreender que *o real que se impõe aos operadores não se encaixa no corte inicialmente previsto* (a fragmentação do trabalho), de modo que eles têm que enfrentar situações para as quais faltam recursos;

- por fim, estigmatizar a *discrepância*, equiparando-a a uma falha (erro, violação), negando-lhe toda a eficiência e tornando-a responsável pelos efeitos adversos sobre a saúde física e psíquica.

Então, a ergonomia da atividade se opõe a uma certa maneira de organizar o trabalho, quando ela constata que a aplicação estrita de padrões não é eficaz.

Essa observação foi feita desde as primeiras intervenções ergonômicas na França, como a realizada em 1969, em uma fábrica de televisores (LAVILLE; TEIGER; DURAFFOURG, 1972). As operadoras tinham noventa segundos para encontrar, em aproximadamente trinta caixas colocadas em sua frente, pequenas peças (fios, resistências, diodos, capacitores, etc.) de todas formas, cores e tamanhos e inseri-las em pequenos buracos em uma placa que avançava um metro por minuto sobre uma esteira mecânica. Na época (especialmente aquela desenvolvida desde 1956 por Georges Friedmann), a crítica dominante ao taylorismo apontava a monotonia relacionada à repetição dos gestos. Essa crítica denunciava os efeitos, mas não a realidade da suposta equivalência entre o trabalho a ser feito (o padrão) e o trabalho efetivo (a atividade), validando-a, portanto. Ora, os pesquisadores ergonomistas descobriram outra coisa. Os modos operatórios consideravam a grande variedade das situações de busca e inserção das pequenas peças, relacionadas aos defeitos de qualidade ou às dificuldades de separação, mobilizando uma atenção maior e solicitações musculares mais importantes que o "esperado". Como a cadência havia sido calculada para gestos supostamente simples, e não para dar conta dessas dificuldades, o custo para a saúde das operadoras, devido à sua mobilização efetiva, era então significativamente mais alto (TEIGER, 2008).

Essas observações e explicações valem ainda hoje, e continuam obtendo a convicção da maioria dos responsáveis econômicos. Para eles, a padronização do prescrito embasa a pertinência e a eficácia dos investimentos. Mas, para a ergonomia, em seu projeto estrito, ela não é relevante, porque constitui uma limitação ou um impedimento para o operador alcançar os resultados (confiabilidade, segurança, qualidade, prazo etc.) esperados. Seja porque a certeza do resultado passa pela automação caso o sistema de produção seja suficientemente estabilizado para ser totalmente formalizado, ou porque ela depende de um dispositivo em que o homem se encarrega da parte não dominada/estável do sistema, a partir de um conjunto de regras que ele tem a responsabilidade, não de simplesmente aplicar, mas de mobilizar para gerir o risco (TERSSAC, 2012).

Esses fatos são ainda mais atuais no caso da economia de serviço e imaterial. Na dinâmica do serviço[1], o "beneficiário" (cliente, paciente, usuário)

---

1 É importante distinguir os *setores de serviços* da *abordagem de serviço*, que pode dizer respeito a todas as atividades – agrícolas, manufatureiras, de serviço. Em outras palavras, diferenciar a lógica industrial (que pode se insinuar até mesmo no setor de serviços) da lógica dos serviços (que pode inspirar evoluções nas próprias organizações industriais) (DU TERTRE; HUBAULT, 2008).

coopera na produção de um serviço que ele não está apenas comprando e consumindo, mas que ele "coproduz" (ou "coconcebe"). Portanto, as fontes da prescrição se tornam mais complexas: elas não são mais somente verticais e hierárquicas, mas também laterais e transversais. A concretização do valor depende da capacidade dos operadores de arbitrarem, *em tempo real*, entre múltiplas prescrições. É isso que precisa ser compreendido, por exemplo, durante a observação do posicionamento de várias operadoras em frente aos para-choques que saem do setor de pintura em uma empresa de autopeças. De acordo com o procedimento padrão, elas devem ficar alinhadas, ocupadas em detectarem os defeitos e retirá-los com lixas antes da partida dos para-choques ao cliente final. O que as faz mudar de opinião? Na manhã, a quantidade de defeitos é muito grande e muito repetida em todos os para-choques. Elas preveem um tempo maior para lixar, especialmente os traços que são visíveis e, ainda, a devolução das peças por parte do cliente por falta de qualidade. Mas elas hesitam em enviá-los de volta para o setor de pintura devido ao atraso que isso geraria na produção e entrega. Então, depois de breves conversas, elas decidem chamar o responsável de qualidade, que decide aceitar as peças com defeito para respeitar o critério de volume dentro do prazo contratual. Tal profissional fez isso com base em uma avaliação estratégica da situação na qual seu conhecimento sobre as necessidades imediatas do cliente desempenhou um papel essencial (ele provavelmente não teria julgado da mesma forma se as necessidades do cliente lhe parecessem diferentes). De fato, é isso o que "cliente" implica: entender sua necessidade para além do que está contratualmente e formalmente planejado para ser feito, em um relacionamento no qual a relação de serviço, necessariamente, vai além do que a prestação definia como prescrito para se fazer. As operadoras estavam cientes da necessidade de se avaliar a pertinência do prescrito e de conceder alguma margem de manobra sobre os critérios, mas não tinham a autoridade para arbitrar entre eles. Sua deliberação em contato direto com o produto apresenta uma capacidade de análise clínica da situação sob a qual se relaciona o desempenho de sua atividade (fazendo um bom trabalho) e sua saúde (influenciar nesse trabalho útil), mas com uma incapacidade de agir. Portanto, esse é o desafio "serviço": saber/poder decidir sobre a qualidade realmente aceitável e, portanto, sobre o desempenho econômico. Desse ponto de vista, fica claro que a "modernização" dos serviços públicos segue – imita, devemos dizer – muitas vezes a "solução" industrialista dominante em grandes empresas privadas, o que tende a produzir efeitos inversos aos anunciados pelos proponentes da Nova Gestão Pública (*New Public Management*): degradação do serviço, tensões psicossociais na atividade dos "agentes" e incivilidades dos "beneficiários".

6.2 A atividade de trabalho, recurso da e para a organização do trabalho

A atividade de trabalho engloba a discrepância entre *o que é esperado* e *o que realmente ocorre*. Como tal, ela presta muitos serviços adaptando a organização do trabalho naquilo que está faltando. A atividade é tanto *organizada* pela prescrição como é reorganizadora do dispositivo inicialmente previsto (ver ARNOUD; FALZON, neste livro).

6.2.1 A atividade, recurso da organização do trabalho

Para que a atividade real seja considerada pela organização do trabalho, deve-se levantar uma aparente contradição. De fato, no momento da concepção da organização, a atividade não pode ser, em princípio, conhecida de antemão, ou pré-escrita na forma de um padrão. A sua integração na organização do trabalho não pode ser concebível como potencial. A atividade representa aquilo que o operador deverá/poderá/saberá colocar em prática para realizar o que lhe é pedido. Portanto, o que caracteriza a organização é mais um processo do que algo regulado antecipadamente. O conceito proposto por Terssac de "trabalho de organização" será adotado.

Portanto, o valor da atividade é a sua *pertinência*: ela só se revela em situação, em um encontro com o mundo real em que atualiza a sua potencialidade. Por definição, esse mundo real tampouco é conhecido com antecedência. Na melhor das hipóteses, ele é suposto (ver o trabalho organizado, Figura 6.1). Nos seus futuros encontros com a realidade, a atividade de trabalho vai se encarregar da discrepância entre essa ideia do futuro e as "verdadeiras situações". Isso é o que chamamos de trabalho de reorganização. O desafio, no momento da concepção do trabalho organizado, é, então, produzir elementos de conhecimento dessa atividade futura que permitam que o prescrito aceite a possibilidade de haver várias respostas operatórias para uma diversidade provável de situações. O acesso ao que a diversidade das situações poderia ser no futuro, assim como o leque de modos operatórios necessários para dar conta dela, mobilizam os métodos de simulação da atividade futura provável (DANIELLOU, 2004) e organização futuras prováveis (VAN BELLEGHEM, 2012; BARCELLINI; VAN BELLEGHEM; DANIELLOU, neste livro). Para não buscar a padronização de tudo e valorizar a plasticidade necessária de qualquer sistema de trabalho (BÉGUIN, 2007; HUBAULT, 2004), essas abordagens nos levam a considerar a atividade de trabalho como um recurso para continuar – a realizar – usando, na situação real, a concepção forçosamente incompleta dos dispositivos de ação (VICENTE, 1999).

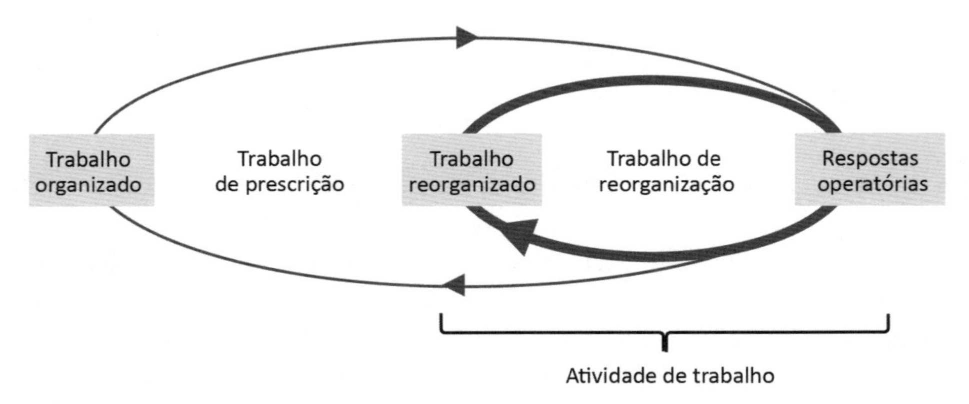

Figura 6.1 Da organização do trabalho... ao trabalho de organização

A prescrição organizacional ou o trabalho organizado procedem do mundo frio, que é o das projeções na fase de concepção, feitas a partir dos cenários imaginados sobre o futuro e das experiências aprendidas com o passado. Já a atividade se desenvolve no mundo emergente, onde ela produz outras regras, dependendo de cada situação real. Mas, para isso, é necessário que a organização do trabalho autorize uma autonomia do profissional e do coletivo de trabalhadores, dentro de um cenário em que a plasticidade permita a deformação e a reformação (MAGGI, 1996). A confrontação entre as regras iniciais e aquelas produzidas pela autonomia advém de regulações, nas quais a avaliação feita pelos indivíduos e coletivos depende dos critérios de desempenho por eles propostos. Este dispositivo de avaliação a quente, no ato da ação, tem necessidade de, em seguida, esfriar, passando pelo teste de deliberação coletiva, entre pares e/ou com a hierarquia – cooperação horizontal e/ou vertical (DEJOURS, 2009) –, pelo qual ele se distancia da ilegitimidade e da conflitualidade (TERSSAC, 2012). Aí está o desafio da "gestão do recurso": favorecer os investimentos imateriais necessários para valorizar estes saber-fazer (questões de qualidade, segurança, inovação, desenvolvimento), nos quais se baseia a porção principal da competitividade nas economias modernas (DU TERTRE, 2007). Note-se que sobre esse assunto as análises ergonômicas estão em grande convergência com as econômicas, sociológicas ou psicológicas, que mantêm a mesma relação com a prescrição.

6.2.2 A atividade, recurso para a organização do trabalho

Para a ergonomia da atividade, a organização do trabalho é um dispositivo dinâmico, no qual a prescrição inicial, as regulações a frio oriundas da atividade anterior e a reorganização nas situações se combinam permanentemente.

Essa concepção:

- responde à variabilidade das situações, cuja pretensão de eliminar completamente é ilusória;
- propõe uma visão do padrão a ser considerado como um referencial que pode ser consultado sobre as possibilidades operacionais experimentadas. Nessa perspectiva, convida a repensar a relação com a norma em termos de referência para agir em um mundo aberto, portanto variado e variável;
- produz um referencial operante de regras, no qual os trabalhadores se reconhecem, e sustenta o pertencimento ao coletivo e à profissão;
- oferece suporte aos objetivos com os quais o operador necessariamente está engajado, em acordo com o que lhe é pedido.

6.3 Ajustar a tensão entre heteronomia e autonomia: um desafio para a organização

A razão de ser – o sentido – da atividade é responder à *insuficiência* e à *exterioridade* da prescrição. Esta é insuficiente porque a tarefa é inevitavelmente subdimensionada em relação ao real, qual ela induz. É externa, porque se baseia em razões heterônomas aos sujeitos agentes.

A ergonomia tem como objetivo, então, uma organização capaz de acolher a autonomia, uma vez que é necessário mudar a prescrição para alcançar o objetivo estratégico da tarefa. Mas para alterá-la é necessário que as pessoas possam engajar suas próprias razões para agir – ou seja, sua subjetividade –, de modo que, ao propor isso, o ergonomista reivindica uma organização na qual os motivos da empresa dão poder de decisão às pessoas. Portanto em uma organização a heteronomia não pode ser radical, e sim relativa, aceitando uma autonomia – também relativa –, sem a qual nenhuma atividade é possível. A "tarefa" só pode se constituir em um recurso para a atividade se sintonizar as fontes prescritivas: aquelas que derivam daquilo que nós – a empresa, mas também o "beneficiário", no caso particular do serviço – esperamos do operador, e aquelas que ele mesmo introduz – suas disposições para agir, atualizadas à prova do real (HUBAULT; SZNELWAR, 2011).

Essa é a forma de manejar este frágil "equilíbrio", que depende da capacidade dos agentes de experimentar, debater, discutir regras eficazes, decidir: aquilo que se convencionou denominar de sua atividade deôntica (DEJOURS, 2009).

A ergonomia defende a ideia de que a organização do trabalho é um processo em que a mobilização dos recursos subjetivos – o corpo, o sujeito – e o estatuto da autonomia assumem um papel central.

No sistema taylorista e fordista, a organização do trabalho, colocada sob a responsabilidade exclusiva do engenheiro, apoia-se no pressuposto de um trabalho homogêneo ao funcionamento das máquinas, o que fundamenta uma organização pensada em termos de execução. No acoplamento Homem-Máquina, o homem compõe com as máquinas um dispositivo puramente técnico (engenharia humana). A subjetividade e, consequentemente, a competência, a cooperação, o engajamento, a autonomia, não são considerados. Então, há uma certa coerência entre a ausência do trabalho no modelo da *organização científica do trabalho* e o papel central do engenheiro na formulação do aparelho produtivo. Com a evolução do regime de concorrência das empresas e as novas configurações produtivas a ele associadas, as alavancas de desempenho não são mais apenas técnicas. Os recursos a serem mobilizados já não dizem respeito essencialmente a uma engenharia, mas à sustentação do engajamento da subjetividade e da intersubjetividade dos agentes em situações de trabalho que não convocam a execução e a aplicação, mas sobretudo a resposta ao inesperado. Por isso, compreender o que a criação de valor deve à competência, à cooperação, ao engajamento e à autonomia e entender que a inovação organizacional não está tão indexada à inovação tecnológica tornam-se uma exigência do trabalho dos "gerentes" que move o centro de gravidade de sua competência em direção às ciências humanas, sociais e políticas. Essas habilidades, ao serem (re)centradas nas questões do trabalho, mudam completamente a sua relação com a organização e o papel que a ergonomia pode assumir.

No entanto, essa exigência é difícil. A gestão tem dificuldade de se distinguir da engenharia; no entanto, é sobre essa diferença que se baseia a sua singularidade. É a ideia do *trabalho como um recurso* que não é aceita, fazendo eco às heranças taylorista e fordista, que reduz a atividade a uma sequência de operações. Recurso e Desenvolvimento são então dois conceitos relacionados: não podemos abordar a gestão dos recursos humanos sem pensar o desenvolvimento desse recurso como um meio e como projeto do processo de criação de valor.

A competência da *gestão do recurso* é, portanto, um desafio maior para uma organização do trabalho preocupada em:

- transformar o papel do padrão, tirando-o de seu estado estrito de obrigação heterônoma (*o que deve ser e a que ele deve se submeter*) para o estado de recurso, referência (*pensar no que se pode fazer, no que se pode ajudar a fazer*) mobilizável nas ações que solicitam a subjetividade;

- pensar a organização além da engenharia (*baseada no domínio e no controle das prescrições pelo padrão etc.*), em termos de gestão (*preocupada em desenvolver os recursos imateriais – confiança, cooperação, saúde etc. – que permitem fazer*);

- desenvolver modelos de avaliação da atividade de trabalho, valorizando não apenas os modos operatórios observáveis e tangíveis, mas também as formas individuais e coletivas (a cooperação, a responsabilidade, a ajuda mútua) do engajamento da subjetividade na atividade (CLOT, 2008; DEJOURS, 2009; DU TERTRE; HUBAULT, 2008).

6.4 O ajuste da organização: uma relação com o risco

A evolução de engenheiro a gestor diz respeito à relação que a empresa mantém com o risco. Na visão que o engenheiro tem de um mundo dominável, o trabalho se desdobra em um universo controlado, conhecido com antecedência, por meio de um conjunto de regras cuja aplicação os gestores verificam. Na visão que o gestor tem de um mundo emergente e incerto, o trabalho é mais reconhecido como o recurso que permite o confronto com um universo indeterminado e variante. O risco está contido nessa indeterminação e, portanto, na impossibilidade de se definirem todas as respostas com antecedência. A presença desse perigo e sua consideração constituem, portanto, a própria substância do trabalho.

Afirmar isso pode parecer imprudente, pois o trabalho é um objeto de disposições regulamentares, respostas técnicas e intenções organizacionais destinadas a protegê-lo do risco. Mas outorgar a essas disposições poder em excesso é igualmente imprudente, uma vez que a sua estrita aplicação pode transformá-las em constrangimentos e riscos para aqueles que têm que aplicá-las ou impulsionar a sua aplicação. Tomemos o exemplo de um trabalhador experiente, que usa óculos de segurança durante a usinagem de peças complicadas e únicas. Os óculos o protegem das aparas e do óleo de corte. Ele sabe e os utiliza. Na verdade, ele não os usa o tempo todo. Esse é o exemplo da transição de uma regra inicial a uma outra produzida pela autonomia: "retirar os óculos" pode ser visto como uma falha (em uma visão do mundo dominável), mas também como uma resposta (em uma visão do mundo emergente). Nosso trabalhador retira tal objeto quando, em uma situação de produção determinada, ele arbitra por não o manter. De fato, foi-lhe pedido para alcançar uma qualidade de precisão já na primeira tentativa. O desafio relacionado ao valor adicionado a essa peça tem origem em uma mensagem claramente entendida por toda a equipe, que está ciente de que o mercado é altamente competitivo. Perder a peça e refazê-la é decepcionar um cliente e ameaçar a termo o próprio emprego. Nosso montador arbitrou por renunciar aos óculos, que, por serem atingidos pelos espirros dos óleos de corte, impediriam-no de tratar todas as informações, sobretudo visuais, necessárias aos ajustes e às manobras feitas na máquina. Trabalhar, aqui, consiste em saber identificar e localizar esses diferentes tipos de risco para saber como agir, ou seja, avaliar *o que está acontecendo* em termos de *o que poderia acontecer se nós não respondermos de forma adaptada* (NASCIMENTO et al., neste livro). Engajar essa capacidade mobiliza muito explicitamente a subjetividade – isto é, a capacidade sensível de se deixar afetar pelo que acontece. Essa subjetividade se impõe aqui como um impulso para o engajamento, como um recurso produtivo. Para o nosso montador, *ser afetado pelo que acontece* tem a ver com a promessa que a empresa faz para o seu "cliente"; ela engaja a imagem de marca, de confiança, para a empresa, mas também para o coletivo de trabalho e para o próprio montador. Essa inserção dos aspectos subjetivos na realização de uma tarefa (usinar uma peça de acordo com as especificações) faz parte da atividade, e a esse fato a gestão deve prestar atenção. Enfatizamos que quanto mais as situações encontradas são ambíguas e enigmáticas em comparação com o que se supõe que elas sejam no momento de concepção das regras, mais é necessária uma maior mobilização da subjetividade. A *presença* dos gestores *neste momento* é um desafio essencial: para eles será realmente muito difícil entender uma experiência que eles não compartilham, e consequentemente a valorizar, a apoiar para fazê-la evoluir. Essa regulação da proximidade se torna estratégica para os gestores, tanto no âmbito da "condução" dos acontecimentos, como no da avaliação da contribuição do trabalho real para o resultado.

Esse ponto diz respeito à avaliação. Qualquer dispositivo organizacional é baseado em uma avaliação dos riscos, dos meios a serem disponibilizados para lidar com ele e das modalidades que permitem julgar a eficácia real do conjunto. A tendência dominante atualmente favorece o *benchmarking* e a valorização das "boas práticas". O problema é que o *benchmarking* se baseia na hipótese da equivalência estrutural dos eventos, em um paradigma no qual o que vale é a comparação e que, ao final dá apoio para uma estratégia de inovação puramente incremental, fundamentada na lógica de imitação e alinhamento (DU TERTRE; HUBAULT, 2008). Este é o problema da organização *lean*, e a fundamentação das críticas que são dirigidas a ela por disciplinas clínicas do trabalho (HUBAULT, 2012). Mas além disso, o *benchmarking* é particularmente irrelevante no caso das dinâmicas serviçais, por duas razões importantes a serem enfatizadas: a) os recursos intangíveis que são mobilizados não são mensuráveis, faltando, portanto, critérios comuns para compará-los; b) eles se colocam à prova somente em situação, nas oportunidades que se revelam – a confiança, a cooperação, a competência só são avaliadas a contento em crises nas quais elas salvam a situação. Portanto, aparecem em uma temporalidade que não procede do tempo contínuo como para a valorização do capital, mas de um tempo descontínuo, emergente, que não se presta à comparação.

Quanto ao mérito, o *benchmarking* perpetua o modelo taylorista, reduzindo a atividade a um sistema de operações e a produtividade do trabalho à temporalidade das operações elementares normalizadas, baseada na incorporação dos propósitos nas operações. Essa visão neutraliza a questão do sentido (por exemplo, da quantidade de defeitos nos para-choques do carro), reduzindo-os aos procedimentos, e a confundir avaliação (escolher entre lixar os defeitos e retardar a entrega ou parar de lixar para cumprir o horário previsto) e enumeração (contar a quantidade de defeitos), mesmo que a dinâmica econômica resulte de atributos cada vez mais imateriais e que isto obrigue a não mais se limitar a medir para avaliar, mas a mobilizar juízos de valor.

6.5 O ajuste da organização: uma relação com o real

Trabalhar é se preocupar com todas as formas do real que aparecem para além daquilo que foi pressuposto, para lidar com elas e explorá-las. Organizar é, então, se preocupar com os eventos (positivos ou negativos) que surgem e os meios que permitem responder a eles. Essa pluralidade de formas do real está *dentro* do real. É um dado não necessariamente programável, mas previsível, da situação. A análise do "trabalho real" deve reconhecê-lo de acordo com o seguinte: descrever, compreender o que o operador faz, mas também o que não pode fazer, o que não faz, o que ele impede, o que lhe impede, o que ele faz acontecer, o que ele busca, o que ele poderia fazer, o que ele teria que fazer para o produto, para o cliente, para a empresa, para o mundo, para o coletivo, para ele.

Um "trabalho organizado" é proposto sempre como uma "resposta" para lidar com a incerteza com a qual o trabalho real será confrontado. Mas, ao mesmo tempo, ele organiza uma experiência em que os operadores vão testar os limites dessa resposta, o que fará com que saibam que isso não é uma "solução". Essa prática os leva ao núcleo de uma incerteza que é, portanto, em última análise, o encontro do trabalho. Podemos dizer que, ao escolher os riscos dos quais ela decide se proteger, a organização designa, ao mesmo tempo, aqueles que ela transfere para o espaço "não regulado" do trabalho real.

6.6 *O ajuste da organização: uma certa relação com a subjetividade*

Uma vez que as duas lógicas contraditórias de serviço (a prestação e a relação) estão presentes nas situações concretas de trabalho, é, portanto, na atividade que tudo é resolvido por meio de uma dimensão mal conhecida, e no entanto, desde sempre, constituinte da atividade: a subjetividade.

O trabalho diz respeito tanto à relação com a regra na ordem do funcionamento como aquela com os valores no âmbito da subjetividade. O trabalho real sempre arbitra entre estes dois registros normativos. Por isso, a organização do trabalho e, portanto, os gestores que a "pilotam", estão sempre confrontados com uma escolha:

- *justificar o coletivo ou a autonomia apenas por sua utilidade*: mas então como ter acesso à implicação e ao engajamento se nós só os reconhecemos para nos servirmos deles com o único propósito utilitarista e, portanto, heterônomo, de aperfeiçoar o funcionamento?

- *justificar o coletivo ou a autonomia apenas por causa de seus valores subjetivos*: mas então como entender a sua eficácia se não lhes é reconhecida nenhuma importância na própria natureza das situações?

Assim, vemos todo o desafio para desenvolver uma visão da organização mobilizando os recursos necessários para gerir a tensão entre essas perspectivas heterogêneas. Finalmente, tudo depende de como as ocasiões dialogam:

as zonas que a organização identifica como um risco (ver o nosso exemplo anterior, o risco de atingir os olhos, se os óculos não são usados) não são necessariamente aquelas que o operador identifica como de risco para si (para o nosso ajustador, os riscos mais prementes são de não conseguir fazer certo da primeira vez).

Para tanto, devemos reconhecer o poder da subjetividade no confronto com as situações "inesperadas do trabalho", tudo o que vai se tornar evento e que justifica a presença ativa do "Sujeito". Mas para atingir os objetivos, será necessário reconhecer a utilidade econômica da subjetividade e compreender que está em jogo o poder do sujeito de fazer alguma coisa *para ele* daquilo que (lhe) acontece.

6.7 O desafio gerencial da autonomia

A ergonomia defende uma gestão de recursos humanos não orientada para as pessoas, mas para a força produtiva de suas atividades. O desafio dessa orientação é a forma como a organização constrói as suas relações com a autonomia: por um lado, a autonomia das pessoas no seu trabalho e, por outro, a do trabalho no processo de criação de valor. De fato, não há qualquer possibilidade de favorecer realmente a autonomia se não basearmos seu desenvolvimento sobre o que a organização espera. É na falta de uma resposta clara a essa orientação que se produz a *injunção* de autonomia – cada vez mais comum hoje em dia, e patogênica.

Isto se detecta, por exemplo, na *obrigação* moderna de promover o trabalho coletivo: a concepção funcionalista da organização não é contrária à ideia de trabalho coletivo, ainda que o taylorismo tenha passado a sensação contrária. Trata-se de algo diferente: por causa da impossibilidade de prescrever precisamente a tarefa, a prescrição de trabalho é mais e mais dirigida ao coletivo, mas se mantém o tipo de controle no âmbito da tarefa individual. O desenvolvimento da *avaliação individual de desempenho* é uma ilustração muito clara.

Em outras palavras, o problema é fornecer duas dinâmicas: a que coloca a necessidade de autonomia, e a que reafirma a obrigação de um controle central – o que é contraditório. O desafio é reconhecer essa contradição para gerenciá-la: ou se mantém o controle central da regulamentação do processo, ou se desenvolve uma visão processual, que é a única a oferecer a possibilidade de autonomia. Claro, esses dois modos estão interligados na atividade de cada um, mas confundi-los é não se permitir compreender a regulação autônoma.

O cerne da questão, portanto, reside no seguinte: os gestores se baseiam estruturalmente em uma lógica de desconfiança *vis-à-vis* aos homens que supervisionam – da qual eles próprios são cada vez mais vítimas por parte de seus superiores hierárquicos, e *assim por diante* no que diz respeito à hierarquia. Essa posição contradiz quase palavra por palavra a hipótese de um "recurso humano" com o qual a organização reconheceria que pode contar. Essa descrença no trabalho como recurso reflete uma forma geral de pensamento que sempre aposta contra o real, contra a capacidade de lidar com o risco, contra o trabalho em si e contra a autonomia. Assim, é a própria ideia de processo que não consegue se instalar, e a de desenvolvimento que se encontra interditada. Aqui reencontramos as características do trabalho taylorista: fechado sobre si mesmo, pura "operação", ele não se abre a qualquer possibilidade desenvolvimento, nem subjetivo nem econômico; então nada pode se basear nele. Esta é também a razão de seu caráter alienante: a atividade condena à servidão, se ela se abrir unicamente à perpetuação de sua postura original.

6.8 O que pensar sobre as novas formas de organização do trabalho?

Identificáveis desde os anos 1980, as mudanças organizacionais envolvem muitas empresas. Estas recorrem a essas mudanças pontualmente, regularmente, progressivamente ou brutalmente, dependendo das exigências de uma maior competitividade, das certificações solicitadas por seus clientes ou simplesmente devido à introdução de novas tecnologias. A cada vez, essas alterações anunciam a vontade e a ambição de uma organização de trabalho menos rígida em matéria de padronização e heteronomia.

A pesquisa Valeyre sobre as condições de trabalho na União Europeia, realizada em 2006, propõe uma tipologia em que duas formas de organização são suscetíveis de corresponder a esse projeto: a produção enxuta (*lean*) e a organização aprendente. A primeira é caracterizada por forte propagação do trabalho em equipe, rotação das tarefas, polivalência e gestão da qualidade por meio de normas estritas e procedimentos de autocontrole. A autonomia é descrita como relativa (*controlada*) em situações expostas a problemas imprevistos sob fortes constrangimentos de tempo. A organização *aprendente* é semelhante à enxuta (trabalho em equipe, autocontrole, situações imprevistas), mas distingue-se por um elevado grau de autonomia no trabalho e uma menor pressão temporal. Esses dois princípios são, ao que parece, propostos como bases para lidar com situações complexas e não repetitivas. Se os resultados da pesquisa mostram uma boa correlação entre a organização aprendente e as boas condições de trabalho, a produção enxuta é, no entanto, considerada como muito próxima ou pior que a organização taylorista.

A ergonomia da atividade conhece menos a organização aprendente que a produção, enxuta, da qual pode analisar seus resultados negativos (BOURGEOIS, 2012; HUBAULT, 2012). Em suas intenções, a enxuta afirma um desejo de se afastar dos métodos fordistas de prescrição. Por exemplo, ela solicita daquele que prescreve que não mais ignore as realidades da situação de trabalho e esteja atento aos trabalhadores. No entanto, não renuncia à normatização, que, ao contrário, continua sendo o seu horizonte. De fato, ela aposta na sua capacidade – que ela busca precisamente desenvolver – de se aprimorar, tendo em vista as dificuldades encontradas no trabalho, principalmente utilizando as técnicas Kaizen. Se a solicitação de opinião é realmente uma diferença notável em relação à resposta de Taylor ao trabalhador Shartle, ela dificilmente consegue não ceder a uma instrumentalização da subjetividade, que, ao mesmo tempo, ela reconhece. Observamos isso na maneira muito concreta pela qual um gesto, um deslocamento ou um estoque de peças continuam a ser relegados à condição de perdas. Ou ainda no fato de que o discurso dos trabalhadores convidados a se expressarem nos dispositivos Kaizen deve se ater apenas à dificuldade encontrada, impedida de versar sobre a experiência da ação. Nesse registro, a produção enxuta não se distingue realmente do taylorismo. Pode inclusive ser vivenciada como mais árdua por causa da promessa de escuta, que dá sustentação ideológica e metodológica a todo seu dispositivo.

O objetivo deste capítulo foi tentar mostrar o recurso que representa a atividade, as razões e os desafios relacionados a sua ignorância no âmbito das evoluções atuais das organizações. Mas seria mais justo constatar o medo que suscita a sua integração. Então, o que fazer? Certamente, melhorar a demonstração de que a assunção de riscos vale mais do que a negação. Assumir riscos supõe uma melhor cooperação entre ergonomia, ciências da gestão, economia, psicologia e sociologia, para desenvolver mecanismos de avaliação que integrem as noções de autonomia, subjetividade, margem de manobra, regulação e assimiláveis às preocupações dos gestores. Esse é um dos eixos atuais de desenvolvimento da ergonomia de atividade.

Referências

BÉGUIN, P. Prendre en compte l'activité de travail pour concevoir. **Activités**, v. 4, n. 2, p. 107-114, 2007.

BOURGEOIS, F. Que fait l'ergonomie que le lean ne sait / ne veut pas voir? **Activités**, v. 9, n. 2, p. 138-147, 2012. Disponível em: <http://www.activites.org/v9n2/v9n2.pdf.>. Acesso em: 7 nov. 2015.

CLOT, Y. **Travail et pouvoir d'agir**. Paris: PUF, 2008.

DANIELLOU, F. L'ergonomie dans la conduite de projets de conception de systèmes de travail. In: FALZON, P. (Ed.). **Traité d'ergonomie**. Paris: PUF, 2004. p. 359-373.

DEJOURS, C. **Travail vivant.** Paris: Payot & Rivages, 2009.

DU TERTRE, C. Création de valeur et accumulation: capital et patrimoine. **Economie Appliquée**, n. 3, p. 157-176, 2007.

DU TERTRE, C.; HUBAULT, F. Le travail d'évaluation. In: HUBAULT, F. (Ed.). **Évaluation du travail, travail d'évaluation**. Actes du séminaire Paris v. 1. Toulouse: Octarès, 2008. p. 95-114.

FRIEDMAN, G. **Le travail en miettes**. Paris: Gallimard, 1956.

HUBAULT, F. La ressource du risque. In: ______ (Ed.). **Travailler, une expérience quotidienne du risque?** Actes du séminaire Paris v. 1. Toulouse: Octarès, 2004. p. 207-220.

_______. Que faire du Lean? Le point de vue de l'activité. Introduction. **Activités**, v. 9, n. 2, p. 134-137, 2012. Disponível em: <http://www.activites.org/v9n2/v9n2.pdf>. Acesso em: 25 set. 2015.

HUBAULT, F.; SZNELWAR, L. I. **Psychosocial risks**: when subjectivity breaks into the organization. Trabalho apresentado ao X International Symposium on Human Factors in Organizational Design and Management (ODAM). Grahamstown, abr. 2011.

LAVILLE, A.; TEIGER, C.; DURAFFOURG, J. **Conséquence du travail répétitif sous cadence sur la santé des travailleurs et les accidents**. Rapport n° 29, Ministère de l'éducation nationale. Paris: Laboratoire de Physiologie du travail et d'Ergonomie, CNAM Paris, 1972. Disponível em: <http://orion.cnam.fr/search*frf/a?a>. Acesso em: 7 nov. 2015.

MAGGI, B. La régulation du processus d'action de travail. In: CAZAMIAN, P.; HUBAULT, F.; MOULIN, M. (Ed.). **Traité d'ergonomie**. Toulouse: Octarès, 1996. p. 637-659.

TEIGER, C. Entrevue guidée avec Hélène David et Esther Cloutier, Défricheurs de postes. **Pistes**, v. 10, n. 1, 2008. Disponível em: <http://www.pistes.uqam.ca/v10n1/articles/v10n1a4.htm>. Acesso em: 7 nov. 2015.

TERSSAC, G. La Théorie de la régulation sociale: repères introductifs. **Revue Interventions Économiques**, n. 45, p. 1-16, 2012.

VALEYRE, A. **Conditions de travail et santé au travail des salariés de l'Union Européenne**: Des situations contrastées selon les formes d'organisation (Document de Travail n° 73). Noisy-le-Grand: Centre d'Etudes de l'Emploi, 2006.

VAN BELLEGHEM, L. **Simulation organisationnelle**: innovation ergonomique pour innovation sociale. Trabalho apresentado ao XLII Congrès de la Société d'Ergonomie de Langue Française. Lyon, set. 2012.

VICENTE, K. J. **Cognitive work analysis**: toward safe productive and healthy computer-based works. London: Lawrence Erlbaum Associates Publishers, 1999.

7. Construir a segurança: do normativo ao adaptativo

Adelaide Nascimento, Lucie Cuvelier, Vanina Mollo, Alexandre Dicioccio e Pierre Falzon

Este capítulo descreve diversos aspectos da segurança e discute as condições do desenvolvimento de uma forma de segurança que integra a coconcepção das regras, a sua apropriação, a sua utilização e as adaptações necessárias em situação. A literatura em ciências humanas e sociais – ergonomia, sociologia, psicologia etc. – destacou a complexidade dessa questão, que não pode ser reduzida a uma articulação simples e estática ou a uma adição, entre a produção de regras formais por um lado e o uso que é (ou não) feito, por outro (AMALBERTI, 2007; BOURRIER, 2011; DANIELLOU, 2012; DIEN, 1998). É importante considerar a natureza adaptativa, dinâmica e desenvolvimentista da segurança para continuar a avançar nesse campo.

É nessa visão construtiva da segurança que nos inserimos. A segurança não é apenas o resultado da eliminação de disfuncionamentos (ou seja, a remoção da variabilidade técnica ou organizacional), ou apenas da definição de respostas pré-programadas para os erros ou insucessos (via a padronização das ações humanas); ela resulta da capacidade de ter sucesso em condições variáveis, recorrendo-se a todos os recursos disponíveis.

No entanto, não é possível deixar que cada um faça como achar melhor, porque as situações são de risco, nem proibir qualquer adaptação, pois a variabilidade existe e a aplicação cega das regras pode levar a decisões subótimas em relação a certos critérios. É preciso, portanto, permitir margens razoáveis sobre as regras dentro de limites apropriados, isto é, prevendo locais para debater as arbitragens efetuadas. A segurança é construída ao mesmo tempo que as competências se desenvolvem, o que cria novos recursos para agir com segurança. É neste sentido que falaremos de segurança construída durante a discussão.

Os modelos de segurança hoje em dia são objetos de debates. Portanto, constata-se a existência de uma multitude de termos, alguns dos quais se referem a conceitos próximos. Este capítulo procurará estabelecer as equivalências, semelhanças e diferenças entre eles.

7.1 O "regulamentado" e o "gerenciado": da adição à articulação

7.1.1 Seguranças regulamentada e gerenciada

Nos últimos anos, duas vias fundamentais para a busca da segurança foram identificadas (AMALBERTI, 2007; DANIELLOU; SIMARD; BOISSIÈRES, 2010; FALZON, 2011; PARIÈS; VIGNES, 2007): a segurança regulamentada e a gerenciada.

A segurança regulamentada visa circunscrever os riscos regulando as práticas. Baseia-se na formulação de regras (procedimentos, referenciais, prescrições etc.), em sua difusão para os interessados e a vontade de garantir a sua aplicação (HOLLNAGEL, 2004). Essas regras têm várias origens: modelização do funcionamento de um sistema técnico, dados empíricos padronizados resultantes de pesquisas, retorno da experiência em situações incidentais e acidentais. Seus projetistas procuram cobrir o máximo de situações possíveis, de modo a impedir que o operador crie uma solução em situação ("a quente"). A segurança regulamentada pode, assim, constituir-se em um verdadeiro recurso para a ação, uma vez que fornece um enquadramento para agir, que muitas vezes engloba as dificuldades encontradas no passado para prevenir situações futuras (MOLLO, 2004).

Inversamente, a segurança gerenciada se apoia nas capacidades de iniciativa dos operadores, isolados ou em grupo, para lidar com o imprevisível e com a variabilidade natural do real. Essa abordagem parte da premissa de que é ilusório pensar que tudo pode ser previsto. Portanto, a intervenção humana é uma necessidade para a confiabilidade. Como afirmam Reason, Parker e Lawton (1998), "sempre haverá situações em que nenhuma regra estará disponível ou em que as variações circunstanciais locais colocam em questão a aplicabilidade das regras disponíveis".

Alguns autores (CUVELIER; FALZON, 2012; DIEN, 2011; PARIÈS, 2011) observam que, inicialmente, as seguranças gerenciada e regulamentada foram descritas seja como uma adição, seja como duas abordagens incompatíveis, em oposição uma a outra, já que a extensão da área do regulamentado, do previsto, aumenta os formalismos e reduz a autonomia dos atores: excesso de regulamentação mata o gerenciado (MOREL; AMALBERTI; CHAUVIN, 2008; DANIELLOU; SIMARD; BOISSIÈRES, 2010; NASCIMENTO, 2009).

Parece que a questão não é tanto um "cursor" a ser colocado entre a produção do "regulamentado" e as margens para o "gerenciado", mas uma articulação entre a produção de regras coerentes e sua utilização/transformação/invenção sensata na situação.

7.1.2 Segurança na ação e segurança efetiva

O conceito de "segurança na ação" vai nesse sentido. É apresentado mais como uma combinação do que uma dicotomia entre regras e gestão das situações. É "a maneira pela qual os sujeitos se mobilizam para agir em segurança face às perturbações e para gerir suas próprias ações, que nem sempre são ideais em termos das regras" (TERSSAC; GAILLARD, 2009, p. 14). Os autores defendem a ideia de que a segurança na ação é arbitrada pelos próprios profissionais de acordo com a situação, além das regras formais ou mesmo em contradição a elas. Nesse sentido, os operadores combinam as regras na ação, decidindo usá-las ou não, e, especialmente, inventando outras para "agir com segurança" (TERSSAC; GAILLARD, 2009, p. 14). É a manifestação da segurança no aqui e agora.

Nessa visão, "regras de segurança" e "regras de ação" não podem ser concebidas de modo dissociado: a gestão da segurança deve ser vista "como uma ação ligada à ação profissional que se confunde com ela, e não como uma ação distanciada, separada e diferente" (TERSSAC; GAILLARD, 2009, p. 16).

Mais recentemente, e em uma perspectiva sociológica, Terssac e Mignard (2011) exploraram a natureza dinâmica da vida das regras por meio da análise do desastre na empresa AZF. Eles introduziram o conceito de "segurança efetiva", em complemento ao da segurança em ação. A segurança efetiva, considerada como um processo no qual há fases de segurança flexível, imposta e negociada, é:

> *[...] como os sujeitos se deslocam de uma segurança fixada por regras para uma segurança na ação, por meio de uma transformação das regras formais em obrigações compartilhadas com as quais todos se engajam: o engajamento, a apropriação, a compreensão e a coordenação por meio dos saberes formam um conjunto de regras sociais inventadas e mobilizadas para "agir em segurança."*

7.2 Abordagens normativa e adaptativa

Como visto anteriormente, o debate hoje diz respeito à articulação entre dois caminhos para se obter a segurança, uma antecipada, predeterminada, reativa ou vinda de cima e imposta aos atores no nível da produção; a outra, reativa, adaptativa, baseada nas competências individual e coletiva (PARIÈS, 2011). As duas posições serão diferenciadas no texto.

A primeira privilegia a segurança regulamentada e ignora, ou finge ignorar, a segurança gerenciada. Desse ponto de vista, toda manifestação de segurança gerenciada é uma falha do sistema e deve ser proscrita. A segurança é buscada por meio da conformidade: podemos avaliar o seu nível de segurança pela avaliação do grau de conformidade com o prescrito. Essa posição será qualificada como abordagem normativa.

A segunda, que qualificaremos como abordagem adaptativa (FALZON, 2011), apoia-se em todos os recursos acessíveis, ou seja, por um lado, procedimentos, regras, normas estabelecidas pela organização ou pelas autoridades reguladoras; por outro, as regras construídas localmente, os processos *ad hoc* desenvolvidos para lidar com a variabilidade das situações reais. A abordagem adaptativa está voltada para a segurança "em ação" (TERSSAC; GAILLARD, 2009), e conta com a inteligência dos atores da situação para agirem em segurança. Combina, portanto, seguranças regulamentada e gerenciada e garante a resiliência do sistema, isto é,

> *a sua capacidade de antecipar, detectar precocemente e responder adequadamente às variações no funcionamento do sistema em relação às condições de referência, de modo a minimizar os seus efeitos sobre a sua estabilidade dinâmica (HOLLNAGEL; WOODS; LEVESON, 2006).*

Encontramos essa distinção entre normativo/adaptativo em ambos os modelos de aplicação das regras descritas por Dekker (2003), que opõe a sua aplicação como um processo em que "se segue cegamente" as regras, e a aplicação delas como uma atividade cognitiva complexa ("substantiva", competente).

O primeiro modelo é baseado em quatro premissas:

1. As regras representam o meio mais seguro para realizar o trabalho. Isso está em conformidade com o princípio da "uma melhor maneira" (*one best way*).

2. Seguir as regras se constitui em uma atividade mental baseada principalmente em regras simples, do tipo "se então".

3. A segurança resulta da submissão dos operadores aos procedimentos.

4. Para melhorar a segurança, as organizações devem investir no conhecimento dos procedimentos por parte dos operadores, e garantir que sejam seguidos.

Nesse modelo, a ênfase está na conformidade com relação às regras, e não sobre a pertinência da resposta aportada às situações novas ou imprevistas, o que pode comprometer a capacidade de resiliência de uma organização (DANIELLOU; SIMARD; BOISSIÈRES, 2010).

Em contrapartida, o segundo modelo postula que as regras, embora sejam recursos para os operadores, não são suficientes para lidar com todas as situações de trabalho. Esse modelo, de acordo com Dekker (2003), tem base nas quatro afirmações seguintes:

1. As regras são recursos para a ação. Elas não especificam todas as circunstâncias às quais se aplicam, e, portanto, não podem ditar o seu próprio uso. Elas não podem, por si só, garantir a segurança.

2. Aplicar corretamente os procedimentos nas situações pode ser uma atividade baseada na competência e na experiência ("substantiva" e "*skillful* - hábil").

3. A segurança resulta da capacidade dos operadores de julgar quando e como adaptar (ou não) os procedimentos às circunstâncias locais.

4. Para melhorar a segurança, as organizações precisam controlar e compreender as razões subjacentes da discrepância entre as regras e a prática, e desenvolver maneiras de ajudar os operadores no julgamento de quando e como adaptá-las.

Daniellou (2012) e Dien (2011) apontam que a atitude dos gestores é fundamental para progredir na articulação operacional em direção a uma abordagem adaptativa. Diversas vezes parece que essa atitude não é nem consistente nem uniforme, porque é muito dependente da dimensão "sucesso/insucesso" da ação desenvolvida. Antes de detalhar esse aspecto, parece-nos útil distinguir as diferentes formas de segurança em ação que dizem respeito aos atores da linha de frente. Para fazer isso, nos apoiamos em quatro estudos empíricos realizados nos setores médico e aeronáutico (CUVELIER, 2011; DICIOCCIO, 2012; MOLLO, 2004; NASCIMENTO, 2009).

7.3 A abordagem adaptativa e as formas de segurança em ação

Dada a diversidade das situações reais (mais ou menos previstas, rotineiras ou excepcionais), as formas de articulação entre as seguranças regulamentada e gerenciada podem variar. Dois cenários principais podem ser distinguidos.

- No primeiro, não há regras formais para lidar precisamente com a situação, seja porque as regras existentes são muito genéricas (seção 3.1), ou porque alguns casos não são abrangidos por elas (seção 3.2). A segurança gerenciada vem, então, ajudar a regulamentada, complementando as regras formais. Nessa perspectiva, os operadores não têm como arbitrar entre usar ou não a regra, uma vez que esta não existe realmente. Eles devem então inventar outras, eventualmente se apoiando nas existentes.

- No segundo caso, existem as regras formais, mas sua aplicação é questionada. Isso pode ocorrer quando o contexto inicialmente previsto não ocorre (seção 3.3) ou quando a aplicação da regra parece contraproducente (vide seção 3.4). Dessa vez, a segurança gerenciada intervém para arbitrar entre usar ou não as regras (noção de possíveis violações) e para determinar o grau de transgressão às regras a que os atores se autorizam.

7.3.1 As regras são genéricas e devem ser detalhadas

Em alguns casos, a variabilidade e a complexidade das situações são tais que as regras de segurança não podem prescrever em detalhes uma conduta ideal a ser adotada: elas indicam critérios, propriedades e possíveis formas de atender aos objetivos de segurança, mas sua implementação sempre requer interpretações e decisões que levem em conta a singularidade de cada situação. Ilustrações dessa combinação podem partir do setor médico.

Neste campo, as regras (recomendações, protocolos de tratamento, referências a boas práticas etc.) estão definidas na denominada Medicina Baseada em

Evidências (MBE), considerada como "medicina factual" ou "medicina fundamentada em provas". Várias pesquisas nos permitiram caracterizar a MBE como "uma organização relativamente flexível", que não impede o desenvolvimento da perícia nem a autonomia nas decisões (CUVELIER, 2011; MOLLO, 2004; MOLLO; SAUVAGNAC, 2006). Observa-se, por exemplo, que, mesmo respeitando as regras (em conformidade com a MBE), os anestesistas utilizam estratégias de intervenção variáveis (diversidade entre os anestesistas em um mesmo caso) até mesmo para o tratamento de casos mais frequentes, considerados "fáceis" ou "habituais" (CUVELIER et al., 2012). Assim, o respeito às regras nem sempre elimina a variabilidade de soluções possíveis e, portanto, não gera sistematicamente estratégias de ação uniformes. Em outras palavras, a segurança regulamentada não "extingue" nesse caso as decisões em situação e requer sempre, em complemento, a segurança gerenciada. Em oncologia, por exemplo, as referências terapêuticas incluem uma série de critérios de decisão cujos valores, combinados com as características particulares dos pacientes a serem tratados, serão adaptados. A idade do paciente, por exemplo, é expressa na base da idade cronológica. No entanto, os médicos raciocinam fundamentando-se na idade fisiológica dos pacientes, e podem ser induzidos a adaptarem o tratamento recomendado pelos protocolos de referência.

Enquanto, em uma abordagem normativa, essa variabilidade de soluções possíveis seria criticada, a abordagem adaptativa, ao contrário, considera as regras como recursos que suportam e nutrem a segurança gerenciada, sem substituí-la. Nesse caso, segurança gerenciada e regulamentada se combinam em permanência e são necessárias para a segurança global. De fato, verifica-se que essa variabilidade de práticas não impede a obtenção de um elevado nível de segurança global. Pelo contrário, alguns estudos mostram que a diversidade de estratégias autorizadas pelas regras pode, sob certas condições, vir a ser uma margem de adaptação favorável para o desenvolvimento da segurança (AMALBERTI, 1992; CUVELIER et al., 2012.). Voltando ao nosso exemplo, a anestesia é um sistema "ultrasseguro" considerado como pioneiro no campo de segurança dos cuidados (AMALBERTI et al., 2005). A análise da atividade dos anestesistas apresenta que a escolha de uma estratégia dentre as "possíveis" advém de um compromisso sutil, que permite a cada operador encontrar a melhor adequação entre a singularidade do caso tratado (decisões do próprio paciente, de sua família, a complexidade das doenças, restrições organizacionais etc.) e os recursos de que ele dispõe para cuidar do caso em questão (as suas competências, as da equipe médica, o domínio dos equipamentos e das técnicas, o desenvolvimento de regras do ofício etc.). É essa adequação, sempre singular, que permite a cada médico e a cada equipe trabalharem em sua área de especialização e, portanto, alcançarem um elevado nível de segurança, seja qual for a dificuldade, a raridade ou a imprevisibilidade do caso.

7.3.2 As regras não cobrem certos casos

Alguns setores da atividade econômica são menos prescritivos do que outros em termos dos procedimentos de trabalho detalhados. Nessas situações de "não regra" externa, a norma, a referência *a priori*, só pode ser aquela interna ao operador ou aquela do ofício. Assim, a atividade dos operadores dependerá essencialmente de sua capacidade de "inventar" novas regras. Isto é, quando as características de uma dada situação colocam em questão a aplicabilidade das regras prescritas, estas não são necessariamente abandonadas. Os operadores podem raciocinar baseados em regras que seriam aplicáveis na ausência de características "desviantes". Em oncologia, por exemplo, certas características clínicas dos pacientes não são consideradas pelos padrões terapêuticos (história médica, comorbidades etc.). Da mesma forma, não existem referências sobre o tratamento do câncer de mama em homens. Portanto, os médicos raciocinam com base no referencial que seria aplicável na ausência das características já mencionadas para determinar a estratégia terapêutica mais adequada para o caso (os referenciais garantem a eficácia dos tratamentos). Em radioterapia, frente a uma situação não nominal, para a qual não existem regras formais de orientação da ação (insuficiência de imagem, falta de acessórios de posicionamento do paciente etc.), os profissionais partem da sua experiência na profissão e no serviço para resolver problemas. Assim, eles constroem metarregras de ação baseadas no conhecimento sobre o paciente em questão e sobre a fase de tratamento, o comportamento dos colegas, a disponibilidade de recursos e a vontade de desenvolver uma forte cultura de segurança.

De qualquer maneira, constata-se que as regras criadas se apoiam no conjunto dos recursos disponíveis: as regras formais existentes e aquelas oriundas da experiência individual e/ou coletiva. Elas podem ser estabilizadas após a repetição de situações semelhantes.

7.3.3 O funcionamento técnico é falho e/ou as regras não são respeitadas por todos

A segurança gerenciada intervém também quando o contexto inicialmente previsto para a segurança regulamentada é inexistente. Esse é o caso das falhas técnicas (de equipamentos, por exemplo) ou das consequências de transgressões das regras "em cascata". Na radioterapia, as situações de atraso levam à violação das normas de controle prescritas pela organização: os prontuários são preenchidos às pressas, seus controles sucessivos são realizados muito rapidamente, ou não são feitos. Por exemplo, um médico radioterapeuta pode decidir não transcrever seus tratamentos quando se trata de casos muito protocolares, e, portanto, considerados como simples, ou quando ele não tem tempo para fazê-lo. Para ganhar tempo, ele só corrobora o tratamento na primeira consulta semanal com o paciente, isto é, uma semana após o seu início. Essa situação não nominal conduz a um conjunto de ações de recuperação por parte das pessoas que preparam a radioterapia para encontrar uma situação nominal de aplicação da regra. Elas tentam contatar os médicos para fazerem uma transcrição no prontuário. Se isso tiver êxito, a segurança em ação permitirá um retorno à situação normal; e a segurança gerenciada virá socorrer a segurança regulamentada.

7.3.4 A aplicação da regra parece contraproducente

No entanto, neste mesmo exemplo, a recuperação pode não ser possível, devido à indisponibilidade dos médicos. As preparadoras devem, portanto, arbitrar entre tratar ou não um paciente para o qual não foi feita a transcrição médica exigida pelo regulamento para realizar o tratamento, violando o procedimento, ou cancelar a sessão, respeitando-o. As estratégias dessas profissionais são baseadas, então, em uma avaliação custo/benefício da transgressão ou do respeito à regra. Isso pode levar a uma decisão de arbitragem fundamentada na aplicação da regra (não realizar o tratamento) ou da transgressão (realizá-lo sem validação). Seja qual for a sua decisão, o risco está presente. Na primeira opção, o paciente não se beneficiará de sua dose diária e suas chances de recuperação podem ser reduzidas. Na segunda, a realização da sessão com um prontuário não validado apresenta um risco de tratamento não conforme (que elas consideram menor que o do paciente não receber o tratamento do dia).

Um segundo exemplo vem do setor de transporte aéreo (DICIOCCIO, 2012). Este campo é uma referência para o que seria o ultrasseguro: todos os atores devem respeitar um conjunto considerável de regras de segurança e procedimentos. Nesse sistema hiperproceduralizado, especialmente na manutenção dos aviões, as adaptações, por parte dos operadores de primeira linha para lidar com um imprevisto, podem ter como resultado abandonar parcialmente as regras para "alcançar o desempenho esperado" (AMALBERTI, 2007). A segurança gerenciada intervém para arbitrar entre usar ou não as regras existentes, com o objetivo de manter o desempenho em um nível aceitável de segurança. Em face da profusão de regras e procedimentos, os técnicos devem se adaptar às variações relacionadas aos contextos e aos constrangimentos associados, e, assim, as arbitragens são a expressão da adaptação racional de procedimentos por parte dos operadores (AMALBERTI, 2007). Por exemplo, no caso de uma falha identificada em um avião pronto para partir, ao realizar a análise técnica do equipamento defeituoso e/ou dos sistemas a ele associados e seu impacto sobre a operação da aeronave, os técnicos avaliam a gravidade do defeito e sua possível evolução; assim, o risco assumido no caso de uma arbitragem do tipo "autorizar ou não que a aeronave decole" é minimizado. A adaptação produzida pelos técnicos mais experientes é expressa na forma de estratégias antecipatórias, do monitoramento e da implementação de formas de reavaliar a situação. Assim, segurança gerenciada permite não só decidir o grau de transgressão a que os técnicos se autorizam, mas também para construir uma estratégia aceitável em termos de segurança e desempenho.

Nesses exemplos, a segurança gerenciada não produz insegurança, mas o risco aceitável: a manutenção do desempenho não vem em detrimento da segurança.

7.4 A construção da segurança

Assim, as seguranças regulamentada e gerenciada estão em perpétua articulação pelos operadores e no nível organizacional (reelaboração de regras e supervisão feita pela gestão). Podemos distinguir quatro tipos de condições organizacionais que favorecem a construção da segurança, em que os operadores e gestores desenvolvem saberes compartilhados em torno das questões de segurança:

- processos de concepção "integrada" das regras, articulando processos ascendentes e descendentes;
- consideração das dimensões coletivas do trabalho nas organizações e nos processos de treinamento, permitindo a cada um conhecer a atividade dos outros e considerá-la nas suas próprias;
- mecanismos de decisão coletiva que permitam o debate sobre as situações encontradas e a construção de um referencial comum;
- modo de gestão, com ênfase na compreensão das decisões dos atores em vez de reforçar a necessidade de respeito às regras, propiciando espaço para a autonomia e o comportamento responsável dos atores, todos engajados na busca de arbitragens fundamentadas e compartilhadas.

7.4.1 A concepção integrada das regras

A classificação e os exemplos apresentados até agora consideram o usuário/adaptador/inventor das regras de primeiro nível. No entanto, a segurança de um sistema não se baseia inteiramente sobre os operadores de campo, como nos mostra a análise de vários desastres (Chernobyl, Three Miles Island, BP em Texas City etc.). O papel dos projetistas de regras formais, assim como da gestão, não pode ser desconsiderado. Eles são atores de peso na construção da segurança.

Tal abordagem implica que as regras não são simplesmente aprendidas e depois aplicadas, mas compreendidas pelos operadores (CUVELIER, 2011). Isso significa, por um lado, que as regras devem se basear em uma análise da atividade e, por outro, que "as causas que fundamentam essas regras" e sua "organização em um sistema coerente para a ação" são transmitidas aos operadores a que estão destinadas (MAYEN; SAVOYANT, 1999). Assim, conceber as regras de modo "integrado" é condição de um "uso inteligente" de procedimentos que permitam desvios quando elas não "aderem à realidade"

(DIEN, 1998). Isso pressupõe que os projetistas das regras disponham de um real conhecimento do funcionamento do sistema e do trabalho realizado pelos operadores. Em outras palavras, os pontos de vista dos projetistas e dos operadores devem ser compatíveis e a pertinência das regras dependerá de sua capacidade de levar em conta as práticas de segurança desenvolvidas em campo (TERSSAC; GAILLARD, 2009; DIEN, 1998).

7.4.2 O trabalho de todos no trabalho de cada um

O conhecimento do trabalho dos colegas é um dado fundamental para os processos de decisão em situação de risco e, em última instância, para tornar as práticas seguras. Na área médica, esse aspecto é ainda mais significativo, uma vez que o tratamento de pacientes é, muitas vezes, baseado na intervenção coordenada de vários especialistas. Embora os objetivos imediatos dos operadores sejam diferentes, eles devem raciocinar com base nos conhecimentos que têm sobre as possibilidades de ação de seus colegas, para gerenciar as interferências eventuais entre os objetivos dos diferentes especialistas (MOLLO, 2004). Em radioterapia, por exemplo, as preparadoras consideram os hábitos de trabalho de seus colegas para decidir e manter a produtividade/segurança no final do processo (NASCIMENTO; FALZON, 2009). Da mesma forma, os físicos radioterapeutas, responsáveis pela preparação do tratamento por irradiação, consideram o trabalho no final do processo quando escolhem uma técnica arriscada ou complicada a ser utilizada pelos responsáveis pela manipulação (NASCIMENTO; FALZON, 2012). De modo similar, em anestesia, os médicos elaboram estratégias de intervenção que consideram os seus próprios recursos (competências, exigência de atenção, instrumentos etc.), mas também os de seus colegas (competências, perícia e preferências dos colegas) e os do coletivo do trabalho (regras de ofício, práticas compartilhadas em um serviço) (CUVELIER, 2011).

Um desafio fundamental para a construção da segurança não é apenas promover as práticas coletivas existentes, mas também desenvolver programas de formação inovadores, tais como os que capacitam para a prática reflexiva com o apoio de simuladores (CUVELIER, 2011) ou a constituição dos espaços de deliberação sobre as práticas (MOLLO; NASCIMENTO, neste volume). As reuniões para os processos de decisão coletivos vão nesse sentido.

7.4.3 O processo de decisão coletivo

Uma das ferramentas desenvolvidas atualmente para lidar com situações que estão além das regras é a elaboração de decisões coletivas. O objetivo esperado deste tipo de decisão é melhorar a qualidade e a confiabilidade das decisões e abordar as variações nas práticas[1]. As Reuniões de Concertação Multidisciplinar implantadas em grupos de oncologia são um exemplo (MOLLO, 2004). Elas reúnem peritos de diferentes especialidades (cirurgia, oncologia, radioterapia etc.), com o intuito de propor soluções para as situações em que a aplicação estrita dos protocolos terapêuticos é impossível ou insatisfatória. O estudo de como essas reuniões se desenvolvem tem mostrado que, além de seu papel primordial de apoio à decisão, permitem o desenvolvimento de regras locais compartilhadas, as quais, em contínuo, garantem decisões confiáveis.

A discussão sobre cada caso também permite definir, para situações que não correspondem às previstas nas regras, o espaço das práticas aceitáveis e o das inaceitáveis. Ao fazer isso, as reuniões de concertação multidisciplinar desempenham um papel de garantia, uma vez que controlam as situações não previstas, garantindo a manutenção e o desenvolvimento da confiabilidade das decisões (MOLLO; FALZON, 2008). No entanto, o objetivo é primeiramente definir o espaço das soluções aceitáveis e inaceitáveis do que buscar uma única aceitável (embora isso possa ser necessário em determinados casos). Assim, a decisão coletiva permite desenvolver um cenário com referências confiáveis dentro do qual os médicos são livres para aplicar as suas próprias regras, advindas da sua perícia, assegurando-se da confiabilidade e aceitabilidade coletiva de suas decisões. De fato, durante as trocas, eles integram novos conhecimentos que não levariam em conta se tivessem raciocinado individualmente (MOLLO, 2004).

1 Tratamos aqui apenas das situações de decisão coletiva em que os atores envolvidos detinham o mesmo *status* ou um reconhecimento do valor da maestria de cada um. As decisões ditadas por aqueles membros que detêm nível hierárquico superior não são consideradas.

7.4.4 Dos modos de gestão "aberta" para a abordagem adaptativa

Trata-se aqui da discussão dos modos de gestão que enfatizam a compreensão das decisões dos atores, em vez daqueles que buscam reforçar o respeito às regras e dar espaço à autonomia e ao comportamento responsável dos atores, todos envolvidos na busca de arbitragens refletidas e compartilhadas. Desse ponto de vista, a segurança não pertence apenas aos gestores, mas é um assunto de todos. Ela é baseada em uma articulação equilibrada entre o descendente e o ascendente para alcançar uma cultura de segurança "integrada", ancorada na confrontação dos pontos de vista, o debate entre gestores e operadores (DANIELLOU, 2012).

As organizações onde há risco estão envolvidas com uma atividade complexa, portadora de eventos variáveis no que diz respeito às questões econômicas e de segurança fortemente relacionadas às múltiplas decisões arbitradas cotidianamente por seus operadores da linha de frente. Isso sugere que a segurança gerenciada é baseada em uma espécie de acordo tácito dentro do grupo, longe dos olhos dos gestores. Mas estes gestores têm a pesada responsabilidade final com relação às arbitragens feitas por seus operadores para manter o desempenho e a segurança, a qual não pode ser minorada pela ignorância. Várias maneiras de lidar com as transgressões dos operadores de primeira linha relacionadas às arbitragens entre usar ou não as regras estão à disposição da gerência. Considerá-las como violações, punindo seu autor, não garantiria o primado da segurança regulamentada e tornaria clandestinas essas transgressões (por medo da punição). Fingir ignorar a realidade reduziria a visibilidade de expressão do tipo gerenciado, o que levaria as margens da segurança gerenciada a se desgastarem com o tempo. Não fazer nada, e até mesmo evitar os problemas, é uma realidade que tem sido observada (GILBERT, 2005). Contudo, existe uma outra acepção da segurança gerenciada e de seu desenvolvimento. Por exemplo, no estudo realizado em um setor de atividades altamente regulado (DICIOCCIO, 2012), o da manutenção de aeronaves, os gestores fazem uma apreciação compartilhada e coerente sobre a realidade da segurança gerenciada. Para esses gestores, tanto parar quanto continuar a operação de uma aeronave com uma falha menor são decisões aceitáveis. Nesse caso, não é uma referência à regra que predomina, mas sim a compreensão do ambiente (operacional, técnico e humano) que conduziu à decisão. Esse é o traço de uma cultura de arbitragem refletida e compartilhada. O que os gestores dizem e fazem vai no mesmo sentido daquilo que é defendido pelos operadores de primeira linha. Os gestores não devem apenas garantir o respeito às regras, mas participar da articulação entre a segurança regulamentada e a gerenciada (DANIELLOU et al., 2010). Nesse sentido, os gestores que trabalham na articulação dessas duas formas de segurança adotadas por parte dos operadores favorecem essa cultura de arbitragem refletida.

Nesses sistemas em que há risco, aceitar e reconhecer a existência das arbitragens de segurança na produção, restaurando a autonomia dos operadores (AMALBERTI, 2007), são caminhos para a "ultra" segurança. Mas a atitude de abertura e de respeito profissional em relação às arbitragens dos outros só é aceita se estes permanecerem dentro das margens de segurança aceitáveis. A manutenção do desempenho não se dá em detrimento da segurança; ela deve ser refletida quando se articula à segurança. Isso implica que as arbitragens em seu favor, e também do desempenho, devem ser acompanhadas por processos de retorno da experiência. Elas devem ser compartilhadas entre todos os operadores, incluindo os gestores.

A questão então é instrumentalizar esses processos de retorno da experiência. Mollo e Nascimento (neste livro) propõem métodos diferentes para fazer isso. Em particular, o de comparação das práticas, intitulado "julgamento diferencial da aceitação dos desvios (JDA)" (NASCIMENTO, 2009), pode fornecer um cenário para delimitar um espaço de práticas aceitáveis, que substitua a "linha rígida a ser seguida". As trocas seriam tais que propiciariam a elaboração de um referencial comum de arbitragem, traçando conjuntamente a linha para a implementação da segurança gerenciada.

Referências

AMALBERTI, R. Safety in process-control: An operator-centred point of view. **Reliability Engineering & System Safety**, n. 38, p. 99-108, 1992.

______. Ultrasécurité, une épée de Damoclès pour les hautes technologies. **Dossiers de la Recherche**, n. 26, p. 74-81, 2007.

AMALBERTI, R. et al. Five system barriers to achieving ultrasafe health care. **Annals of Internal Medicine**, v. 142, n. 9, p. 756-764, 2005.

BOURRIER, M. **Organiser la fiabilité**. Paris: L'Harmattan, 2001.

CUVELIER, C. **De la gestion des risques à la gestion des ressources de l'activité**: *Étude* de la résilience en anesthésie pédiatrique. 2011. Tese (Doutorado em Ergonomia) - CNAM Paris, Paris, 2011.

CUVELIER, C.; FALZON, P. **Sécurité réglée et/ou sécurité gérée?** Quelles combinaisons possibles? Trabalho apresentado ao XLVII Congrès de la Société d'Ergonomie de Langue Française. Lyon, set. 2012.

CUVELIER, C. et al. Planning safe anesthesia: the role of collective resources management. **The International Journal of Risk and Safety in Medicine**, n. 24, p. 125-136, 2012.

DANIELLOU, F. **Facteurs humains et organisationnels de la sécurité industrielle**. Des questions pour progresser. Toulouse: FonCSI, 2012.

DANIELLOU, F.; SIMARD, M.; BOISSIÈRES, I. **Facteurs humains et organisationnels de la sécurité industrielle**: un état de l'art. Toulouse: FonCSI, 2010.

DEKKER, S. Failure to adapt or adaptations that fail: contrasting models on procedures and safety. **Applied Ergonomics**, n. 34, p. 233-238, 2003.

DICIOCCIO, A. **Articuler sécurité et performance**: les décisions d'arbitrage dans le risque en aéronautique. 2012. Tese (Doutorado em Ergonomia) - CNAM Paris, Paris, 2012.

DIEN, Y. Safety and application of procedures, or how do "they" have to use operating procedures in nuclear power plants? **Safety Science**, v. 29, n. 3, p. 179-187, 1998.

______. **Sécurité réglée, sécurité gérée**: une problématique à redéfinir? Trabalho apresentado a Les entretiens du Risque 2011. Institut de Maîtrise des risques (IMDR). Paris, 29-30 nov. 2011.

FALZON, P. **Rule-based safety vs adaptive safety**: an articulation issue. Trabalho apresentado ao 3rd International Conference on Health Care Systems, Ergonomics and Patient Safety (HEPS). Oviedo, jun. 2011.

GILBERT, C. **Erreurs, défaillances, vulnérabilités**: vers de nouvelles conceptions de la sécurité ? Cahiers du GIS Risques collectifs et situations de crise. Risques, crises et incertitudes: Pour une analyse critique. Grenoble: MSH-ALPES, 2005.

HOLLNAGEL, E. **Barriers and accident prevention**. Aldershot, UK: Ashgate.

HOLLNAGEL, E.; WOODS, D.; LEVESON, N. **Resilience engineering**: concepts and precepts. Aldershot: Ashgate, 2006.

MAYEN, P.; SAVOYANT, A. Application de procédures et compétences. **Formation Emploi**, n. 67, p. 226-232, 1999.

MOLLO, V. **Usage des ressources, adaptation des savoirs et gestion de l'autonomie dans la décision thérapeutique**. 2004. Tese (Doutorado em Ergonomia) – CNAM Paris, Paris, 2004.

MOLLO, V.; FALZON, P. The development of collective reliability: a study of therapeutic decision-making. **Theoretical Issues in Ergonomics Science**, v. 9, n. 3, p. 223-254, 2008.

MOLLO, V.; SAUVAGNAC, C., **La décision médicale collective**. Pour des médecins moins savants et moins autonomes? Paris: L'Harmattan, 2006.

MOREL, G.; AMALBERTI, R.; CHAUVIN, C. Articulating the differences between safety and resilience: The decision-making process of professional sea-fishing skippers. **Human Factors: the journal of the human factors and ergonomics society**, n. 50, p. 1-16, 2008.

NASCIMENTO, A. **Produire la santé, produire la sécurité**. Développer une culture de sécurité en radiothérapie. 2009. Tese (Doutorado em Ergonomia) – CNAM Paris, Paris, 2009.

NASCIMENTO, A.; FALZON, P. Produire la santé, produire la sécurité: récupérations et compromis dans le risque des manipulatrices en radiothérapie. **Activités**, v. 6, n. 2, p. 3-23, 2009. Disponível em: <http://www.activites.org/v26n22/v26n22.pdf.>. Acesso em: 7 nov. 2015.

______. **Safety management at the sharp end**: goals conflict and risky trade-offs by radiographers in radiotherapy. Trabalho apresentado ao 17th IEA Congress. Beijing, ago. 2009.

______. Producing effective treatment, enhancing safety: medical physicists' strategies to ensure quality in radiotherapy. **Applied Ergonomics**, v. 43, n. 4, p. 777-784, 2012.

PARIÈS, J. **De l'obéissance à la résilience, le nouveau défi de la sécurité**. Trabalho apresentado em Les entretiens du Risque 2011. Institut de Maîtrise des risques (IMDR). Paris, 29-30 nov. 2011.

PARIÈS, J.; VIGNES, P. Sécurité, l'heure des choix. **La Recherche**, suplem. 413, p. 22-27, 2007.

REASON, J.; PARKER, D.; LAWTON, R. Organizational controls and safety: the varieties of rule-related behaviour. **Journal of Occupational and Organizational Psychology**, n. 71, p. 289-304, 1998.

TERSSAC, G.; GAILLARD, I. Règle et sécurité: partir des pratiques pour définir les règles? In: TERSSAC, G.; BOISSIÈRES, I.; GAILLARD, I. **La sécurité en action**. Toulouse: Editions Octarès, 2009. p. 13-34.

TERSSAC, G.; MIGNARD, J. **Les paradoxes de la sécurité**. Le cas d'AZF. Paris: PUF, 2011.

8. Percurso de trabalho e desenvolvimento

Corinne Gaudart e Élise Ledoux

Como a ergonomia pode participar da concepção de um percurso que apoie a saúde dos indivíduos e o desempenho das empresas? Essa questão nos leva a definir o que significa o termo "percurso". Duas grandes concepções se destacam: uma usada pelo emprego, que iguala percurso à carreira e à profissão, a uma sucessão de cargos ou papéis profissionais ao longo do tempo; e uma visão individual e biográfica, na qual o tempo de trabalho se insere mais amplamente no percurso de vida. Uma delas destaca a dimensão social e coletiva do percurso, a outra, sua dimensão individual e subjetiva. O projeto do presente capítulo fornece uma terceira abordagem que visa integrar as duas primeiras, a partir de uma leitura do percurso baseada na atividade, inscrito em um processo de envelhecimento, considerado como um acúmulo do tempo vivido.

Essa concepção considera os percursos como inscritos em uma história individual e coletiva, ou mais precisamente em temporalidades múltiplas que combinam níveis macro e micro: a das políticas públicas relativas ao trabalho e ao emprego, mais ou menos presentes dependendo do país, a da gestão organizando os cenários de trabalho, a dos coletivos detentores de uma concepção do ofício e de suas regras e a dos próprios indivíduos inscrita no curso de sua vida. A atividade, tal como mobilizada no trabalho presente, traz essas múltiplas temporalidades. Adotar uma abordagem construtiva do trabalho em termos dos percursos implica também incluir uma visão sistêmica – o individual e o coletivo –

em uma perspectiva sincrônica, a do aqui e agora, mas também diacrônica, em evolução. "Compreender o trabalho para transformá-lo", aqui justamente com o objetivo de elaborar referências para a construção dos percursos, implica, então, em realizar análises do trabalho que situem a atividade no cruzamento dessas múltiplas temporalidades.

Essa perspectiva temporal leva à análise da atividade desenvolvida no trabalho não só como uma mobilização do indivíduo para essa ação presente, mas também como inscrita no curso de sua vida. A atividade analisada a partir de uma perspectiva de desenvolvimento revela "onde é que estamos", o caminho percorrido, e também contém as orientações futuras do desenvolvimento. Nesse sentido, ela possui uma dimensão histórica e é potencialmente aberta para o futuro. Essa concepção desenvolvimentista da atividade ocorre, na ergonomia, nas pesquisas efetuadas sobre as relações entre envelhecimento e trabalho, em que o percurso se refere a uma evolução do tempo vivido (MOLINIÉ; GAUDART; PUEYO, 2012).

Decorrem dessa definição várias consequências. A temporalidade individual contém uma temporalidade biológica, orientada para o declínio, e uma temporalidade psicológica e subjetiva, a dos eventos vividos e de sua interpretação. Essas duas dimensões não significam que há uma vida paralela, mas elas se cruzam e se colocam, por meio de sucessivas reelaborações, como recurso ou restrição de uma para outra. Esse percurso biográfico é um processo contínuo de transformações. O desenvolvimento dos indivíduos ocorre durante toda a vida, inclusive no período da vida adulta e, portanto, na vida profissional. Esse processo é multidirecional, uma vez que o curso das possíveis mudanças é parte de uma grande diversidade.

O percurso revela uma recomposição permanente entre os processos de declínio e de crescimento. Os declínios se traduzem pelas dificuldades do indivíduo de se adaptar ao seu ambiente de trabalho e às mudanças deste, e são o produto das condições de trabalho atuais e passadas, que os podem acelerar. O processo de crescimento refere-se a um aumento dos conhecimentos sobre a situação de trabalho. Nessa perspectiva, crescimento e declínio estão intimamente ligados. A experiência é o produto dessa recomposição permanente; é um processo de construção que combina um acúmulo de saberes e de saber-fazer a respeito da situação de trabalho, mas também saberes sobre seus próprios recursos e limitações, ou seja, sobre as modalidades do uso de si mesmo no trabalho.

Essa experiência está incluída na atividade: ela lhe dá significado em termos do percurso e a orienta; e a atividade mobilizada no trabalho constrói essa experiência. Ela é mediada pelas competências (TEIGER et al., 1998), entendidas como modalidades de regulação nas ações entre três temporalidades: uma gestionária, sociotécnica, referente aos objetivos e recursos da empresa, implementada pela organização do trabalho; uma coletiva, que se refere aos coletivos de trabalho, aos colegas e à hierarquia, e que pode então ser plural; uma individual, tal como definida anteriormente, compreendendo uma dimensão biológica, psicológica e subjetiva. Os percursos de trabalho se encontram no cruzamento de várias temporalidades individuais e coletivas. A atividade, inscrita no percurso, denota um processo de regulação dessas múltiplas temporalidades, macro, meso e micro (GAUDART, no prelo).

Três grandes questões surgem: como as temporalidades gestionárias e coletivas se colocam como recursos ou constrangimentos para as temporalidades individuais? Como os processos de declínio e crescimento transformam a atividade? Como a atividade pode em retorno agir sobre essas múltiplas temporalidades? Atingimos, com essa última questão, os meios de uma abordagem construtiva do trabalho.

8.1 Temporalidades gestionárias que trazem uma visão de "percurso-declínio"

Se as temporalidades individuais se desenvolvem em uma combinação constantemente reformulada ao longo do tempo entre declínios e experiências; as gestionárias – aquelas que projetam, organizam e avaliam o trabalho – muitas vezes têm uma visão diferente. Esse acúmulo do tempo vivido está associado de forma dominante aos declínios em detrimento da experiência, o que tem um impacto direto sobre a organização dos percursos, sobretudo ao se aproximar do fim da vida profissional. Essa concepção de um envelhecimento-declínio está baseada em três ingredientes combinados: estereótipos sociais presentes na sociedade em geral, e mais ou menos alimentados por políticas públicas nacionais;

transformações do trabalho que deixam pouco espaço para a diversidade de trabalhadores; concepção sobre as competências baseadas no trabalho prescrito em detrimento da atividade real. Essa concepção gestionária provoca dissincronias ou conflitos de temporalidade (ALTER, 2003). As temporalidades gestionárias e individuais não se desenvolvem segundo as mesmas lógicas, e esses conflitos podem desencadear a degradação da saúde ao longo dos percursos.

O primeiro ingrediente diz respeito aos estereótipos sociais negativos a respeito da idade. É evidente que – nas sociedades ocidentais – eles são relativamente estáveis ao longo do tempo. Eles permanecem independentes dos contextos econômico e social mais amplos. É isso que mostram muitos estudos internacionais desde os anos 1950 (BURNAY, 2004). Apesar de sua seriedade e profissionalismo, ao longo do tempo, os mais velhos são alvo de suspeitas quanto a déficits de adaptação às mudanças e diminuição no desempenho. Esses estereótipos são uma das características comuns aos países ditos industrializados (ROSEN; JERDEE, 1997; WALKER; TAYLOR, 1992). Em alguns países como a França, as saídas em massa para aposentadorias antecipadas em idades cada vez mais precoces conduziram à antecipação da idade em que alguém é considerado velho e, portanto, inadaptado: ficamos velhos não na idade de aposentadoria prevista, mas alguns anos antes (GUILLEMARD, 1993); o que leva concretamente a não mais se investir em treinamento visando ao desenvolvimento de carreira na segunda metade da vida profissional.

Essa política considera as categorias mais idosas como uma variável de ajustamento, entre outras, para reduzir os efetivos e, concomitantemente, para favorecer transformações organizacionais e tecnológicas. As buscas dos ganhos de produtividade, especialmente as baseadas na flexibilização, foram então mais facilmente atingidas, uma vez que a população dos trabalhadores afetados por essas mudanças correspondia ao operador médio, nem muito velho, nem muito jovem, mas saudável (GAUDART, 2010). Os problemas surgem quando a geração "*baby boom*" provoca um envelhecimento massivo da distribuição etária das empresas e a idade em que ocorre a aposentadoria se alonga, sem que deixem de persistir os estereótipos negativos.

A esse contexto social e demográfico, combinam-se práticas gestionárias que organizam a gestão dos recursos humanos sob uma lógica de competência que visa a uma melhor flexibilidade da "mão de obra". Esse método de gestão dos recursos humanos e dos percursos acompanha as transformações organizacionais com base na flexibilização das ferramentas de produção a fim de aumentar a produtividade. Em outras palavras, a flexibilização das ferramentas requer uma flexibilização da "mão de obra", que é considerada como uma variável de ajustamento, tanto no que diz respeito ao efetivo como em competências. Essa lógica de gestão por competências – louvável em seu projeto inicial de desenvolvimento – está sob o peso de uma forte racionalidade econômica e confunde competências adquiridas e competências necessárias em uma visão de curto prazo. Ela também tende a reduzir as competências aos saberes e saber-fazer técnicos e obscurece estratégias de ofício, o conjunto dos processos de regulação individuais e coletivos que fazem com que o trabalho se realize, tanto em quantidade como em qualidade (PUEYO, 2012). Essa dupla confusão tem consequências: por um lado, a questão da experiência desenvolvida ao longo do tempo permanece invisível; por outro, essa lógica de competências adquiridas remete, de alguma forma, os contadores de volta ao zero a cada mudança organizacional ou tecnológica. Reduzida a um nível individual, em um processo de envelhecimento que exige de modo crescente a combinação de declínios e experiência, essa dupla confusão pode levar à degradação da saúde.

Tomemos um exemplo que ilustra essas dissincronias entre temporalidade gestionária e individual e suas consequências. Ele resulta de pesquisas envolvendo vinte anos de transformações organizacionais em uma empresa do setor automotivo (GAUDART; CHASSAING, 2012). Durante os anos 1990, a empresa desenvolveu dois tipos de ferramentas de gestão para melhorar sua produtividade: a responsabilização de cada operador com relação à qualidade e ao desenvolvimento da polivalência como modelo de percurso dominante. Uma das principais dificuldades reside no fato de que a sua estrutura etária envelheceu gradualmente – mais precisamente está concentrada na faixa intermediária – e que as dificuldades de polivalência aparecem a partir dos 40 anos: pelo menos 50% dos operadores são, de fato, monovalentes a partir dessa idade. Em outras palavras, as dificuldades em lidar com as condições de trabalho aparecem desde os 40 anos, as quais são diagnosticadas primeiro pela temporalidade gestionária como relativas à idade: problemas de adaptação ou de aprendizagem. A análise da atividade desses "velhos" operadores mostra uma realidade mais complexa. Eles desenvolvem estratégias operacionais que lhes permitem se proteger do constrangimento de tempo e das limitações físicas. Na verdade, é uma experiência que combina a consideração dos declínios e a experiência do meio profissional. Mas essas estratégias são dependentes da concepção do posto de trabalho e da variabilidade da montagem prescrita. A polivalência pode, por conseguinte, colocar em xeque a construção de tais estratégias. A responsabilização pela qualidade se traduz no medo de errar e leva esses operadores envelhecidos a arbitrarem em seu favor em vez de adotarem estratégias de preservação de si. A perspectiva profissional, tanto a dos jovens como a dos mais velhos, se concretiza na saída da linha de produção: por cima, no caso dos mais jovens, visando por exemplo a uma posição de gerência; e por baixo para os mais idosos, pelo reconhecimento de uma inaptidão para o trabalho.

Dez anos mais tarde, a mesma empresa elabora uma nova política de gestão que reforça o peso da qualidade na produtividade, por meio da padronização de "bons gestos" e da implementação de ferramentas para monitorar seu cumprimento. As margens de manobra dos "mais velhos" são reduzidas um pouco mais. A expansão dos projetos Kaizen completa uma racionalização do trabalho já bem encaminhada. As linhas de produção ganham em produtividade, mas os postos de trabalho são cada vez mais seletivos. Uma proporção crescente da população de produção é confrontada com inaptidões médicas, o que complica a organização dos percursos profissionais. São percursos "por carência", isto é, organizados a partir de postos de trabalho compatíveis com as inaptidões.

Esse exemplo ilustra as dissincronias típicas entre temporalidades gestionária e individual. Vemos aqui que as fases de mudança são períodos críticos, em que se (re)combinam essas temporalidades. Os resultados dessa combinação são as bases para os futuros percursos. As dissincronias, quando não são superadas, levam à degradação da saúde, que oblitera um percurso de desenvolvimento. Elas colocam em primeiro plano o processo de declínio, e até mesmo o acelera.

8.2 As temporalidades coletivas, um papel de interface

Os coletivos de trabalho carregam histórias, regras e valores do ofício, assegurando sua transmissão entre gerações e, de forma mais ampla, entre os idosos e os mais jovens. Eles têm, nesse sentido, um poder normativo que regula o trabalho para uma ação imediata, mas também em termos de percurso no âmbito do coletivo. Os coletivos se encontram, portanto, em uma posição de interface ou dupla direção (CLOT, 1999): podem resistir face às temporalidades gestionárias, cujas concepções entram em dissincronia com os valores e regras que as suportam; eles também se direcionam para as temporalidades individuais que as compõem e asseguram um papel de recursos ou restrições com relação a elas. Em termos de idade (CAU-BAREILLE, 2012), eles podem configurar as regras de integração dos novos trabalhadores no acolhimento e na aprendizagem, mais globalmente transformar suas regras em relação à diversidade das temporalidades individuais que a compõem. Várias pesquisas em ergonomia (MARQUIÉ; PAUMÈS; VOLKOFF, 1995) mostram que, em coletivos compostos por uma diversidade de idades, podem existir regras que buscam compensar condições árduas de trabalho com a experiência profissional. Assim, essas temporalidades coletivas ocupam um espaço abandonado pelas temporalidades gestionárias, em modalidades de gestão de percurso que se baseiam em uma concepção do envelhecimento como acúmulo do tempo vivido.

Nesse papel de duplo direcionamento, temporalidades gestionárias e individuais testam o poder normativo das temporalidades coletivas, suas capacidades de resistência e de transformação. Caroly (2012), por ocasião de uma pesquisa sobre a gênese da inaptidão de funcionários que trabalhavam em agências de correio, mostra como os coletivos de trabalho falham ou têm sucesso nesse desafio. O trabalho coletivo continua a ser um elemento-chave na elaboração de um coletivo de trabalho que apoia os indivíduos que o compõem. Ao propor essa discussão pelas relações de idade/trabalho, consideramos aqui, mais de perto, diferentes papéis das temporalidades coletivas nessa posição de interface.

8.2.1 Ausência de coletivo

As temporalidades coletivas podem se encontrar desestabilizadas frente às gestionárias. A ausência do coletivo destaca o papel de amortecedor que ele poderia desempenhar. Quando ele está ausente, as temporalidades gestionárias estão em contato direto com as individuais. Encontramos então as consequências para a saúde, como descrito anteriormente (CAROLY; BARCELLINI, neste livro). Caroly (2012) examina como, nas agências de correio estudadas, confrontada com uma clientela complicada, a ausência do coletivo e de trabalho coletivo se traduz em um aumento na rotatividade e nas restrições (inaptidões).

As mudanças organizacionais ou técnicas permanecem como períodos de fragilização para os indivíduos e coletivos. Em um órgão público da distribuição de prestações familiares e sociais, uma mudança do *software* de tratamento dos dossiês desencadeia conflitos de valores entre os técnicos, especificamente sobre a definição do que seria um trabalho de qualidade (GAUDART, 2000). A temporalidade gestionária prevê as possíveis dificuldades de aprendizagem dos técnicos mais idosos, cuja experiência profissional é construída sobre outra ferramenta. Ela reduz assim as competências deles apenas às técnicas, e acredita ser possível resolver o problema a partir de uma formação apropriada. No entanto, o antigo *software* desempenha um papel muito mais importante do que uma simples ferramenta técnica. Sua concepção considera as regras coletivas de ofício baseadas em uma ideia do serviço público. O novo *software*, projetado a partir da perspectiva gestionária visando à contabilização dos atos técnicos, impede a implementação, na atividade, desse trabalho de qualidade. O problema não é tanto de formação, mas sim de concepção. Confrontado a uma concepção racionalizante que individualiza o trabalho, o coletivo é desestabilizado. Muitos técnicos se colocam em posição de retração, submetendo-se ao prescrito. Vários meses após o início de operação do novo *software*, novas formas coletivas de trabalho reaparecem. Mas essa provação deixará outros técnicos na beira do caminho, dissociados do coletivo.

8.2.2 Uma organização que "gerencia os recursos humanos"

As temporalidades coletivas também podem mostrar fortes capacidades de resistência, até substituir os papéis do setor de recursos humanos. A indústria siderúrgica francesa viu nos anos 1990 uma mudança radical da organização de seus percursos profissionais. Ela foi uma das primeiras a implantar uma lógica de "competência" por meio de acordos entre as partes, os quais visam a gerenciar as mudanças importantes vividas pela indústria em matéria tecnológica, econômica e demográfica, redirecionando a formação dos operadores de acordo com suas necessidades, propondo um desenvolvimento vantajoso para suas carreiras. A questão da idade é fundamental nesses acordos. O prolongamento consequente do tempo de vida profissional experimentado pelo setor pressupõe acordos que oferecem um desenvolvimento das competências até a aposentadoria: nada de ser colocado na "geladeira".

Esses acordos, na sua implementação, são deixados à discrição dos locais de produção. Em um desses (GAUDART, 2003), o departamento de aciaria decidiu fundir dois serviços, um para os condutores de pontes rolantes, outro para os técnicos de manutenção dos panelões. A ideia é propor um desenvolvimento da polivalência entre esses dois ofícios como uma solução para o desenvolvimento dos percursos profissionais. Não funcionou. Todos esses operadores são "idosos" – o mais novo tem 40 anos –, esse resultado é atribuído pela alta hierarquia a uma falta de motivação e a um problema de aprendizagem. A análise da atividade revela, de um lado, temporalidades coletivas específicas desses dois diferentes ofícios e, de outro, destaca as dissincronias de cada um face à temporalidade gestionária.

Em primeiro lugar, consideremos o caso dos operadores de pontes rolantes. Na verdade, a temporalidade gestionária define as regras de percurso com base em dois cenários, ambos favorecendo a monovalência. O primeiro se organiza em relação à idade, como envelhecimento-declínio, sendo o dos operadores de pontes acompanhado por um aumento nos distúrbios osteoarticulares. Em um contexto de fortes constrangimentos temporais, em particular por causa da flexibilização da ferramenta de produção, alguns operadores de pontes, tendo ocupado vários postos de operação, se fixam naquele que lhes convém, ou seja, onde eles têm maestria face aos constrangimentos de produção, o que permite se preservarem. O segundo cenário destaca a o aumento da experiência com a idade. A monovalência se fixa nos postos de trabalho considerados como os mais difíceis, combinando diversidades de tarefas e fortes constrangimentos temporais. Há operadores de pontes cuja perícia na condução lhes possibilita garantir a confiabilidade. Essa perícia implica, de fato, uma transgressão das regras de segurança, apoiada pela temporalidade coletiva e pela supervisão. Portanto, ela resiste com sucesso à temporalidade gestionária. A organização por monovalência também é tributária de uma história do ofício ao longo de várias gerações, em que os novos faziam rodízio entre as pontes, ou seja, eram polivalentes até encontrarem seu lugar, a sua ponte, então a monovalência é reconhecida como um sinal de maestria pelo coletivo.

8.2.3 A preservação de cada um

Uma composição homogênea dos membros de um coletivo, em idade e em percurso – estamos falando de "idosos" –, pode favorecer o desenvolvimento de um coletivo privilegiando a preservação. Isso se torna importante quando as condições de trabalho do passado e atuais são árduas. A segunda temporalidade coletiva, a dos que fazem a manutenção dos "panelões", tem essas características. Diante da dificuldade física das tarefas, tanto as do passado, que marcaram sua saúde, como as do presente, que implicam esforços físicos em ambientes térmicos difíceis, eles repartem o trabalho de acordo com dois processos de regulação. Dois pares são formados e fazem um rodízio na manutenção de um panelão. Enquanto um conduz o serviço, o outro repousa. No mesmo par, a sua experiência comum lhes permite fazer um trabalho de cooperação já bem ensaiado, aliviando a exigência física do trabalho. Essa forma de organização é viável somente em um coletivo – digamos – estável e homogêneo. Ele é posto à prova pelo desenvolvimento da polivalência entre ofícios, uma vez que essa organização introduziu trabalhadores novos que não possuíam essa história comum. Esse tipo de temporalidade coletiva orientada para considerar o declínio é desejável? Em uma visão de curto prazo, ela mostra a sua utilidade, uma vez que evita a degradação massiva da saúde. Mas esse coletivo estável e homogêneo, que produziu políticas anteriores de gestão das idades, pode ser percebido como fechado em si mesmo, cujo papel não é a promoção da saúde, mas a sua preservação.

As temporalidades gestionárias, por meio dos exemplos citados, não se estabelecem contra as temporalidades individuais. No entanto, elas permanecem portadoras de uma história marcada por uma temporalidade mais macro, dos modelos de gestão do trabalho e recursos humanos – nós diríamos em ergonomia, um modelo do homem no trabalho – pouco sensíveis aos determinantes e ao sentido da atividade. A idade, um vez que ela coloca em primeiro plano questões de experiência e declínio, torna mais visíveis as assincronias a que essa situação conduz. Isso revela quais seriam os pilares de ação a serem implementados. As temporalidades coletivas desempenham aqui um papel essencial, como uma interface entre temporalidades gestionárias e individuais, e um papel importante na dinâmica de transformação na qual agimos.

8.3 Apoiar e acompanhar a concepção das situações de desenvolvimento

Voltemos à pergunta original: como a ergonomia pode participar da concepção de percursos que apoiam a saúde dos indivíduos e o desempenho das empresas? Em uma abordagem construtiva do trabalho, as ações que a ergonomia pode propor em termos de percurso não assumem a forma de um caderno de encargos que desenvolveria um percurso tipo. Trata-se, sobretudo, de fornecer os recursos às temporalidades envolvidas no esforço para reduzir as dissincronias. A abordagem de desenvolvimento das temporalidades individuais que defendemos é a que garante, no trabalho, a continuidade entre as categorias dos tempos, passado, presente e futuro. Em outras palavras, em uma perspectiva ergonômica construtiva, a atividade que pode se desenvolver é aquela que permite que se faça, no presente dela, a experiência do passado, abrindo, para o futuro, uma gama de possibilidades (GAUDART, no prelo). Então, quais são as ferramentas que permitem apoiar essa concepção desenvolvimentista?

8.3.1 Fornecer memória às temporalidades gestionárias

As temporalidades gestionárias também são temporalidades coletivas de ofício que sofrem igualmente as consequências da flexibilização do trabalho. A visão de curto prazo que essa flexibilização promove conduziu à perda dessa memória. A mobilidade acelerada das hierarquias superiores é certamente uma das principais causas, junto à injunção a que estão submetidas para obter um bom desempenho imediato. Como uma temporalidade gestionária pode suportar um projeto baseado em uma concepção desenvolvimentista dos percursos, quando ela mesma está presa ao presente?

Esse trabalho de memória pode ser sustentado pela ergonomia. Então, em longo prazo, ele se aproxima de um trabalho de historiador, cujo objetivo é restituir as grandes ações gestionárias da empresa. Em um período mais curto, o desvelamento da lógica gestionária que conduziu ao problema que a ergonomia é solicitada a tratar também permanece um elemento essencial. A pressão pela rentabilidade imediata da ação gestionária provoca, muitas vezes, a perda do fio da história, mais especificamente do significado das ações. Nessa empresa petroquímica de exploração de gás (GAUDART; GARRIGOU; CHASSAING, 2012), a redução dos recursos conduziu "naturalmente" à redução do efetivo por uma não renovação da população de trabalhadores, pois muitos se aposentaram. Não foram os constrangimentos financeiros que levaram a essa decisão. Ela parecia lógica, carregava sua própria racionalidade. Foram as dificuldades que essa decisão provocou na realização cotidiana do trabalho, com relação aos riscos, que conduziram os gestores da organização a recorrer aos ergonomistas. Por outro lado, as temporalidades gestionária e coletiva se confrontaram fortemente, até o desencadeamento de uma greve. A reconstituição dos processos de decisão revelou-se portadora de uma dinâmica essencial, que se estabeleceu quando, após a reconstituição pelos ergonomistas das decisões anteriores da gestão, o diretor voltou-se para sua equipe e perguntou: *Por falar nisso, por que decidimos reduzir os efetivos?*

A reconstituição da memória gestionária pode também ser feita por meio da construção de ferramentas que permitam, por um lado, analisar a evolução do trabalho, e, por outro, vincular os conhecimentos do setor de recursos humanos aos da produção. Reflexões sobre os percursos de trabalho – como já definimos – não podem ser construídas sem uma combinação desses conhecimentos. No entanto, elas estão dispersas na empresa, em vários setores, em recursos humanos, na medicina do trabalho e na produção. A demografia do trabalho (MOLINIÉ; VOLKOFF, 2002), uma vez que combina dados coletivos sobre a idade, a senioridade e a evolução das características do trabalho, é uma ferramenta-chave para se pensar a respeito da relação entre os percursos e a saúde, e compreender os efeitos seletivos do trabalho. É também uma ferramenta para pensar o futuro a partir das projeções que ela permite.

8.3.2 A transmissão como processo de regulação das dissincronias

O ponto anterior tem como objetivo tornar o passado presente e restaurar uma memória localizada na temporalidade gestionária, a fim de abrir um debate sobre o significado de suas ações. Ele pressupõe que uma abordagem desenvolvimentista dos percursos destinada a afirmar a experiência passada no presente da atividade continua a ser uma etapa fundamental para pensar seu futuro.

A transmissão, entendida como processo do compartilhamento de saberes e de saber-fazer de ofício entre novos funcionários e os mais experientes, é uma segunda pista para abrir o caminho para o futuro. Desenvolvimento também é a capacidade de transformar constrangimentos em recursos. Nesse sentido, a geração "*baby boom*", muitas vezes apresentada como um peso para as organizações do trabalho, pode ser vista ao contrário, como uma oportunidade de se conceber percursos de trabalho. O envelhecimento dessa população permite, hoje em dia, considerar a diversidade etária no trabalho que ela produziu para repensar os percursos: refletir sobre a renovação da população de assalariados que se aposenta com a chegada dos novos, jovens ou menos jovens, mas também pensar no prolongamento da vida profissional. Essa diversidade de idades torna-se então um recurso, desde que haja um apoio da temporalidade gestionária, para assegurar a ligação entre presente, passado e futuro.

Nessa perspectiva, o coletivo de trabalho tem um papel fundamental. Em um serviço de gerontologia de um hospital (GAUDART; THÉBAULT, 2012), o acolhimento de uma estudante de enfermagem produz uma dinâmica de trocas sobre as regras do ofício – especificamente sobre como se ocupar de um paciente idoso – que ultrapassa o acolhimento habitual previsto para essa estudante, concebido normalmente sob a forma de um binômio novo/antigo. O coletivo de trabalho, renovado sob o impacto da aposentadoria de antigas enfermeiras e mudanças organizacionais significativas, aproveita essa oportunidade de acolhimento para "concordar". A entrada da estagiária não é mais somente problema de um único par, mas de toda a equipe. O coletivo desata seus constrangimentos temporais para oferecer um tempo de treinamento mais qualitativo e abrir a possibilidade aos seus membros de se juntar ao binômio. A participação de uma enfermeira recém-chegada ao serviço, mas cujo percurso tem por base uma significativa experiência no tratamento de idosos, coloca em debate no coletivo a articulação entre a dimensão técnica do oficio, a *cura*, e sua dimensão psicológica, o *cuidado*. A situação do acolhimento de uma estudante torna-se então um tempo privilegiado para discutir a experiência passada de cada uma, as condições de transmissão, e determinar regras de ofício para pensar os percursos de cada uma nesse serviço. De alguma forma, a transmissão torna-se uma tarefa desenvolvimentista.

Esse papel do coletivo é ainda mais importante quando a precariedade caracteriza os empregos, como é o caso da indústria cinematográfica, que contrata principalmente *freelancers*. Um estudo sobre técnicos de cinema mostra que essa falta afeta a transmissão de conhecimentos de várias maneiras (CLOUTIER; LEDOUX; FOURNIER, 2012). Enquanto a aquisição da maioria dos conhecimentos se dá principalmente no trabalho, as exigências do ambiente *vis-à-vis* ao novato se inscrevem no paradoxo dessa realidade. Os trabalhadores especialistas entrevistados concordam que a progressão no meio é um longo processo, com várias etapas a transpor, que os conhecimentos do ofício são adquiridos pela confrontação com diferentes situações e graças à repetição, e que é preciso muito tempo. No entanto, o modo de organização da indústria do cinema, com a precariedade e a competição inerente ao exercício da profissão, exige que o novato "se comprove" muito rapidamente: seu "desempenho" é muitas vezes avaliado com base em um só dia, mesmo em algumas horas. Embora o percurso escolar, social e profissional do novato desempenhe um papel importante na sua integração, é a adesão à cultura do ofício, construída em torno do respeito à hierarquia e às suas regras, tais como a ajuda mútua e a adaptação aos modos de comunicação, que constitui o primeiro fator de integração. Quanto mais o novato adota comportamentos de acordo com a cultura profissional, mais rapidamente ele é integrado ao coletivo de trabalho, e é o acesso a esse coletivo que, em seguida, abre o caminho para oportunidades de aprendizagem por transmissão. A propagação dessa cultura profissional é a chave para o acesso tanto à aprendizagem do ofício como à possibilidade de ser contratado para outras produções. No entanto, a precariedade no emprego também pode ser um obstáculo significativo para a transmissão em outros níveis, uma vez que os diferentes protagonistas envolvidos estão em competição durante a procura de emprego em outras filmagens.

Colocar no centro de uma abordagem desenvolvimentista dos percursos a questão da relação entre passado, presente e futuro leva a revisitar dos papéis da atividade e sua análise. Ela contém em si um poder de desenvolvimento, uma vez que se encaixa em um espaço de experiência e em um horizonte de expectativas (KOSELLECK, 1990). É ela que, no presente, faz referência ao passado e abre um leque de possibilidades. Então, uma das contribuições da atividade reside na sua capacidade de produzir o tempo, um tempo de si mesmo (SIVADON; FERNANDEZ-ZOILA, 1983). No trabalho, essa temporalidade individual se articula, se confronta com outras, portadoras de outras regras de produção do tempo, tais como as da gestão, dos coletivos e outras mais macrossociais. Essa articulação se reflete na atividade, entendida então como um processo de regulação dessas múltiplas temporalidades. Nesse contexto, uma abordagem construtiva do trabalho trazida pela ergonomia é aquela que se concentra em transformar a dissincronia das situações – quando as temporalidades não concordam – em alianças duráveis, em um ambiente capacitante. Este teria então dois papéis interligados: o de fornecer à atividade condições de circular entre presente, passado e futuro e o de apoiar a criação de uma aliança duradoura, constantemente reconstruída ao longo do tempo sob a impulsão de mudanças que ocorrem dentro de cada uma das temporalidades. Essa ergonomia construtiva é, então, aquela que prevê a análise da atividade em uma perspectiva sistêmica, conduzida de maneira diacrônica e sincrônica, cujo escopo da ação é a articulação dessas múltiplas temporalidades.

Referências

ALTER, N. Mouvement et dyschronies dans les organisations. **L'Année sociologique**, v. 43, n. 2, p. 489-514, 2003.

BURNAY, N. Les stéréotypes sociaux à l'égard des travailleurs âgés. **Gérontologie et Société**, n. 111, p. 157-170, 2004.

CAROLY, S. Gestion collective de situations critiques au guichet en fonction de l'âge, de l'expérience et de l'organisation du travail. In: GAUDART, C.; MOLINIÉ, A. F.; PUEYO, V. (Ed.). **La vie professionnelle**: age, expérience et santé à l'épreuve des conditions de travail. Toulouse: Octarès, 2012. p. 223-234.

CAU-BAREILLE, D. Travail collectif et collectif de travail au fil de l'âge: des ressources et des contraintes. In: GAUDART, C.; MOLINIÉ, A. F.; PUEYO, V. (Ed.). **La vie professionnelle**: age, expérience et santé à l'épreuve des conditions de travail. Toulouse: Octarès, 2012. p. 181-203.

CLOT, Y. **La fonction psychologique du travail**. Paris: PUF, 1999.

CLOUTIER, E.; LEDOUX, E.; FOURNIER, P. S. knowledge transmission in light of recent transformations in the workplace. **Relations Industrielles**, v. 67, n. 2, p. 304-324, 2012.

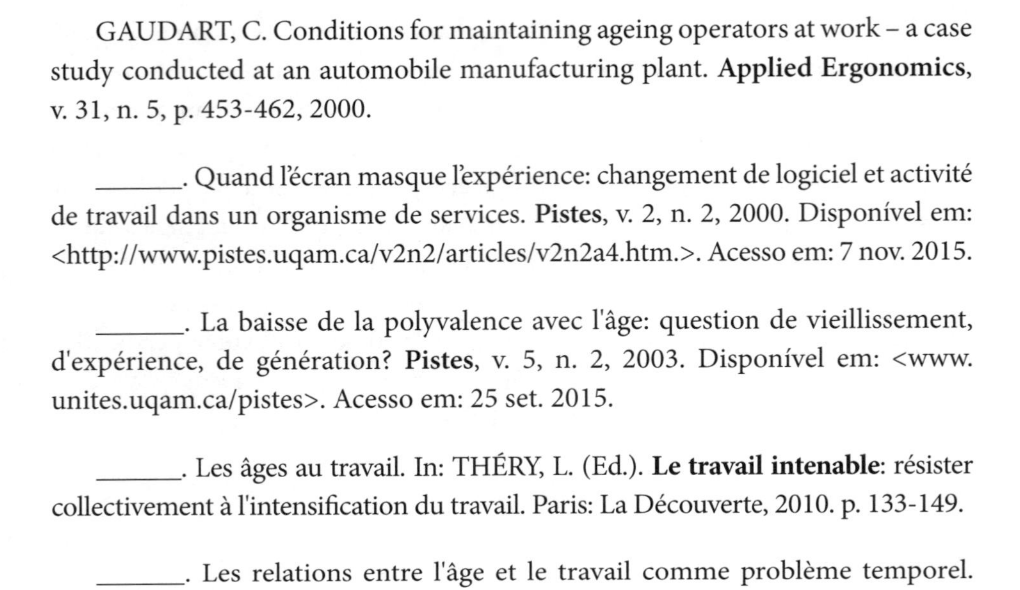

GAUDART, C. Conditions for maintaining ageing operators at work – a case study conducted at an automobile manufacturing plant. **Applied Ergonomics**, v. 31, n. 5, p. 453-462, 2000.

______. Quand l'écran masque l'expérience: changement de logiciel et activité de travail dans un organisme de services. **Pistes**, v. 2, n. 2, 2000. Disponível em: <http://www.pistes.uqam.ca/v2n2/articles/v2n2a4.htm.>. Acesso em: 7 nov. 2015.

______. La baisse de la polyvalence avec l'âge: question de vieillissement, d'expérience, de génération? **Pistes**, v. 5, n. 2, 2003. Disponível em: <www. unites.uqam.ca/pistes>. Acesso em: 25 set. 2015.

______. Les âges au travail. In: THÉRY, L. (Ed.). **Le travail intenable**: résister collectivement à l'intensification du travail. Paris: La Découverte, 2010. p. 133-149.

______. Les relations entre l'âge et le travail comme problème temporel. **Pistes**. No prelo.

GAUDART, C.; CHASSAING, K. Formation "in situ" et "école de dextérité" dans l'automobile: analyse des modalités d'apprentissage et de leurs coûts pour les opérateurs. In: GAUDART, C.; MOLINIÉ, A. F.; PUEYO, V. (Ed.). **La vie professionnelle**: age, expérience et santé à l'épreuve des conditions de travail. Toulouse: Octarès, 2012. p. 75-94.

GAUDART, C.; GARRIGOU, A.; CHASSAING, K. Analysis of organizational conditions for risk management: the case study of a petrochemical site. **Work**, n. 41, p. 2661-2667, 2012.

GAUDART, C.; THÉBAULT, J. La place du care dans la transmission des savoirs professionnels entre anciens et nouveaux à l'hôpital. **Industrial Relations**, v. 67, n. 2, p. 242-262, 2012.

GUILLEMARD, A. M. Travailleurs vieillissants et marché du travail en Europe. **Travail et Emploi**, n. 57, p. 60-79, 1993.

KOSELLECK, R. **Le futur passé**. Contribution à la sémantique des temps historiques. Paris: EHESS, 1990.

MARQUIÉ, J. C.; PAUMÈS, D.; VOLKOFF, S. (Ed.). **Le travail au fil de l'âge**. Toulouse: Octarès, 1995.

MOLINIÉ, A.-F.; GAUDART, C.; PUEYO, V. (Ed.). **La vie professionnelle**: Age, expérience et santé à l'épreuve des conditions de travail. Toulouse: Octarès, 2012.

MOLINIÉ, A.-F.; VOLKOFF, S. **La démographie du travail pour anticiper le vieillissement**. ANACT, 2002.

PUEYO, V. Quand la gestion des risques est en péril chez les fondeurs. In: MOLINIÉ, A. F.; GAUDART, C.; PUEYO, V. (Ed.). **La vie professionnelle**: age, expérience et santé à l'épreuve des conditions de travail. Toulouse: Octarès, 2012. p. 257-284.

ROSEN, B.; JERDEE, T. H. Too old or not too old. **Harvard Business Review**, n. 7, p. 97-108, 1977.

SIVADON, P.; FERNANDEZ-ZOÏLA, A. **Temps de travail, temps de vivre**. Bruxelles: Pierre Mardaga, 1983.

TEIGER, C. et al. **Le temps de la restitution collective des résultats de recherche dans les dynamiques de l'intervention**. Le cas du travail de soins à domicile au Québec. Trabalho apresentado ao XXXIII Congrès de la SELF. Paris, set. 1998.

WALKER, A.; TAYLOR, P. **The employment of older people**: employers attitudes and practices. Trabalho apresentado à ESRC Conference Past, current and future initiatives on ageing. Londres, 21-22 maio 1992.

Seção 2

Dinâmicas de ação, dinâmicas de desenvolvimento

9. A intervenção como dinâmica de desenvolvimento conjunto dos atores e da organização

Johann Petit e Fabien Coutarel

O ambiente e o indivíduo não são entidades isoladas, independentes e forçados a conviver, mas são dois elementos que evoluem em conjunto em busca de equilíbrio. Essas considerações gerais sobre a condição humana aplicam-se ao mundo do trabalho, já que os elementos do ambiente de trabalho constituem os principais determinantes da atividade dos indivíduos, mas também são alvos, no sentido de que o meio ambiente é um objeto de transformação para o indivíduo. Entre esses determinantes, há alguns anos, a organização tem merecido muita atenção por parte dos ergonomistas, porque continua a ser uma fonte de influência e um dos principais alvos da atividade. Consequentemente, a organização torna-se um objeto de estudo e transformação para os ergonomistas. Para ir mais longe, este texto defenderá a ideia de que a ação ergonômica pode ser considerada, por um lado, como uma mudança da organização, e, por outro, como uma oportunidade para influenciar o desenvolvimento dos indivíduos.

De maneira mais concreta, iremos mostrar o desenvolvimento de uma intervenção ergonômica, seus resultados e as reflexões que ela suscita. Durante essa intervenção, articulada em torno de uma mudança organizacional, tivemos a oportunidade de implementar um "experimento" para resolver problemas concretos do trabalho e de elaborar as formas de cooperação necessárias para resolvê-los. Isso ajudou a identificar as características essenciais a fim de estruturar um dispositivo, o qual foi organizado em torno de momentos, permitindo a definição das regras de funcionamento, constituindo espaços para o desenvolvimento da experiência individual e coletiva. Este último ponto teria possibilitado comparar esse processo a uma "abordagem intrínseca" (RABARDEL; BÉGUIN, 2005), ou seja, de acordo com as perspectivas específicas dos que constituem a situação, como os operadores. Esse aspecto nos parece importante, pois permite que os indivíduos, em uma fase de transição organizacional, sinônimo de perturbações cognitivas e sociais, elaborem seus próprios espaços de aprendizagem. Trabalhando em busca de soluções para as dificuldades cotidianas relacionadas ao trabalho e tentando construir o dispositivo mais eficaz para resolver esses problemas, os operadores elaboram novas representações sobre seu trabalho atual e futuro. Isso nos permite abrir duas vias de reflexão:

- o funcionamento da organização deve ser parte de um processo de desenvolvimento, permitindo uma evolução conjunta da estrutura organizacional e das atividades humanas;

- a intervenção ergonômica na concepção da organização pode se inscrever nesse processo.

9.1 A organização do desenvolvimento?

A produção de um trabalho de qualidade é um grande desafio para todos os indivíduos que trabalham. Mas, para produzí-lo, o operador deve ser capaz de agir (RABARDEL; PASTRÉ, 2005), isto é, adaptar sua forma de fazer a cada situação. Isso exige que o seu ambiente (sobretudo organizacional), suas competências e seu estado (físico, cognitivo e psíquico) lhe permitam fazê-lo. Quando tal profissional é constrangido a aplicar estritamente a prescrição, enquanto a situação exige que ele inove para tratar a particularidade, as consequências são de dois tipos: por um lado, o resultado do trabalho pode não ser alcançado, e, por outro, o operador é impedido de explorar novas competências, o que restringe seu desenvolvimento cognitivo e pode, eventualmente, prejudicar seu estado psíquico (CLOT, 2008; DAVEZIES, 2008).

Para se desenvolver, as competências dos operadores também devem ser discutidas e confrontadas, pois a experiência vivida de cada indivíduo é plenamente valorizada se ela adquire uma dimensão coletiva: compartilhar a experiência abre perspectivas de desenvolvimento das competências para os outros indivíduos. Por isso, é essencial que, em todos os níveis da instituição, a complexidade do trabalho não seja recalcada como silêncio organizacional (MORRISON; MILLIKEN, 2000), mas, ao contrário, que ela possa ser debatida e utilizada para adaptar a organização. Em outras palavras, as dificuldades concretas encontradas pelos operadores devem ser debatidas com os colegas e a hierarquia. Permitir que os operadores debatam sobre o trabalho favorece um poder de agir essencial ao desenvolvimento dos indivíduos e da organização.

A fim de abordar a questão organizacional, a teoria da regulação social, resultante de trabalhos da sociologia das organizações (REYNAUD, 2003; TERSSAC, 1998), constitui uma perspectiva apropriada ao nosso propósito. Tal abordagem sociológica da organização nos leva a considerá-la como um sistema vivo com duas facetas: de um lado, uma estrutura organizacional, composta por procedimentos, tarefas, objetivos, organogramas, e de outro, as atividades humanas. O funcionamento da organização consiste então em encontrar um equilíbrio que permita às atividades humanas e à estrutura organizacional evoluírem em conjunto. Essa abordagem é essencial para o trabalho do ergonomista. Primeiro, ela permite a compreensão sobre o nível de negociação necessário entre a atividade dos operadores e a estrutura organizacional visando atingir os objetivos. Em seguida, do ponto de vista da saúde e eficácia da produção, essa abordagem do funcionamento organizacional possibilita definir margens de manobra necessárias aos operadores (COUTAREL, 2004; HASLE; JENSEN, 2006; VÉZINA, 2010). Assim, a concepção de um sistema organizacional confiável requer que os atores desse sistema também tenham um trabalho que consiste em produzir a organização. Nessa perspectiva, não podemos considerar a mudança organizacional como a adaptação dos indivíduos e dos coletivos a uma nova estrutura (CAROLY, 2010). A mudança organizacional é uma adaptação conjunta da estrutura e das atividades humanas, individuais e coletivas. Essa adaptação conjunta, em favor da mudança organizacional, só é viável e eficiente se permitir um desenvolvimento da atividade dos indivíduos e dos coletivos, por meio da aquisição de novos conhecimentos e competências na futura estrutura. Em outras palavras, a mudança organizacional deve ser percebida pelos próprios operadores como um recurso que lhes permita participar da construção de soluções locais para seus problemas específicos.

Para a ação ergonômica, o desafio está aí: como estruturar uma plasticidade organizacional que dê conta da contingência e permita aos operadores que participem da redefinição permanente da estrutura da organização em uma perspectiva desenvolvimentista?

Para dar continuidade à reflexão proposta neste capítulo, vamos focar a discussão nos resultados obtidos em uma intervenção; apesar dos dados aqui apresentados resultarem de uma dezena de intervenções, nos apoiaremos em apenas uma delas.

9.2 A mudança organizacional em uma empresa de seguro de saúde

9.2.1 Contexto

A intervenção ocorreu em uma mútua de seguro de saúde para a qual aproximadamente 3 mil pessoas trabalham em diferentes localidades do território francês, divididas em uma centena de seções departamentais. A atividade principal dessa organização consiste em gerir a cobertura e os reembolsos relacionados à saúde. A demanda veio da direção geral, que queria ser acompanhada na implantação de um projeto organizacional já aprovado. O principal objetivo desse projeto consistia em "melhorar a qualidade do serviço", racionalizando a produção a partir de uma das atividades de *back office* das de *front office.* Para isso, centros de processamento foram criados a fim de gerenciar massivamente o tratamento dos dossiês. Quando a demanda foi formulada, os centros de processamento já estavam instalados, como mostrado na Figura 9.1, mas o funcionamento global da produção não satisfazia os responsáveis (baixa produtividade e perda de qualidade).

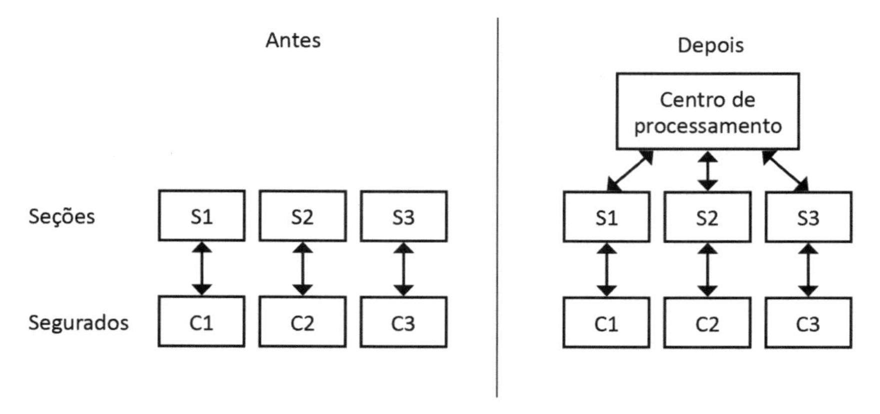

Figura 9.1 Organização geral antes e depois da mudança.

9.2.2 Análise do trabalho

Como primeiro passo, realizamos análises do trabalho em duas seções departamentais. Rapidamente, constatamos como a disposição dos centros de processamento tinha impacto negativo sobre o funcionamento dos departamentos. De fato, o retorno dos dossiês que não podiam ser tratados nesses centros monopolizava um tempo considerável dos agentes. Consequentemente, era de particular interesse tratar esses dossiês que foram rejeitados, e que muitas vezes eram mais complexos. As dificuldades relacionadas ao término da análise das folhas de registros dos procedimentos tinham sido subestimadas. Na verdade, elas não eram semelhantes. Existia uma variabilidade que dificilmente se podia quantificar. No entanto, nos pareceu que a hipótese "finalizar é tratar as folhas de registro dos cuidados e autorizar o pagamento" estava na origem de uma parte das escolhas organizacionais. Na verdade, uma quantidade significativa de dossiês era "rejeitada" pelo centro de processamento e enviada para as seções devido à "impossibilidade organizacional" dos primeiros de gerir essa variabilidade.

Além disso, finalizar é, muitas vezes, acompanhar "uma história", assistir a "um drama". Mas na configuração organizacional em que realizamos essas análises, implementar o acompanhamento das histórias parecia mais difícil de colocar em prática. De fato, se a organização anterior permitia ao "grupo" acompanhar os segurados com dificuldades específicas, o monitoramento, após a implementação dos centros de processamento, tornou-se mais difícil (contatos diferentes com um segurado, dificuldades para o segurado em manter um único interlocutor de referência): "recomeçamos muitas vezes do zero". Os operadores tinham pouco suporte de assistência informática para acompanhar a história de um segurado, e a única verdadeira testemunha eram os arquivos em papel: havia menos informações no computador do que nas caixas. Essas eram as razões pelas quais os centros de processamento causavam uma perda de "rastreabilidade" dos dossiês dos segurados. Na verdade, as pessoas que detinham as informações não eram aquelas procuradas quando se tentava utilizá-las. Finalmente, nesse contexto, os dossiês padrão eram tratados mais rapidamente pelos centros de processamento, enquanto os dossiês dos casos mais complexos (relativos às pessoas mais necessitadas) eram tratados em um prazo mais longo. Consequentemente, de acordo com os operadores e gestores das seções, o centro de processamento não prestava o auxílio previsto como "apoio à produção". Houve um aumento nas taxas de erro, no tempo de processamento e na quantidade de reclamações. As queixas e as ausências de funcionários originavam-se, em parte, da degradação da qualidade do resultado de seu trabalho. Na realidade, era como se a tentativa de melhorar a qualidade do serviço oferecido aos segurados, segundo critérios de produtividade, tivesse provocado novas formas de degradação dessa qualidade. A estrutura organizacional parecia, para um certo número de casos, contrária à necessária regulamentação para enfrentar as falhas, alterando a qualidade do serviço prestado. A organização parecia ter se "esquecido do segurado".

Isso desencadeou a reflexão sobre o conteúdo de nossa intervenção com os responsáveis nacionais e locais da mútua. Então, nós concordamos que para tornar os centros de processamento eficientes significava permitir que eles tratassem a variabilidade das folhas e solicitações restaurando as interações entre eles e as seções, a fim de colocar no centro da atividade a ideia de história de um segurado e de um dossiê. Nessa fase, também demonstramos que os operadores da linha de frente (*front office*) e de retaguarda (*back office*) tinham resolvido "não oficialmente" algumas lacunas da estrutura organizacional por meio de ajustes locais. No entanto, o que nos pareceu importante foi que essas iniciativas eram muito "precárias", no sentido de que induziam certas formas de acordo entre as estruturas, muito informais e, portanto, sujeitas a jogos de poder (as seções davam ordens para o centro de processamento, que era "entendido" como um prestador de serviço). Nesse contexto, as perspectivas organizacionais, tanto para o centro de processamento como para as seções, deveriam ser baseadas em escolhas que ainda não tinham sido definidas. Pelo menos para facilitar o processamento dos dossiês, a definição das escolhas poderia ser feita pelo aumento da autonomia do centro de processamento e pelo fortalecimento das relações entre as seções e os centros.

9.2.3 Elaboração de um dispositivo

Foi por isso que, propusemos a criação de um grupo de trabalho local destinado a resolver tais disfunções. Com um conjunto de atores (agentes e responsáveis de seções e do centro de processamento), rapidamente ficou evidente a necessidade de simular certas formas de organização para otimizar os modos de processamento desses dossiês. Finalmente, após a adoção de certas escolhas, nós propusemos, para todos os centros do país, a possibilidade de experimentar em tempo real essas escolhas. Em um primeiro momento, isso nos permitiu resolver falhas muito concretas, oferecendo soluções de fácil implementação. Inicialmente, trabalhamos com três seções e um centro de processamento e, gradualmente, a experiência foi disseminada para vinte seções. Esse trabalho durou dezoito meses e permitiu a experimentação de soluções em tempo real para vários problemas revelados pelo diagnóstico dos ergonomistas e outros que foram aparecendo ao longo do processo. Algumas soluções foram concretizadas por meio de procedimentos específicos definidos entre uma seção e o centro de processamento, outras soluções tinham uma outra amplitude, pois tratavam-se de procedimentos ou de estruturações organizacionais mais amplas, relativas às vinte seções. Esse trabalho de busca de soluções, por meio de simulações, acopladas a fases de testes reais, foi denominado e formatado como um experimento sobre a organização da produção entre o *back* e o *front office*. A possibilidade de continuar esta experiência por um tempo prolongado deveu-se ao fato de terem sido alcançados resultados tangíveis.

Os dossiês rejeitados pelo centro de processamento imediatamente se constituíram em um objeto de trabalho. Quantitativamente, eles representavam cerca de 200 dossiês por dia e por seção. Qualitativamente, ora tratavam-se de dossiês comuns que voltavam com uma menção de “incompleto” ou “falta uma assinatura", ora tratavam-se de questões mais complicadas, como no caso de segurados em dificuldades financeiras ou sociais. O experimento permitiu que uma atenção maior fosse destinada a esses dossiês problemáticos, visando uma redução da sua quantidade de modo a permitir a emergência de temas mais gerais, como a falta de conhecimento do trabalho dos outros, a não articulação dos modos de análise para um mesmo dossiê, o compartilhamento de competências, a atividade de finalização, a qualidade dos serviços etc. Esse trabalho coletivo em torno da "remodelação" das regras existentes possibilitou uma redução dos rejeitados para 25 por dia, permitindo ao mesmo tempo melhorar uma parte da qualidade do serviço prestado (redução do tempo de processamento) e a capacidade do centro de processamento em ajudar as seções (desenvolvimento das competências).

A ideia de reduzir a quantidade de dossiês rejeitados estava claramente identificada, mas os meios para alcançar tal objetivo eram muito menos evidentes. Com o desenrolar dos encontros, os temas de debate foram se ampliando, a confiança entre os participantes foi se construindo, e foi possível vislumbrar um panorama mais amplo para a análise dos dossiês e, portanto, instituir um debate com uma lógica mais "abrangente" do serviço e de sua qualidade. Não havia mais dúvidas de que se o objetivo era reduzir as devoluções, seria necessário que no centro de processamento houvesse mais tempo disponível para se dedicar a esses dossiês.

9.2.4 Resultados da intervenção

No geral, esses resultados também levaram a reduções das reclamações feitas pelos segurados. A liberação de tempo, obviamente, permitiu que houvesse um aumento da capacidade do centro para o processamento dos dossiês. Isso possibilitou uma maior dedicação ao tratamento de casos mais complexos, não tratados anteriormente. A sua competência se expandiu ao longo do experimento. Essa mudança foi percebida como um reconhecimento pela equipe do centro de processamento, devido à diversificação de tarefas e, sobretudo, como uma construção mais coerente de um procedimento para finalizar os processos e como uma solução para o desenvolvimento de novas tarefas nas seções.

Se o centro de processamento era visto anteriormente como o local onde o trabalho se desorganizava, no final do experimento foi considerado como o local onde foi possível construir uma nova identidade para o trabalho desses profissionais. De fato, todo esse trabalho sobre os dossiês rejeitados que parecia básico e relativamente técnico, nos permitiu abordar e tratar os problemas complexos da mudança, da identidade no trabalho, do desenvolvimento de competências ou ainda de reconhecimento do trabalho do outro. No nível nacional, os centros de processamento foram então reconhecidos como centro de serviços, de modo semelhante às seções. Essa mudança mais simbólica do que operacional permitiu o surgimento de um sentimento de inclusão do centro de processamento, até então considerado como um prestador de serviços externo. Como pano de fundo, esses debates em relação às situações de trabalho permitiram o intercâmbio sobre as diferentes práticas de cada um. Os vários grupos de trabalho tinham um modo relativamente autônomo *vis-à-vis* o funcionamento da direção nacional, derivado das decisões adotadas em seu âmbito. Para que nosso trabalho fosse eficaz, era necessária uma certa capacidade de reação para as decisões. No entanto, os circuitos convencionais (hierarquia, serviços técnicos e administrativos) não ofereciam a sensibilidade necessária. Nossa posição nos permitiu construir uma rede informal voltada para decisões que propiciava essa capacidade de reação. No entanto, a partir do trabalho realizado por esses grupos, foi possível identificar uma deficiência no processo decisório entre os níveis nacional e local, expressa constantemente pelos participantes dos grupos. Na reunião de encerramento do experimento, além de uma aceitação geral dos vários atores sobre os resultados obtidos nos trabalhos em grupo, foi proposta uma revisão da operação regional das seções e do centro de processamento. O processo de regulação que foi implementado se tornou necessário ao conjunto de operadores, para que pudessem lidar com as falhas encontradas entre as seções e o centro de processamento. De fato, cada seção e o centro de processamento poderiam então encontrar soluções operacionais para as dificuldades cotidianas. Foi proposta então uma estrutura organizacional regional, definida por regras de funcionamento, atores-chave e um responsável.

9.3 Discussão

9.3.1 Conceber um dispositivo operativo

Um aspecto essencial desta abordagem dizia respeito aos modos de cooperação que permitiram as transformações e sua implementação experimental. A evolução deles pode ser avaliada com base nas propostas de transformação da estrutura organizacional, apresentadas com o objetivo de generalizar os modos de regulação experimentados. Mais concretamente, a busca foi estruturar a organização de modo a permitir aos operadores e gestores manterem uma ação sobre as regras: estruturar o trabalho organizacional, diria De Terssac (1998). O planejamento proposto pelos participantes destaca dois elementos significativos nos modos de cooperação entre as seções e os centros de processamento:

- o papel principal dado ao centro de processamento na gestão regional das regulações;
- a hierarquização da cooperação (seção-seção, seção-centro de processamento).

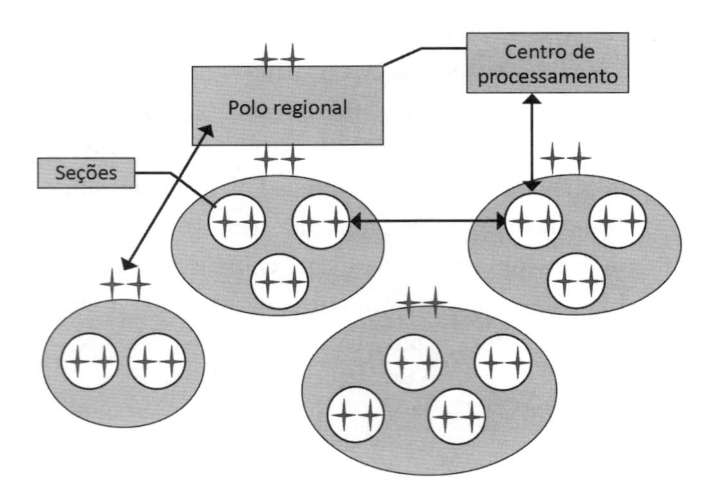

Figura 9.2 Proposta final de organização regional.

Dependendo do caso, essa estrutura permitia a constituição de diversos modos de regulamentação: "regulações a quente" (TERSSAC; LOMPRÉ, 1996), não formalizadas, entre as seções ou entre seções e o centro de processamento; e mais formais, "a frio" (TERSSAC; LOMPRÉ, 1996), relativas à formalização e homogeneização de regras para toda a região. Além disso, o centro regional manteve as características dos grupos constituídos para a experimentação, permitindo uma forma de continuidade nas modalidades de troca de experiências já construídas durante a intervenção.

Outros elementos de cooperação foram concomitantemente propostos: tratava-se das relações entre a região e a direção nacional. De fato, as várias decisões adotadas regionalmente constituíam uma decisão local a ser validada pelos responsáveis nacionais. Essa estruturação organizacional, que alterava substancialmente a cooperação para a produção de serviço entre *front* e *back office*, serviu, posteriormente, para a condução do conjunto das mudanças, como referência para a definição de um esquema regional para a mútua. Se o dispositivo de experimentação permitiu a resolução de problemas relacionados com o trabalho, essencial para os agentes das seções e do centro de processamento, ele permitiu sobretudo a reflexão quanto a uma nova forma de organização regional entre as seções e o centro de processamento. Os responsáveis locais e nacionais tinham claramente identificado este fato. Além disso, a estrutura organizacional proposta ao final pareceu exibir as características de um modelo operante (WISNER, 1972), no sentido de que era um modelo da situação representativo de aspectos essenciais do real, que permitia a adoção de ações objetivas e era capaz de conduzir a soluções eficazes. É por isso que o dispositivo experimental pareceu útil e eficaz aos olhos dos agentes e responsáveis (locais e nacionais). Ele propiciou espaço para o desenvolvimento de uma certa criatividade por parte dos agentes e responsáveis locais em termos das regras de funcionamento, em um contexto definido e conhecido. Assim, o dispositivo é apresentado como uma possibilidade de distribuição da inteligência, a do dispositivo associada com a do indivíduo (FUSULIER; LANNOY, 1999). Acreditamos que esse aspecto é essencial para a elaboração e o acompanhamento de uma mudança organizacional (cf. os aspectos dialógicos da concepção desenvolvidos por BÉGUIN, neste livro).

9.3.2 Estruturar a experimentação

Em termos metodológicos, este caso nos permite identificar referências que favorecem a estruturação da fase de transição, isto é, a experimentação (especialmente a simulação; cf. BARCELLINI; VAN BELLEGHEM; DANIELLOU, neste livro):

1. **A implementação de grupos de trabalho** não pode ser decretada. Ela é construída com os futuros participantes e os responsáveis pelas decisões. Como vimos anteriormente, as configurações das reuniões em grupos de trabalho, que constituem os espaços de simulação, não são totalmente definidas com antecedência. No nosso caso, os grupos de trabalho se construíram progressivamente. A construção da experimentação ocorre pela criação social da intervenção. As análises do trabalho realizadas permitiram compartilhar com os futuros participantes um olhar sobre o trabalho e, consequentemente, a construção de representações sobre as indicações de possíveis transformações.

2. **Identificar e hierarquizar os problemas**. O ergonomista alimenta as discussões durante as reuniões dos grupos de trabalho a partir das situações de trabalho, validadas pelos participantes. Em seguida, por razões técnicas da experimentação – todos os problemas não podem ser tratados – é essencial hierarquizá-los para dar prioridade às falhas com mais graves consequências. Trata-se de debater as diferentes lógicas de ação. Os critérios de qualidade do serviço foram, muitas vezes, compartilhados entre os prazos para a produção em massa e a consideração das singularidades de alguns casos.

3. **A busca de soluções** para os problemas mencionados não é uma "dificuldade técnica". Na verdade, a sua construção faz parte da construção das soluções. A restrição principal é chegar a um acordo sobre os meios para alcançar as soluções. Trata-se de uma construção social entre os atores. As regras utilizadas pelos operadores são sustentadas pelas lógicas da ação, e desafiar essas regras significa confrontá-las. Assim, a busca de soluções é dupla: encontrar um compromisso para os conflitos das lógicas e materializá-lo na forma de uma solução técnica.

4. **A identificação de vantagens e inconvenientes** decorre dos debates sobre a busca de soluções. É necessário identificar critérios de avaliação que permitam validar ou não as soluções técnicas testadas.

5. **A fase de experimentação** – "espaço natural" de simulação – deve ter uma data de término, de modo a integrar as restrições de tempo do projeto. Nossa experimentação, que durou dezoito meses, pode parecer muito longa, mas a simulação no primeiro nível pode gerar uma produção longa de resultados (por exemplo, taxas de reclamação dos segurados da mútua). Além disso, trata-se de testar soluções técnicas e fazer "emergirem" regras de cooperação; este segundo aspecto é de implementação mais longa.

6. **A avaliação dos resultados** é feita em duas fases: ao longo da experimentação e no final. Os resultados, considerando as seções e o centro de processamento, permitiram destacar que a avaliação durante o teste tinha como objeto ajustar as soluções adotadas. Uma última avaliação foi feita no final da experimentação, na presença dos participantes. O objetivo era fazer uma apresentação global dos resultados obtidos a partir das alterações estruturais. Ela também permitiu uma síntese dos modos de cooperação praticados durante a experimentação.

A partir deste exemplo, constata-se que não são apenas as características objetivas da situação que servirão como impulso para a ação, mas a possibilidade de agir sobre ela. Isto porque

> *é necessário aqui reverter a opinião geral e concordar que não é a dureza de uma situação ou o sofrimento imposto por ela os motivos para que concebamos um outro estado de coisas que será melhor para todos; ao contrário, é a partir do momento em que podemos conceber outro estado de coisas que uma nova luz recai sobre nossas penas e sobre nossos sofrimentos, que decidimos que eles são insuportáveis (SARTRE, 1943, p. 479).*

Progressivamente, estruturar a fase de transição, como a descrevemos anteriormente, permitiu aos participantes (especialmente os responsáveis locais) imaginarem que seria possível melhorar a situação. Esse aspecto constituía uma parte essencial do problema em questão. Também foi ele que abriu as portas para as soluções. A implementação desse dispositivo de experimentação permitiu a obtenção de um tempo para a elaboração de soluções, no qual tivemos a oportunidade de incluir métodos, como "um diálogo com a situação" (SCHÖN, 1983). Na verdade, esse dispositivo foi a oportunidade de "manobrar" (DANIELLOU, 2001), a fim de testar e avaliar as possibilidades organizacionais. Ele nos permitiu utilizar os resultados produzidos durante a experimentação para propor uma estrutura organizacional diferente. Finalmente, à luz do que propusemos, por um lado, procuramos configurar o que poderia acontecer na situação de trabalho, estruturando o processo de experimentação e, por outro, tentamos deixar espaço para o desenvolvimento da experiência: houve um teste das novas regras, mas poderia haver uma mudança delas em consonância com os resultados produzidos. Tratava-se de tornar a *experiência humana experimentável.*

9.4 Conclusão: uma organização adaptável, fonte de desenvolvimento

As evoluções comuns às organizações do trabalho são muito gerais e não seriam suficientes para explicar as consequências à saúde dos operadores e aos sistemas de produção. Isso leva ergonomistas a se interessarem mais precisamente pelas dificuldades encontradas pelos atores envolvidos: compreender, por um lado, a discrepância entre a atividade real e os determinantes da estrutura organizacional, e, por outro, implementar um processo para gerenciar essa discrepância. Para Daniellou (1999), a relação entre a atividade real dos operadores e a estrutura organizacional pode ser traduzida pela impossibilidade na qual podem se encontrar os operadores que não têm, ou não têm mais, a possibilidade de manter uma certa dinâmica. Na verdade, essa esquematização da realidade do trabalho constitui uma "aplicação" da teoria de regulação social (REYNAUD, 2003), sob o ângulo da atividade individual, que acontece na articulação de três espaços: "poder pensar", "poder debater" e "poder agir" (DANIELLOU, 1998). As relações tecidas entre esses espaços revelam as condições nas quais essa atividade ganha vida. Assim, a compreensão do funcionamento da organização ocorre pela explicitação da tensão entre essas dimensões. A discrepância entre as regras de controle, as que constituem a estrutura, e as regras autônomas, desenvolvidas de forma eficiente por parte dos operadores (REYNAUD, 2003), poderia ser comparada ao "valor" dessa tensão entre os polos, se estivermos interessados na atividade de um indivíduo.

Se o trabalho de organização está estruturado de tal maneira que permite aos operadores refletirem sobre o seu próprio trabalho (poder pensar), poderem discutir com colegas e agir sobre o modo de realizar esse trabalho, então para a organização ele se torna um meio de superar suas deficiências (lidar com a variabilidade), e, para os operadores, de construir sua própria saúde:

> *[...] o trabalho sempre implica uma atividade de construção de regras, o que supõe a existência de espaço para o debate, para a confrontação de opiniões. Nas empresas, esses espaços geralmente não são os espaços formais de confrontação (DAVEZIES, 1993, p. 6).*

Assim, se esse trabalho sobre a organização é reconhecido e estruturado, pode se constituir em uma fonte de desenvolvimento da atividade e em uma capacidade organizacional para tratar o que não é previsto, não prescrito. A experimentação descrita anteriormente permitiu, até certo ponto, estruturar o trabalho de organização, apoiando-se na gestão das grandes dificuldades locais, instaurando uma democracia local e reforçando os pressupostos das abordagens participativas (KUORINKA, 1997; LIKER et al., 1995; NAGAMACHI, 1995; PATEMAN, 1970; VINK; KOMPIER, 1997; WILSON; HAINES, 1997; WOODS; BUCKLE, 2006). Além disso, propondo que os responsáveis e os operadores trabalhassem em conjunto, a experimentação levou à construção dos modos de reconhecimento mútuo, dos responsáveis com relação aos operadores, deixando oportunidades para que estes participassem das transformações e construíssem, em parte, sua atividade futura; e dos operadores quanto aos responsáveis, participando de um trabalho de organização. A mudança por meio da experimentação permite, assim, uma adaptação progressiva dos indivíduos, dos coletivos e de suas interações.

Neste contexto, conceber de uma organização que permite esse trabalho dá uma dimensão capacitante (COUTAREL; SMALL, 2009; FALZON, 2005; NUSSBAUM, 2000; SEN, 2005) à organização, no sentido de ser capaz de lidar com as variabilidades humana e técnica; até mesmo de questionar o enquadramento prescritivo:

> *Os efeitos das intervenções ergonômicas podem então ser pensados como modo de dar poder às pessoas e às organizações, de fornecer-lhes ferramentas adicionais que permitam seu progresso. O desenvolvimento das competências pode ser visto como o desenvolvimento das capabilidades, por exemplo, aumentando o número de opções, o número de procedimentos operatórios de que cada um dispõe. Da mesma forma, propiciar aos trabalhadores espaços de liberdade com relação às metas das tarefas ou com relação aos critérios aumenta as suas capabilidades, aumentando o leque de opções possíveis. Finalmente, permitir que as equipes definam suas próprias atividades coletivas aumenta as capabilidades das equipes (FALZON, 2005, p. 8).*

Esse ponto de vista do desenvolvimento faz sentido com relação às margens organizacionais necessárias para o desenvolvimento da atividade. Deixar espaço para a regulação da variabilidade induz a considerar a organização como uma maneira de mudar as regras de trabalho, quando necessário: uma organização adaptável ou uma organização concebida como um instrumento (SMALL, 2005; ARNOUD; FALZON, neste livro), na qual "a prescrição é objeto de uma gênese e, assim, o sujeito constrói os recursos de sua própria ação" (BÉGUIN, 2010, p.129). Nesse sentido, a instituição deve ser considerada como um instrumento a serviço de quem trabalha, e não uma ferramenta concebida, externamente ao trabalho, para dirigir a atividade, na qual a autonomia, os circuitos e os locais de decisões são baseados em um princípio de subsidiariedade (MÉLÉ, 2005; PETIT; DUGUÉ, 2010). Isso requer uma concepção da organização centrada no homem, não por motivos puramente humanistas, mas em nome da própria eficácia (EBEL, 1989), um dispositivo que aparece como um meio para a construção de uma relação entre os indivíduos e os objetos de forma independente, e não mais dual.

Referências

BÉGUIN, P. De l'organisation à la prescription: plasticité, apprentissage et expérience. In: CLOT, Y.; LHUILIER, D. (Ed.). **Agir en clinique du travail**. Paris: Eres, 2010.

CAROLY, S. **Activité collective et réélaboration des règles**: des enjeux pour la santé au travail. Habilitação para dirigir pesquisas. Université Bordeaux 2, Bordeaux, 2010. Disponível em: <http://tel.archives-ouvertes.fr/tel-00464801/fr/>. Acesso em: 25 set. 2015.

CLOT, Y. **Travail et pouvoir d'agir**. Paris: PUF, 2008.

COUTAREL, F. **La prevéntion des troubles musculo-squelettiques en conception**: quelles marges de manoeuvre pour le déploiement de lactivité? Tese (Doutorado em Ergonomia) – Université Victor Segalen Bordeaux 2, Bordeaux, 2004.

COUTAREL, F.; PETIT, J. Le réseau social dans l'intervention ergonomique: enjeux pour la conception organisationnelle. **Management et Avenir**, v. 27, n. 7, p. 135-151, 2009.

DANIELLOU, F. Participation, représentation, décisions dans l'intervention ergonomique. In: PILNIÈRE, V.; LHOSPITAL, O. (Coord.). **Journées de Bordeaux sur la Pratique de l'Ergonomie**: participation, représentation, décisions dans l'intervention ergonomique. Bordeaux: Éditions du LESC, 1998. p. 3-16.

______. Nouvelles formes d'organisation et santé mentale: le point de vue d'un ergonome. **Archives des Maladies Professionnelles et de Médecine du Travail**, v. 60, n. 6, p. 529-533, 1999.

______. L'ergonome et ses solutions. In: COUTAREL, F. et al. (Org.). **L'ergonome et ses solutions. Journées de Boudeaux sur la pratique de l'ergonomie**. Bordeaux: Éditions LESC, 2001. p. 4-16.

DAVEZIES, P. Mobilisation de la personnalité et santé au travail. Le travail d'éxecution n'existe pas. **Le Mensuel de l'ANACT**, n. 187, p. 6-8, 1993.

______. Stress, pouvoir d'agir et santé mentale. **Archives des Maladies Proffessionelles et de l'Environnement**, v. 69, n. 2, p. 195-203, 2008.

EBEL, K. H. Manning the Unmanned Factory. **International Labour Review**, v. 128, n. 5, p. 535-551, 1989.

FALZON, P. **Ergonomie, conception et développement**. Conférence introductive. Trabalho apresentado ao 40ème Congrès de la SELF. Saint-Denis, La Réunion, set. 2005.

FUSULIER, B.; LANNOY, P. Comment "aménager par le management"? **Hermès**, n. 25, p. 181, 1999.

HASLE, P.; JENSEN, P. L. Changing the internal health and safety organization through organizational learning and change management. **Human Factors and Ergonomics in Manufacturing**, v. 16, n. 3, p. 269-284, 2006.

KUORINKA, I. Tools and means of implementing participatory ergonomics. **International Journal of Industrial Ergonomics**, v. 16, n. 3, p. 269-284, 1997.

LIKER, K.; NAGAMACHI, M.; LIFSHITZ, Y. R. A comparative analysis of participatory ergonomics in US and Japan manufacturing plants. **International Journal of Industrial Ergonomics**, n. 3, p. 185-199, 1995.

MELÉ, D. Exploring the principle of subsidiarity in organizational forms. **Journal of Business Ethics**, v. 60, n. 3, p. 293-305, 2005.

MORRISON, E. W.; MILLIKEN, F. J. Organizational silence: a barrier to change and development in a pluralistic world. **Academy of Management Review**, v. 25, n. 4, p. 706-725, 2000.

NAGAMACHI, M. Requisites and practices of participatory ergonomics. **International Journal of Industrial Ergonomics**, v. 15, n. 5, p. 371-377, 1995.

NUSSBAUM, M. **Women and human development:** the capabilities approach. Cambridge: Cambridge University Press, 2000.

PATEMAN, C. **Participation and democratic theory**. Cambridge: Cambridge University Press, 1970.

PETIT, J. **Organiser la continuité du service: Intervention sur l'organisation d'une Mutuelle de santé**. Tese (Doutorado em Ergonomia) – Université Victor Segalen Bordeaux 2, Bordeaux, 2005.

PETIT, J.; DUGUÉ, B. Une organisation "subsidiariste" pour prévenir des RPS. **Actes du 45ème Congres SELF**. Liège, Bélgica, set. 2010.

RABARDEL, P.; BÉGUIN, P. Instrument mediated activity: from subject development to anthropocentric design. **Theoretical Issues in Ergonomics Science**, v. 6, n. 5, p. 429-461, 2005.

RABARDEL, P.; PASTRÉ, P. **Modèles du sujet pour la conception**. Toulouse: Octarès, 2005.

REYNAUD, J. D. Régulation de contrôle, régulation autonome, régulation conjointe. In: TERSSAC, G. (Ed.). **La théorie de la régulation sociale de Jean-Daniel Reynaud**. Paris: La Découverte, 2003.

SARTRE, J. P. **L'être et le néant**. Paris: Gallimard, 1943.

SCHÖN, D. A. **The reflective practitioner: how professionals think in action**. New York: Basic Books, 1983.

SEN, A. Human rights and capabilities. **Journal of Human Development**, v. 6, n. 2, p. 151-165, 2005.

TERSSAC, G. Le travail d'organisation comme facteur de performance. **Les Cahiers du Changement**, n. 3, p. 5-14, 1998.

TERSSAC, G.; LOMPRÉ, N. Pratiques organisationelles dans les ensembles productif: Essai d'interprétation. In: SPÉRANDIO, J. C. (Ed.). **L'ergonomie face aux changements technologiques et organisationnels du travail humain**. Toulouse: Octarès, 1996.

VÉZINA, N. TMS ailleurs. Prévention des TMS au Québec. **Archives des Maladies Professionnelles de l'Environnement**, v. 71, n. 3, p. 426-430, 2010.

VINK, P.; KOMPIER, M. A. J. Improving office work: A participatory ergonomic experiment in a naturalistic setting. **Ergonomics**, v. 40, n. 4, p. 435-449, 1997.

WILSON, J. R.; HAINES, H. M. Participatory ergonomics. In: SALVENDY, G. (Ed.). **Handbook of human factors and ergonomics**. Chichester: Wiley & Sons. p. 490-513.

WISNER, A. **Le diagnostic en ergonomie ou le choix des modèles opérants en situation réelle de travail**. Rapport n. 28. Laboratoire de Physiologie du Travail et d'Ergonomie. CNAM, Paris, 1972.

WOODS, V.; BUCKLE, P. Muscoskeletal ill health amongst cleaners and recommendations for work organisational change. **Journal of Industrial Ergonomics**, v. 36, n. 1, p. 61-72, 2006.

10. A concepção dos instrumentos como processo dialógico de aprendizagens mútuas

Pascal Béguin

A Associação Internacional de Ergonomia define ergonomia como "*a profissão que aplica teoria, princípios, dados e métodos a fim de projetar a otimização do bem-estar humano e do desempenho geral do sistema*"[1]. Essa orientação programática resultou em uma variedade de trabalhos no âmbito da ergonomia da atividade. Vamos apresentar um breve panorama e veremos que esses trabalhos levam à conclusão de que não podemos nos limitar à concepção dos artefatos. A concepção é um processo de desenvolvimento conjunto dos artefatos e das atividades de quem vai usá-los. O objetivo deste trabalho é propor uma visão dialógica de aprendizagens mútuas entre operadores e projetistas, para que se possa enfrentar o desafio de uma abordagem desenvolvimentista da concepção.

10.1 Cristalização, plasticidade e desenvolvimento

O conceito de atividade, assim como nossa compreensão dos processos de concepção, não está bem consolidado dentro da disciplina. Com o tempo, os

1 Disponível em: <http://www.iea.cc/ergonomics>.

conhecimentos evoluíram e deram origem a uma variedade de perspectivas. Podemos distinguir três delas, que denominaremos "*cristalização*", "*plasticidade*" e "*desenvolvimento*".

10.1.1 Cristalização

A ideia central dessa primeira perspectiva (a mais antiga) é que todo dispositivo técnico, todo artefato, "cristaliza" um conhecimento, uma representação e, em um sentido mais amplo, um *modelo* de usuário e sua atividade. Uma vez cristalizados no artefato e veiculados nas situações de trabalho, esses modelos vão criar dificuldades para as pessoas (ou exclusão) se forem falsos ou insuficientes. Por exemplo, a previsão das escadas de acesso a certos locais está ancorada na representação de pessoas sem limitações, que uma vez cristalizada no artefato, é imposta a todos. Assim, há o risco da exclusão de pessoas em cadeiras de rodas que não poderão acessar tais locais. Essa é uma característica geral da concepção: um *software* "fixa" no artefato um modelo psicológico do usuário (CARROLL, 1989; BANNON, 1991).

Podemos generalizar. Todo sistema técnico integra, materializa e transmite muitas opções feitas pelos projetistas: sobre a natureza do trabalho a ser realizado, mas também quanto às escolhas sociais, econômicas e políticas (FREYSSENET, 1990). O ergonomista constata que essas escolhas são muitas vezes feitas a partir de um insuficiente conhecimento do funcionamento do Homem e das condições nas quais o trabalho deve ser efetuado.

Durante a concepção, o ergonomista deve propor e difundir os modelos mais bem fundamentados com relação ao funcionamento do Homem e de sua atividade frente aos objetos técnicos, e constituí-los como recurso para o projeto. Na verdade, boa parte dos trabalhos mais antigos da ergonomia destina-se a fornecer os melhores dados sobre os seres humanos (por exemplo, dados antropométricos). Os métodos da Análise Ergonômica do Trabalho (AET) foram basicamente desenvolvidos segundo essa perspectiva: para a construção de "modelos operantes", ou seja, de acordo com Wisner (1972), "*modelos da situação que sejam representativos dos aspectos essenciais do real, e que sejam suscetíveis de conduzir a soluções eficazes*". Trata-se, nas palavras de Maline (1994), de "*transformar as representações*" dos projetistas. No entanto, a AET permite principalmente objetivar uma situação que já existe (THEUREAU; PINSKY, 1984). Por outro lado, na concepção, é necessário planejar, o que leva à ideia de que devemos antecipar "a atividade futura" para modelá-la.

10.1.2 Plasticidade

Essa vontade de antecipação da atividade, leva a debates epistemológicos (como conhecer essa atividade futura?) e, especialmente, ontológicos (sobre a natureza da atividade). Toda uma gama de trabalhos empíricos e teóricos mostra que sempre haverá uma diferença entre a atividade, tal como pode ser apreendida e modelizada para a concepção, e a atividade que será efetivamente desenvolvida em uma dada situação.

A atividade é orientada por situações concretas, mas que estão em constantes evoluções, devido à diversidade e variabilidade industrial (DANIELLOU; LAVILLE; TEIGER, 1983). Em situações profissionais, os trabalhadores enfrentam fatos inesperados, resistências que estão relacionadas à variabilidade industrial – desajuste de ferramentas, instabilidade do material a ser transformado, ausência de um colega etc. Assim, independentemente dos esforços para antecipar a atividade, a efetuação da ação nunca corresponderá completamente ao que é previsto. É esperado, portanto, que os operadores façam prova de "*uma inteligência da tarefa*" (DE MONTMOLLIN, 1986), se ajustem ao evento, levem em conta as contingências situacionais, agindo, por exemplo, na hora certa e usando circunstâncias favoráveis. Em suma, a atividade é "situada" (WISNER, 1995).

Essa acepção da atividade (no sentido da corrente teórica da ação situada, cf. SUCHMAN, 1987) leva a redefinir os objetivos do ergonomista na concepção. Não se trata (somente) de construir uma representação mais bem fundamentada do Homem e de seu funcionamento. Deve-se (também) elaborar sistemas suficientemente flexíveis, suficientemente plásticos, para propiciar graus de liberdade à atividade na situação, tanto em termos da eficácia produtiva quanto no plano da saúde dos operadores (para alcançar as metas de produção sem pôr em risco à sua saúde).

Note-se que essa orientação dá origem a um duplo programa de pesquisa: com uma finalidade tecnológica (quais propriedades devem apresentar os sistemas de produção para serem plásticos e deixarem margens de manobra?) e uma metodológica (como influenciar o projeto a fim de que este leve em conta a variabilidade industrial e a diversidade?). Os trabalhos conduzidos em ergonomia da atividade resultaram em um posicionamento original: trata-se de contribuir para a especificação "de espaços da atividade futura" ou possível (DANIELLOU, 2004). O autor fornece um exemplo: uma impressora dá a oportunidade de se recorrer a uma impressão, se for necessário, mas sem uma impressora, a única possibilidade é a utilização da tela do computador. No plano metodológico, o desafio é, então, fazer um inventário das "situações de ação características" (ou seja, a diversidade dos contextos de ação prováveis), para examinar se o operador terá margem de manobra (em termos de recursos e constrangimentos) que lhe permita lidar com a diversidade de situações (falamos sobre consequências a si mesmo e/ou aos objetivos de produção) .

10.1.3 Desenvolvimento

A abordagem anterior leva a uma ideia essencial: as antecipações e referências internas construídas durante o ato de concepção são insuficientes. É necessário considerar a atividade em situação.

Porém, na abordagem situada da plasticidade, o operador age para enfrentar o evento. Essa interpretação, que se concentra em dimensões extrínsecas (a tarefa, a desregulação das ferramentas, a falta de um colega etc.), obviamente não é falsa. Mas é insuficiente. O trabalho realizado pelos operadores também tem por origem as dimensões intrínsecas, que são próprias a este profissional e à sua atividade. Destacamos três ideias.

Primeira ideia: todo artefato (máquina, ferramenta ou processo de produção) é *in fine* implementado pelos trabalhadores que mobilizam suas maneiras de pensar e fazer (os conceitos operativos, as competências) para assegurar o funcionamento. A antropologia das técnicas (ver, por exemplo GESLIN, 2001) amplamente demonstrou que não existe uma "lacuna técnica" (no sentido etimológico de "saber-fazer eficazes"), ao contrário das construções cognitivas e culturais antecedentes. Isso é verdade mesmo quando o artefato é radicalmente novo para o ambiente social e cultural, no qual a inovação tecnológica será introduzida.

Segunda ideia: essas maneiras de fazer e pensar preexistentes serão, na maioria das vezes, questionadas pela própria inovação técnica. A introdução de uma novidade em uma dada situação muitas vezes permite a resolução de problemas antigos. Mas ela muda a natureza da tarefa e cria novos problemas, para os quais serão necessárias novas formas de ação. Fica, assim, colocada a pergunta sobre a gênese da atividade face à novidade e ao objeto concebido.

Terceira ideia: se tentarmos analisar as gêneses, os processos pelos quais os operadores se apropriam de uma novidade técnica e a constituem como recurso para suas ações, constata-se que elas se dividem de duas formas distintas. Ou o operador desenvolve técnicas novas a partir daquelas que dispõe, ou ele adapta, modifica e transforma os dispositivos para conformá-los a suas próprias construções. Este é o principal resultado dos trabalhos sobre as "*gêneses instrumentais*" (BÉGUIN; RABARDEL, 2000). Durante a apropriação de um dispositivo técnico, ocorre ou uma *instrumentação*, isto é, o operador modifica sua atividade para conformá-la ao dispositivo, ou uma *instrumentalização*, ou seja, uma conformação da novidade à atividade. Os operadores adaptam, modificam, reinterpretam ou transformam os dispositivos (temporária ou duravelmente) para deixá-los em conformidade com suas próprias maneiras de pensar e agir. Nas situações de trabalho, e frente a outras radicalmente novas, observam-se evidentemente processos de apropriação de grande amplitude, que muitas vezes articulam instrumentação e instrumentalização e, às vezes, se estendem ao longo de vários anos.

10.2 Diversidade e unidade das relações concepção-trabalho

As três perspectivas mencionadas trazem duas questões. A primeira diz respeito à natureza do objeto a ser concebido: trata-se do dispositivo técnico, das margens de manobra da atividade? A segunda refere-se à unidade de ação a partir da qual podemos fundamentar a abordagem do ergonomista na concepção.

10.2.1 Conceber um acoplamento

Os conceitos de cristalização, plasticidade e desenvolvimento apresentam muitas diferenças. Mas, além de suas diversidades, eles têm um mesmo argumento: é preciso entender *simultaneamente* as características dos sistemas técnicos, por um lado, e a atividade dos operadores, por outro.

De fato, a "*cristalização*" enfatiza que a atividade de trabalho deve ser modelada ao mesmo tempo que se especificam as ferramentas e os dispositivos técnicos. O conceito de "*plasticidade*" evidencia que a eficácia dos dispositivos não se baseia apenas nas decisões oriundas dos departamentos de projetos, mas também na atividade em situação. O "*desenvolvimento*" indica que a atividade se desenrola ao longo do desenvolvimento da ferramenta. Isso é realmente um acoplamento, uma organização sistêmica de duas entidades (o que é projetado e o que faz o operador), que constitui, para o ergonomista, o objeto que está sendo concebido.

Na abordagem instrumental (referida anteriormente) está enfatizado particularmente esse ponto ao afirmar que é necessário fazer uma distinção entre "*artefato*" e "*instrumento*" (BÉGUIN, 2006; BOURMAUD, neste livro). O artefato é um objeto fabricado, em suas dimensões materiais ou simbólicas. O instrumento é, contudo, uma entidade compósita, que compreende, por um lado, um artefato, mas também um componente relacionado à ação. É a associação dos dois organizada em sistema que forma o instrumento. Por exemplo, uma caneta é um artefato, que não forma em si um instrumento. Para torná-la um instrumento, ela deve ser associada a modos organizados de ação (que são o objeto de uma longa aprendizagem para a criança). É a associação das duas que permite a escrita.

O instrumento pode então ser definido como uma entidade bipolar, que combina dois componentes: uma "*face humana*", proveniente do sujeito (o trabalhador, o usuário), e uma "*face artefatual*" (um artefato, uma parte do artefato ou um sistema de artefatos), de natureza material e/ou simbólica.

Um dos interesses dessa conceituação é argumentar que, mesmo quando um artefato é muito bem projetado, o instrumento de modo algum está terminado quando sai do departamento de projetos. Em todos os casos, o instrumento "*vivo*", aquele que realmente é implementado, requer um humano, usuário ou trabalhador, que associe a ele uma parte de si mesmo. Mas ninguém pode substituir esse "si mesmo"[2]. Essa definição do instrumento sugere, então, que os desenvolvedores e os usuários contribuem para a concepção com base em suas próprias competências, a partir de suas diversidades.

10.2.2 Aprendizagens mútuas e diálogos

Se, em termos de métodos e abordagens, considerarmos que operador e projetistas contribuem para a concepção a partir de suas diversidades, não é suficiente focar apenas no acoplamento entre o sujeito e o objeto concebido – como em todos os trabalhos mencionados. Deve-se considerar não só a atividade do operador, mas também a do projetista. Por trás do artefato, há o trabalho do projetista. Portanto, ele deve ter um papel na abordagem proposta.

Uma vez que projetista e operadores colaboram no projeto a partir de sua diversidade e suas próprias competências, é necessário, no plano dos métodos, focar sobre a dinâmica das trocas entre eles, a fim de facilitá-las ou equipá-las. É nessa perspectiva que se pode citar o processo *dialógico de aprendizagens mútuas* (BÉGUIN; 2003; BARCELLINI; VAN BELLEGHEM; DANIELLOU, neste livro). Duas dimensões caracterizam essa abordagem:

- Como argumentado na famosa metáfora "de um diálogo com a situação" (SCHÖN, 1983), cada projetista desenvolve, durante sua atividade, aprendizagens. Ele, voltado a uma finalidade, projeta ideias e saberes. Mas a situação lhe "responde", ela o "surpreende", porque apresenta resistências inesperadas, fonte de novidades que suscitam novas aprendizagens e reorganizações. No entanto, sendo a concepção um processo coletivo, são também os outros atores do processo que "respondem" e "surpreendem". Nesse contexto, o resultado do trabalho de um projetista é não mais do que uma hipótese que orienta as aprendizagens dos outros.

2 Esse individualismo coloca evidentemente um problema, que não é só conceitual. Pode-se ressaltar que existem "mundos profissionais" (BÉGUIN, 2005), que definem invariantes culturais da ação.

Essas aprendizagens serão possíveis ou impossíveis, conduzindo, de acordo com o caso, a validar, ou a refutar, ou simplesmente a questionar a hipótese inicial. Essa "resposta" poderá desencadear um novo ciclo de aprendizagem, mas dessa vez com o emitente da hipótese inicial. Assim, essa abordagem faz emergir um modelo interessante quando a estendemos às interações entre projetistas e operadores. Passamos da ideia de apropriação de uma novidade para a de aprendizagem e confrontação entre diferentes formas de conhecimento. Nesse modelo, a novidade concebida pelos projetistas pode levar à aprendizagem entre os operadores. Mas esse modelo assume que os projetistas também podem aprender. Portanto, são aprendizagens cruzadas, e é conveniente equipá-las e enquadrá-las. Nesse contexto, as produções dos projetistas devem ser entendidas como "hipóteses instrumentais".

- Em uma tal abordagem, o instrumento se desenvolve no curso dos diálogos entre operadores e projetistas. No entanto, essa noção de "diálogo" não deve ser entendida no sentido estrito da comunicação verbal. Trata-se de um processo no qual a estrutura é dialógica: o resultado do trabalho de um torna-se o trabalho da atividade do outro, resultando em uma resposta. Mas os vetores desses diálogos podem ser, por exemplo, uma planta, uma maquete ou um protótipo. Nesse ponto, reencontramos a questão dos "objetos intermediários" (OI) da concepção. Esse conceito de OI postula que os objetos da concepção são suportes de representação e comunicação entre os atores da concepção. Em nossos termos, o OI constitui o vetor das "hipóteses instrumentais". Ele permite concentrar as discussões sobre a função do artefato e o seu uso previsto pelos operadores – hipóteses que podem ser validadas ou questionadas quando confrontadas com a atividade dos projetistas. Portanto, os processos dialógicos podem ser acompanhados por discursos e mobilizar a linguagem. Eles implicam fundamentalmente a ação na sua confrontação com o que foi projetado e com as resistências do real.

10.3 Organizar uma concepção dialógica

Esse modelo dialógico fornece uma visão muito diferente da abordagem clássica da engenharia, em que a concepção é vista como uma mudança de estado durante a qual deve-se encontrar uma solução para os problemas. Por meio do dialogismo, a concepção aparece sem um verdadeiro começo nem um fim, pelo contrário, trata-se de um processo cíclico, em que o resultado do trabalho de um projetista ou operador fecunda o trabalho do outro, e em que a última palavra provavelmente nunca é dita.

Várias pistas de organização para a concepção são abertas. Com base no conceito de hipótese instrumental que acaba de ser introduzido, gostaríamos de propor três, que se situam em diferentes movimentos temporais.

10.3.1 Objetivar as hipóteses instrumentais dos operadores

Essa primeira via consiste em instituir o resultado do trabalho dos operadores como uma hipótese instrumental, fonte da atividade do projetista. Portanto, a atividade do usuário é temporalmente anterior. Vejamos o exemplo da concepção de uma máquina de dobradura e envelopamento.

O estudo foi conduzido em um centro nacional de expedição de documentos de um ministério (BÉGUIN; MILLANVOYE; COTTURA, 1998). Foi realizado a pedido da direção após a chegada de uma nova máquina. Esta era totalmente automatizada, muito mais rápida do que as anteriores e permitia dobrar mais do que cinco documentos para um único envelope. Infelizmente, os operadores não conseguiram produzir por vários meses. A análise do trabalho permitiu a identificação da causa das dificuldades. Para ajustar uma máquina de dobrar, é necessário construir uma representação da cinética do papel com a máquina em funcionamento a fim de observar a deformação sofrida por ele. De fato, é impossível ajustar a máquina e evitar obstruções sem essa representação. Mas a nova máquina, totalmente recoberta, não permitia que tais informações fossem obtidas (apesar das informações serem apresentadas em uma tela computadorizada). Os resultados da análise evidenciaram também que as antigas máquinas de dobrar, aquelas utilizadas antes da introdução da máquina automatizada, haviam sido profundamente modificadas pelos operadores. Eles mudaram as tampas, a fim de fixar janelas de acrílico, facilitando a obtenção de informações significativas. As modificações que haviam sido realizadas foram analisadas em termos de suas utilidades. Esses dados serviram como base para as especificações, visando à concepção de uma nova máquina automatizada.

Nesse exemplo, as transformações que os operadores fizeram nas máquinas foram consideradas como hipóteses instrumentais. Elas não foram implementadas sem mudanças pelos projetistas. O que importa é a identificação das funções e necessidades que estão na origem das transformações realizadas pelos operadores. As possibilidades técnicas podem propiciar respostas inéditas que os operadores não necessariamente identificam. A objetivação das hipóteses instrumentais dos operadores requer, então, um trabalho específico do ergonomista, que se baseia na sua capacidade de considerar o nível de incerteza do processo de concepção e o correspondente trabalho dos projetistas.

10.3.2 Conceber hipóteses instrumentais

Nessa segunda via, a atividade do projetista é temporalmente anterior. Ela consiste em especificar a face artefatual das hipóteses instrumentais, assumindo que, durante a concepção, suas propriedades podem ser modificadas pelos operadores a partir do desenvolvimento da sua própria atividade.

O *software* de gestão dos correios eletrônico LENS, que foi assunto de uma série de trabalhos, servirá como exemplo. É um *software* originalmente concebido como um agente "inteligente", que filtra as mensagens eletrônicas. Mackay (1988) mostrou que os operadores modificam as funcionalidades oferecidas pelo dispositivo: querem ser informados sobre a chegada de uma mensagem, e querem poder consultá-las. Assim, os usuários desenvolvem novos funcionalidades. Por exemplo, eles usam o sistema como um assistente que arquiva as mensagens em uma área apropriada, e não como um filtro. Mas sobretudo, uma das vantagens desse *software* é que ele permite que cada operador construa seu próprio filtro de acordo com as suas próprias necessidades (DE KEYSER, 1988).

Encontramos aí uma orientação tecnológica, a dos sistemas transformáveis. Um dos principais papéis da ergonomia na concepção desses artefatos baseia-se no fato de que é necessário definir as suas propriedades e a atividade correspondente. No plano do artefato, será necessário especificar níveis de modificação dos sistemas (por exemplo, não modificáveis, modificáveis e adaptáveis dentro dos limites e perspectivas previstas pelo projetista, transformáveis segundo novas perspectivas do ponto de vista das funcionalidades) (RANDELL, 2003). Mas isso requer a identificação de diferentes tipos de práticas dos usuários que correspondam a tais níveis, por exemplo, escolha entre opções anteriormente determinadas durante a concepção inicial, construção de novos usos do artefato a partir de elementos já existentes.

Além disso, a questão dos sistemas transformáveis não deve ser trazida pelo ergonomista apenas no plano do instrumento. Modificar os sistemas técnicos requer recursos cognitivos evidentemente (existência de manual, possibilidades de conversas com os projetistas quando necessário etc.), mas também recursos temporais: uma atividade de *"concepção contínua"*, em situação de trabalho, requer tempo. Portanto, é necessária a permissão da organização (e não apenas o artefato).

10.3.3 Colocar em ressonância as hipóteses instrumentais dos operadores e dos projetistas durante a concepção

Nas duas primeiras vias já descritas, a atividade dos projetistas e operadores é assíncrona. A terceira visa organizar um sincronismo. O que é específico para esta terceira via é que as trocas dialógicas entre projetistas e usuários impulsionam o projeto, como veremos em um exemplo que nos mostra a concepção de um alarme projetado para prevenir reações em cadeia em plantas da indústria química, consideradas como de risco para acidentes maiores – diretiva "Seveso" da Comunidade Europeia (BÉGUIN, 2003).

Em uma unidade de produção de química fina, o produto produzido é muito explosivo e pode se apresentar em três estados. Frio, ele engrossa e depois endurece; é a "superfusão". Quando se aquece, ele se torna líquido, e é este seu estado ideal. Mas se muito quente, produz um gás altamente explosivo e uma reação em cadeia. Esta é o principal fator de acidentes mortais na indústria química. Nesses casos, aparentemente os operadores permanecem no local até que ocorra a explosão. Então, um sistema de segurança foi criado por engenheiros: trata-se de um alarme que tem como objetivo prever um "*Tempo Médio Restante antes da explosão*" (TMR). Em primeiro lugar, um algoritmo de detecção foi desenvolvido e testado em "situação experimental". Em seguida, foi proposta a introdução de um protótipo do artefato em uma situação piloto, o qual afixava (I) o TMR antes da explosão, e (II) as indicações muito precisas sobre a temperatura do produto (em centésimos de grau).

Os resultados dessa introdução em um sítio experimental falam por si. Eles mostram que os operadores consultam cada vez mais o alarme. Assim, nos primeiros testes, eles verificavam a interface durante apenas 1,7% do tempo total da condução do processo. Mas no final do terceiro mês, eles passaram a consultá-lo durante 31,5% do tempo (ver Tabela 10.1). Então, os operadores se apropriaram do artefato, o que *a priori* é um ponto positivo.

Tabela 10.1 Evolução comparada de durações da busca de informações entre o protótipo e os termômetros já disponíveis no local (em % do tempo total de trabalho) entre a primeira, segunda e terceira sessões de teste do protótipo.

	1ª sessão de teste	2ª sessão de teste	3ª sessão de teste
Duração da busca de informações no protótipo	1,7	8,1	31,5
Duração da busca de informações nos indicadores de temperaturas anteriormente disponíveis	27,3	24,5	4,2

Uma análise mais detalhada da busca de informações (direção do olhar) mostram que os operadores usam o alarme em vez dos termômetros disponíveis anteriormente (ver Tabela 10.1). Assim, os operadores buscam essencialmente as informações de temperatura fornecidas pelo dispositivo, e não o tempo que resta antes de uma explosão (TMR) que, no entanto, constitui todo o interesse do sistema. Resumidamente, na atividade dos operadores, o alarme se torna um termômetro.

Isso é inaceitável do ponto de vista dos projetistas, por duas razões. Primeiro, uma norma europeia (NE 31) exige que os "sistemas de segurança" (*safety instrumented systems*) sejam distintos de outras ferramentas disponíveis. O alarme, que foi concebido inicialmente como um "sistema de segurança", assume na atividade dos operadores o estado de "ajuda na condução do processo". Por outro lado, qual o papel que esse instrumento tem em relação ao risco maior do desencadeamento de uma reação em cadeia (que é o objetivo principal do projeto)? A apropriação feita pelos operadores colocou os projetistas em uma situação muito desconfortável. Do seu ponto de vista, ela sinalizava um fracasso.

Partindo da suposição de que a apropriação inesperada do artefato é uma "resposta" dos operadores, uma análise do trabalho foi realizada para melhor compreendê-la. Ela mostrou que o desenvolvimento da função do artefato, que ocorre na atividade dos operadores, está enraizado em suas estratégias para conduzir o processo. De fato, eles conduzem o processo mantendo o limite da temperatura o mais baixo possível. É uma estratégia que os "distancia" do maior risco de desencadeamento de uma reação em cadeia (que está presente nos níveis mais altos de temperatura). Mas a condução do processo "a frio" é em si arriscada: se o produto esfriar muito, ele pode "cristalizar" e tornar-se sólido. Este é um "*risco* cotidiano", nas palavras dos operadores[3]. Os projetistas considerarão então essa necessidade dos operadores, e assim modificarão o artefato: uma apresentação da evolução da temperatura sob a forma de uma curva será adicionada à apresentação analógica original. Uma curva permite interpretar "na tendência" a cinética térmica do produto, algo que apareceu na análise do trabalho como uma variável utilizada pelos operadores para controlar (reduzir) o "risco cotidiano".

Por outro lado, essa análise do trabalho mostra que os operadores passam seu tempo se distanciando do risco maior de se desencadear uma reação em cadeia: produzir o mais distante possível das altas temperaturas. No entanto, uma reação em cadeia poderia ocorrer após uma queda de energia ou falha de equipamento, por exemplo. Os operadores precisariam, então, segundo eles mesmos, "*enfrentar o desconhecido*". Daí a ideia de conceber um instrumento que lhes permita uma melhor apreensão das condições concretas da reação em cadeia. O alarme o permitia; ele foi baseado em um modelo da reação

3 Ao se tornar espesso, o produto pode provocar a quebra de certos materiais (que são feitos de vidro); além disso, seria preciso depois reaquecer o produto para torná-lo fluido, o que é perigoso.

descontrolada. O protótipo foi modificado para ser capaz de simular a temporalidade desse evento maior (o produto fabricado foi, então, substituído por um líquido inerte). Três simulações diferentes foram conduzidas (diferentes em termos dos procedimentos de segurança previstos na planta industrial). Elas mostram que, em dois dos casos, os operadores estariam em xeque. No primeiro, por causa das condições organizacionais, e em um segundo caso devido à arquitetura do local. Um operador adicional foi então contratado, e alterou-se a arquitetura da sala de controle.

Nesse exemplo, as características da primeira versão do artefato correspondiam à hipótese instrumental dos projetistas. Mas os operadores produziram uma resposta (criativa) que alterou a funcionalidade e a significação. Os projetistas a levaram em conta. No entanto, essa resposta dos operadores não encerrou o diálogo. Ela gerou mais uma resposta dos projetistas, que desenvolveram um artefato cuja finalidade era de alguma forma conduzir os operadores em seu próprio terreno: dar-lhes a oportunidade de experimentar as condições concretas da reação em cadeia. Isso resultou em modificações muito maiores, que dessa vez diziam respeito às condições organizacionais e arquitetônicas do local.

10.4 Criar os cenários dialógicos da concepção

Neste texto, foi proposto um modelo dialógico das aprendizagens mútuas para o projeto. Um dos desafios dessa abordagem é situar na mesma cena, no mesmo cenário de ação, as lógicas e posições heterogêneas dos operadores e projetistas com vista a desenvolverem um trabalho comum.

No entanto, o cenário de uma concepção dialógica não reside apenas na dimensão temporal, também diz respeito às relações de poder existentes entre os atores. Um modelo dialógico da concepção tende a colocar os atores em situação simétrica e a concentrar-se em seus conhecimentos. Mas perde-se a questão do poder.

Sendo que a concepção caracterizada pela heterogeneidade dos pontos de vista, operadores e projetistas podem legitimamente discordar. E essas divergências entre os atores podem ser tratadas a partir de dois caminhos opostos:

- Uma primeira possibilidade é o conflito, por meio, por exemplo, da autoridade ou da exclusão de certos atores, cujas finalidades, motivos ou critérios parecem ser demasiado divergentes ou tidos como não significativos.

- O segundo caminho é justamente o da concepção. As discordâncias são o motor da modificação nas características do objeto que está em processo de concepção: mudam-se os critérios, ajustam-se as especificações e redefinem-se as finalidades para que a solução seja aceitável para o grupo.

O que distingue esses dois caminhos opostos é que, no conflito, as divergências são resolvidas por intermédio de um confronto entre atores: é o mais forte que ganha. Na concepção, por outro lado, é à complexidade do real que é atribuída a dificuldade das trocas. Entre os dois ocorre uma inversão. No primeiro caso, resolvemos as dificuldades eliminando a diversidade de pontos de vista no grupo, mas a complexidade do real passa para segundo plano. No segundo, a ideia é conceber, justamente porque estamos tentando resolver as dificuldades, lidando com as coisas, mas respeitando a diversidade dos pontos de vista existentes no grupo.

Entre esses dois caminhos se coloca a questão da relação entre saber e poder. Foucault (2004), que insistiu muito, distinguiu entre duas formas de "dispositivos": os de "*normação*" e os de "*normalização*". A "*normação*" caracteriza-se pelo fato de o saber se transformar em poder. Então, este torna-se a norma, e aqueles que não se inscrevem nela estão na anormalidade. O segundo dispositivo, a "normalização", é a construção de curvas de desenvolvimento de saberes para estabelecer localmente a normalidade.

Em muitos aspectos, as propostas deste texto destinam-se a orientar a concepção em uma direção menos "normativa", com o objetivo de instituir a normalidade localmente, por meio de formas dialógicas de concepção. Pode-se, por outro lado, argumentar que tal abordagem é favorável à saúde dos trabalhadores. Canguilhem (1966) explicou que "o homem saudável" é aquele que não se sujeita aos constrangimentos do meio, mas é capaz de modificá-lo para fazer valer as suas normas (por exemplo, profissionais) e o seu projeto de vida.

Acrescente-se que os dispositivos de "normação" e "normalização" são dois cenários sociocognitivos que já encontramos constituídos em grande parte. A intervenção do ergonomista realmente se encaixa em um contexto social que o precede[4]. Mas em nenhum caso seu papel é neutro. Isto está de acordo com a posição de Daniellou e Garrigou (1993): o ergonomista tem um papel muito ativo de "reenquadramento" das trocas; ele é até mesmo, me parece, um "guardião" desse cenário. Mas tal formulação também salienta a importância de se verem claramente as dimensões sociais e axiológicas do cenário. Essas duas são um pano de fundo incontornável do dialogismo na concepção, e, portanto, uma dimensão essencial das abordagens desenvolvimentistas em ergonomia.

Referências

BANNON, L. From human factors to human actors. In: GREENBAUM, J.; KYNG, M. (Ed.). **Design at work, cooperative design of computer systems**. Hillsdale: Lawrence Erlbaum Associates, 1991. p. 25-45.

BÉGUIN, P. Design as a mutual learning process between users and designers. **Interacting with Computers**, v. 15, n. 5, p. 709-730, 2003.

______. Concevoir pour les genèses professionnelles. In: RABARDEL, P.; PASTRÉ, P. **Modèles du sujet pour la conception**. Toulouse: Octarès, 2005.

______. In search of a unit of analysis for designing instruments. **Artefact**, v. 1, n. 1, p. 32-38, 2006.

BÉGUIN, P.; MILLANVOYE, M.; COTTURA, R. **Analyse ergonomique dans un atelier de mise sous pli.** Rapport de recherche. Laboratoire d'Ergonomie et Neurosciences du Travail. CNAM, Paris, 1998.

BÉGUIN, P.; RABARDEL, P. Designing for instrument mediated activity. **Scandinavian Journal of Information Systems**, v. 12, p. 173-190, 2000.

4 Trata-se de uma dimensão que é imposta ao ergonomista, e que certamente é ainda mais evidente em setores de baixo valor agregado, com operadores de baixos níveis de qualificação.

CANGUILHEM, G. **Le normal et le pathologique**. Paris: PUF, 1966.

CARROLL, J. M. Taking artifact seriously. In: MAASS, S.; OBERQUELLE, H. (Ed.). **Softeware-Ergonomie'89**. Sttutgart: Tentner, 1989. p. 36-50.

DANIELLOU, F. L'ergonomie dans la conduite de projets de conception de systèmes de travail. In: FALZON, P. (Ed.). **Traité d'ergonomie**. Paris: PUF, 2004. p. 359-373.

DANIELLOU, F.; GARRIGOU, A. La mise en oeuvre des représentations des situations passées et des situations futures dans la participation des opérateurs à la conception. In: DUBOIS, D.; RABARDEL, P.; WEIL-FASSINA, A. (Ed.). **Répresentarions pour l'action**. Toulouse: Octarès, 1993. p. 295-309.

DANIELLOU, F.; LAVILLE, A.; TEIGER, C. Fiction et réalité du travail ouvrier. **Cahiers Français de la Documentation Pédagogique**, v. 209, p. 39-45, 1983.

FOUCAULT, M. **Sécurité, territoire, population, cours au Collège de France**. (1977-1978). Paris: Hautes Etudes/Gallimard/Seuil, 2004.

FREYSSENET, M. **Les techniques productives sont-elles prescritives?** L'exemple des systèmes experts en entreprise. Paris: Cahiers du GIP Mutations Industrielles, 1990.

GESLIN, P. **L'apprentissage des mondes**. Une anthropologie appliquée aux transferts de technologies. Paris: Maison des Sciences de l'Homme, 2001.

KEYSER, V. De la contingence à la complexité. L'évolutions des idées dans l'étude des processus continus. **Le Travail Humain**, v. 51, p. 1-18, 1988.

MACKAY, W. **More than just a communication system**: diversity in the use of electronic mail. Working paper. Sloan School of Management, MIT, 1988. Disponível em: <http://l.acm.org/citation.cfm?id=62293>. Acesso em: 25 set. 2015.

MALINE, J. **Simuler le travail, une aide à la conduite de projet**. Paris: ANACT, 1994.

MONTMOLLIN, M. **L'intelligence de la tâche**. Berne: Peter Lang, 1986.

RANDELL, R. User customisation of medical devices: the reality and the possibilities. **Cognition Technology & Work**, v. 5, p. 163-170, 2003.

SCHÖN, D. A. **The reflective practitioner: how professionals think in action**. New York: Basic Books, 1983.

SUCHMAN, L. **Plans and situated actions**. Cambridge: Cambridge University Press, 1987.

THEUREAU, J.; PINSKY, L. Paradoxe de l'ergonomie de conception et logiciel informatique. **Revue des Conditions de Travail**, v. 9, p. 25-31, 1984.

WISNER, A. Understanding problem building: ergonomic work analysis. **Ergonomics**, v. 38 n. 8, p. 1542-1583, 1995.

______. Diagnosis in ergonomics or the choice of operating models in field research. **Ergonomics**, v. 15, p. 601-620, 1972.

11. Da análise dos usos à concepção dos artefatos: o desenvolvimento de instrumentos

Gaëtan Bourmaud

Vários estudos em ergonomia buscaram desenvolver e prover estruturas conceituais e práticas para a concepção de artefatos. As relações desenvolvidas e mantidas entre os homens e as tecnologias revelam-se então diferentemente imaginadas. O objetivo deste capítulo é propor a estrutura de uma ergonomia construtiva para pensar e agir na concepção, dedicando especial atenção ao uso dos artefatos e à sua integração na atividade.

Uma das principais áreas (tradicionalmente chamada *Human Computer Interaction* – HCI) se articula em torno da seguinte questão: como projetar artefatos a serem usados pelos usuários, sem dificuldade, com eficácia, conforto etc. Os desafios da concepção visam artefatos que tenham propriedades adaptadas às características dos (futuros) usuários. Com esse cenário, a concepção dos artefatos aparece, em primeiro lugar, guiada pela utilização presumida e antecipada que os usuários deveriam fazer deles. O que se pretende é a melhor adequação entre as necessidades dos usuários, que também são analisados, e as funcionalidades desses artefatos, para a realização de tarefas anteriormente determinadas, consideradas, portanto, como conhecidas e estáveis. Além disso, os artefatos são apreendidos desde a sua *interface*, que será *envolvida* em uma relação quase bijetiva com os usuários: fala-se da interação entre homem e máquina

(IHM), e trata-se de garantir a melhor qualidade dessa interação. A utilidade e a usabilidade são destacadas como alguns critérios que orientam as opções de concepção - anteriormente citadas, tais como a eficácia, o conforto etc. - para uma apropriação real e facilitada dos artefatos pelos usuários.

Existem outras abordagens, dentre as quais a instrumental, considerada como restritiva a uma concepção dos artefatos, enfocando o diálogo ou as trocas com a interface. Os artefatos são considerados como propostas técnicas, que vão - ou não! - se tornar os meios de ação para a atividade dos operadores, termo que vamos preferir neste texto ao de usuários, uma vez que se refere à ideia de utilização dos artefatos guiada por um objetivo distinto e superior àquele de sua simples utilização (DANIELLOU; RABARDEL, 2005). São os usos específicos que os operadores farão em situação que permitirão a concretização dessa potencialidade. Trata-se então de instrumentos.

Mas seria uma pena considerar a contribuição dessa abordagem somente do lado do entendimento ou da análise das relações operador-artefato. Na verdade, longe de apreendê-la apenas como um *fato*, trata-se de considerar a abordagem instrumental para a própria ação ergonômica. Portanto, parece pertinente buscar, como *finalidade da ação ergonômica*, conceber artefatos com vocação instrumental.

Por um lado, a análise da emergência e do desenvolvimento dos instrumentos e, por outro, a integração do produto dessa análise no processo de concepção constituem dois eixos relevantes para propor uma perspectiva construtiva em torno dos artefatos e de sua concepção.

11.1 De artefatos a instrumentos

O conceito de instrumento foi proposto por Rabardel (1995, 2001; RABARDEL; BOURMAUD, 2003) e foi retomado por vários autores (BÉGUIN, 2003 e neste livro; BOURMAUD, 2006, 2012; FOLCHER, 2003). Para descrever essa abordagem, é necessário esclarecer os princípios estruturantes (FOLCHER; RABARDEL, 2004; RABARDEL; WAERN, 2003).

O primeiro princípio está relacionado com a proposta feita por Norman (1991) de considerar os artefatos sob os ângulos "*personal view*" *versus* "*system view*". Com a "*system view*", propõe-se olhar para o usuário, a tarefa e o artefato como os três elementos de um sistema de desempenhos ampliados e melhorados em comparação com o de cada um de seus componentes isoladamente. Com essa visão, o próprio operador é considerado um componente com características limitadas, certamente muito limitadas. Por outro lado, com a "*personal view*", aceita-se que o artefato altera a natureza da tarefa do operador. Esta é então modificada e reestruturada, impactando o próprio operador.

O segundo princípio está baseado na afirmação que o operador e o artefato não devem ser considerados como entidades simétricas de uma interação dentro de um determinado sistema: ao contrário, há uma relação assimétrica, na qual a interação é o trabalho do operador, portanto intencional. Nesse princípio estão incorporadas as teorias da atividade, considerando que os artefatos se colocam como mediadores da atividade dos operadores. Essa afirmação é o terceiro princípio e está baseada no trabalho seminal de Vygotsky (1930-1985 e 1931-1978), no que é comumente conhecido como *teorias da atividade*.

Em outro princípio, os artefatos não são apenas objetos de uma forma particular, com propriedades físicas determinadas: na verdade, eles trazem em si características sociais e culturais (COLE, 1996; LÉONTIEV, 1975; WERTSCH, 1998). Eles fazem parte de uma história que vai além da de um operador singular e que incorpora contribuições compartilhadas. A seguir, o quinto princípio. Esses mesmos autores demonstraram que os artefatos são objetos em desenvolvimento. Esta perspectiva desenvolvimentista permite pensar a apropriação do artefato pelo operador como necessariamente construída gradualmente, em cada situação, bem como na história pessoal do operador. O sexto e último princípio baseia-se no curso da ação situada (SUCHMAN, 1987): a ação é orientada para um objetivo, e vai depender de circunstâncias sociais e recursos materiais utilizados. Para o que interessa aqui, as situações encontradas influenciam de modo determinante a atividade: aquela mediada pelos artefatos é, assim, sempre situada.

A abordagem instrumental se mostra então particularmente rica para considerar as relações entre os operadores e os artefatos (KAPTELININ; NARDI, 2006). Esta é uma concepção particularmente elaborada, a qual será desenvolvida.

11.1.1 O instrumento como o acoplamento artefato-esquema

O conceito de instrumento é uma proposta que incorpora um caráter misto, artefatual, de um lado, e subjetivo, de outro (no sentido de "o que é implementado pelo operador no contexto dos usos"). É o acoplamento do artefato e do esquema constituído pelo operador, em uma determinada situação e com uma finalidade específica, que permite determinar o instrumento.

O artefato pode assumir diferentes formas e pode ter sido produzido pelo próprio operador ou por outros para ele. O artefato que vai constituir o instrumento também pode corresponder a apenas uma parte dele, como apenas certas funcionalidades ou simplesmente algumas telas de um programa.

O conceito de esquema é baseado na obra de Piaget (1952) e remete ao termo *uso* proposto até então. Os esquemas constituem os meios que o operador dispõe e com os quais ele pode assimilar situações e objetos com os quais é confrontado, no contexto da sua interação com o ambiente. Os esquemas correspondem a dois processos diferentes:

- a acomodação: o operador pode se valer dos esquemas que ele elaborou ao longo de sua história pessoal e realizar uma transformação e uma reorganização para atender às novas situações com as quais se depara. Assim, para utilizar novos artefatos, por exemplo, o operador irá transformar seus esquemas desenvolvendo um processo de diferenciação;

- a assimilação: o operador também pode aplicar os mesmos esquemas para diferentes artefatos, e utilizá-los de forma adaptada, dentro de um processo de generalização.

Os esquemas apresentam uma outra característica dupla: são ao mesmo tempo da ordem do privado e do social. Portanto, o operador, por sua história pessoal, irá desenvolver seus próprios esquemas (por assimilação e acomodação). No entanto, ele não está isolado e os outros operadores também vão participar, a partir do compartilhamento e da transmissão dos esquemas visando a essa elaboração, por exemplo, entre os pares dentro de uma comunidade (BOURMAUD, 2006; 2012) ou de um coletivo.

11.1.2 O instrumento como um construto

O exemplo a seguir pode ajudar a ilustrar a proposta feita aqui. Uma bengala comprada em uma loja especializada tem características próprias que orientam o uso que se pode fazer no contexto de uma caminhada. Seu comprimento ajustável, sua pega moldada, sua alça de transporte, sua ponta fixada em sua extremidade etc. acompanham seu manuseio e sua utilização como apoio durante a caminhada. No entanto, todos nós já tivemos contato com usos menos esperados, e ainda assim muito práticos: seu uso para colher frutas inacessíveis apenas aos braços, quando então a bengala é utilizada como um gancho para ceifá-las, podendo ser bem agradável. O conceito de propiciação (GIBSON, 1979; NORMAN, 1988) é bem esclarecedor aqui, referindo-se aos atributos e às propriedades perceptíveis dos artefatos que possibilitam um tipo de ação.

No entanto, este último uso da bengala pode ser duplamente apreendido, segundo o valor que lhe é atribuído; ou se considera que "isto não foi feito para isto": trata-se de um uso de menor valor, porque não foi previsto ou antecipado pelos projetistas, e então falamos em catacrese (FAVERGE, 1977); ou se considera, a partir de um olhar construtivo, que essa é a marca evidente de uma verdadeira criatividade por parte do operador.

Essa ideia não é nova e vai ao encontro dos trabalhos que, na linhagem das teorias da atividade, têm o intuito de mostrar que os meios de mediação não são dados de pronto aos operadores (BANNON; BODKER, 1991; KAPTELININ; KUUTTI, 1999; KAPTELININ; NARDI, 2006; WERTSCH, 1998). Essa reconceitualização dos usos não previstos oferece uma abordagem fundamentalmente diferente: a gênese de um instrumento surge como um feito do operador. Essa perspectiva é particularmente importante para o ponto de vista construtivo da abordagem instrumental, e se aplica igualmente bem aos artefatos de tecnologia avançada, como mostrará o exemplo ao final do capítulo.

Dois processos participam nessa *gênese instrumental*, e cada um é caracterizado pela sua orientação: trata-se dos processos de instrumentalização e instrumentação, que contribuirão para o desenvolvimento tanto do artefato como do operador.

O processo de instrumentalização

A instrumentalização afeta o artefato. É um processo que pode ser considerado como um enriquecimento das propriedades do artefato pelo operador. Ele diz respeito a tudo que está em torno da seleção, do agrupamento, da atribuição de propriedades e de funções, ou mesmo da transformação do artefato. Vamos, por exemplo, encontrar a possibilidade de parametrização oferecida por alguns *softwares*. Mas esta vai muito além, integrando e ultrapassando o que foi legado como liberdade de uso pelos projetistas.

Em alguns casos, a instrumentalização não envolve qualquer transformação material do artefato: o exemplo dado por Faverge (1977) é bem conhecido, no qual uma chave inglesa de uma caixa de ferramentas é usada sem qualquer modificação como um martelo. Essa atribuição de funções pode ser temporária, ligada a uma determinada ação, ou mesmo durável. No entanto, muitas vezes, o artefato é modificado: o uso que é feito dele acarreta a adaptação das suas propriedades à situação encontrada. O artefato também pode ter sido projetado pelo próprio operador e sofrer, inicial e/ou ulteriormente, esse processo de instrumentalização, como a fabricação de uma bengala a partir de um galho quebrado e recolhido do solo.

A instrumentalização é então caracterizada pela emergência e evolução das funções do artefato, pelo próprio operador.

O processo de instrumentação

O processo de instrumentação afeta o(s) esquema(s) de uso e diz respeito a sua emergência e evolução. A instrumentação, então, volta-se mais diretamente para o operador. É um processo de desenvolvimento dos instrumentos que acontece no nível interno ao usuário: ele resulta de uma construção própria do operador.

Rabardel (1995, p. 143) afirma que

> *a descoberta gradual das propriedades (intrínsecas) do artefato pelos sujeitos é acompanhada pela acomodação dos seus esquemas, mas também de mudanças de significação do instrumento resultante da associação do artefato aos novos esquemas.*

Usando sempre o mesmo exemplo, o esquema "bater" aparece possivelmente associado com a chave inglesa, devido às suas propriedades, tais como, principalmente, sua massa na extremidade do cabo.

A instrumentação inclui, assim, além da gênese dos esquemas, os processos dinâmicos de acomodação e assimilação vistos anteriormente.

11.1.3 Desenvolvimento dos instrumentos: resultados

A noção de desenvolvimento dos instrumentos, portanto, pode (e deve!) representar um meio eficaz para uma compreensão original das relações artefato-operador, dando um lugar mais justo ao operador na dinâmica, que são as interações com os artefatos. Deve-se considerar um operador no nível individual mas também sempre social e coletivamente inscrito, rico com suas histórias e experiências, mas situado em algo sempre novo – mais ou menos próximo de outros conhecidos – e que usa artefatos com certas propriedades – particularmente rígidas ou não – por meio do que ele sabe ou acredita que sabe fazer (os usos e sua potencialidade) como parte de uma atividade finalizada.

11.2 Para uma concepção de artefatos com vocação instrumental: perspectivas para uma ergonomia construtiva

A gênese instrumental descrita anteriormente se revela não só necessária, mas parece mesmo inevitável. Ela pode efetivamente ser vista como uma continuação da concepção, como seu prolongamento na atividade – em seu tempo e sua complexidade – dos processos de concepção clássicos: o próprio operador é então considerado como um "projetista no uso". A proposta de um encontro entre os dois processos de concepção – *para* e *no* uso (FOLCHER, 2003) –, portanto, permite abrir perspectivas originais e pertinentes para uma concepção de artefatos com vocação instrumental, definida como o segundo eixo do objetivo deste capítulo: o desenvolvimento dos instrumentos não apenas como um processo esperado e comprovado, mas sobretudo visado e acompanhado por meio de um projeto de concepção.

Uma primeira explicação dessa concepção continuada no uso é baseada no fato de que os artefatos seriam mal projetados (HENDERSON, 1991; THOMAS; KELLOGG, 1989). Muitos desses defeitos estariam, por exemplo, relacionados ao modelo relativamente pobre que os projetistas têm do operador.

A segunda justificativa é de que a antecipação é necessariamente limitada, em virtude da diversidade dos operadores e variabilidade das situações. Trata-se, então, de prever a concepção com mais detalhes, ou ainda, fornecer mais flexibilidade.

Propostas práticas podem ser apresentadas para melhorar a concepção dos artefatos:

- deixar margem de manobra para os operadores, prevendo "espaços de atividade futuros prováveis" (DANIELLOU, 2004);
- fornecer aos operadores artefatos não modificáveis ou modificáveis e adaptáveis dentro dos limites e das perspectivas previstos pelos projetistas, ou ainda transformáveis considerando as novas perspectivas do ponto de vista das funções (HENDERSON; KYNG, 1991);
- prover aos operadores artefatos finalizáveis, dentro de fronteiras definidas desde a concepção (VICENTE, 1999);
- propor de pronto artefatos que os operadores vão, pelo uso, questionar e, assim, melhorar, sozinhos ou em colaboração com os atores da concepção (BANNON; BODKER, 1991; BODKER, 1991).

As duas explicações dadas estão baseadas no fato de que parece impossível prever o conjunto das utilizações futuras dos artefatos. No entanto, o problema pode não estar aí.

De fato, com a abordagem instrumental, a concepção no uso parece ser uma característica intrínseca à constituição dos instrumentos. Esse é um processo de concepção, dessa vez por parte do operador engajado em uma atividade. Os procedimentos de gênese instrumental não refletem o rótulo de um *fracasso* da concepção, mas sim uma fase necessária para a apropriação dos artefatos, ou até mesmo de seu desenvolvimento: "As operações desenvolvidas pelos utilizadores são, em seguida, na próxima geração, incorporadas ao artefato" (BANNON;

BODKER, 1991). Essa ideia de incorporação pode ser vista como um poderoso motor para a concepção de artefatos. A proposta de uma abordagem instrumental é abrir um processo retroalimentado, cujo objetivo é o de estabelecer um movimento de integração da concepção no uso à evolução dos artefatos. Essa proposta de alça retroalimentada se distingue do esquema clássico que separa temporalmente concepção e uso, com uma fase de uso propriamente dito que deveria ser apenas o emprego do artefato. Em vez disso, há aqui um processo de reinscrição dos processos de gênese instrumental "no conjunto do ciclo da concepção de um artefato" (RABARDEL, 1995, p. 164). A concepção é considerada então como um processo distribuído: os projetistas profissionais e os operadores-projetistas no uso contribuem de acordo com suas competências e seu papel (BÉGUIN, 2003; BOURMAUD, 2006; 2012; RABARDEL, 2001).

A proposta desse modelo, ao se apoiar nos conhecimentos produzidos sobre o desenrolar dos instrumentos para alimentar os processos de concepção, especialmente em um quadro iterativo, pode ser considerada como desenvolvimentista. A parte final seguinte deste capítulo visa ilustrar esse tipo de contribuição para a ergonomia.

11.3 Da gênese instrumental à (re)concepção de um artefato

Em uma empresa de difusão audiovisual, um trabalho foi realizado com o objetivo de projetar um novo sistema de supervisão de rede. A empresa assegura, na França e no exterior, a difusão de redes de rádio e televisão. A supervisão consiste em garantir a qualidade das redes de difusão e a continuidade do serviço vendido ao cliente, notadamente pelas seguintes tarefas: detectar as falhas e antecipar incidentes, estabelecer diagnósticos de falhas, restaurar o serviço por ações remotas, desencadear intervenções de manutenção etc. Um grande número de eventos ocorre nas redes, que se traduzem no aparecimento de alarmes (quase 1.500 por posto de trabalho a cada 24 horas) na ferramenta de monitorização (denominado aqui SUPERVIS). Os operadores – ou supervisores – têm, portanto, por missão a compreensão e a resolução de problemas oriundos desses eventos e reportados pelos alarmes, e suas ações são realizadas a distância pelo SUPERVIS (por ações remotas).

11.3.1 Uma gênese instrumental

Os supervisores devem assegurar o cumprimento de múltiplas e variadas tarefas, mas é, essencialmente, a atividade relacionada com a gestão de alarmes que interessa, a qual pode ser dividida em cinco fases:

1. a exibição na janela *gerenciador de alarmes* do SUPERVIS;
2. a detecção, isto é, o momento em que o alarme *começa a existir* para o operador;
3. a interpretação;
4. o tratamento, que pode ser dividido em várias etapas (perceber o alarme, o diagnóstico, ações remotas, liberação);
5. a finalização/desativação.

A instrumentação

O exemplo da gênese instrumental aqui apresentado diz respeito à quarta fase, especificamente a etapa "liberação dos alarmes" (BOURMAUD; RÉTAUX, 2002). A finalização do alarme equivale à mudança de cor da linha do alarme na janela *gerenciador de alarmes* do SUPERVIS. Ela passa de vermelho ou magenta (duas cores que refletem níveis diferentes de gravidade dos eventos), para uma cor mais neutra, o bege. A análise da atividade de doze supervisores permitiu distinguir três tipos de esquemas para finalizar um alarme:

- tipo A: o alarme é desativado imediatamente após a sua aparição, geralmente o caso de alarmes falsos, conhecidos e intempestivos;
- tipo B: o alarme é finalizado depois de um, vários ou todos os estágios de tratamento;
- tipo C: não é concluído, apesar de apenas uma, várias ou todas as etapas do processo aparecerem.

Os esquemas dos tipos A e B estão presentes na atividade de doze supervisores, enquanto o C ocorre apenas para cinco deles. Dois grupos de operadores podem ser formados (ver Tabela 11.1): aqueles com os esquemas de tipos A e B (grupo 1) e aqueles que apresentam os três tipos de esquema (grupo 2). As entrevistas foram, em seguida, conduzidas para estudar mais precisamente a finalização dos alarmes.

Tabela 11.1 Operadores divididos em grupos de acordo com os esquemas presentes em sua atividade.

	Grupo 1	Grupo 2
Esquemas presentes na atividade dos operadores	A+B	A+B+C = todos
Número de operadores	7	5

Um dos sete supervisores do grupo 1 disse: "quando o tratamento de um evento é terminado, deve-se desativar o alarme [...] é a regra"; e outro afirma: "se eu não tenho que cuidar deste alarme porque já tratei, eu o desativo para não mais o ver [...] que ele não seja mais vermelho [...] e, especialmente, para ver os outros aparecerem". Um último disse: "eu quero ter minha própria tela para ver os novos alarmes aparecerem". Na verdade, parece que os esquemas dos tipos A e B consideram:

1. a instrução ligada à conclusão dos eventos ("desativar o alarme quando todas as ações necessárias tiverem sido concluídas") e/ou

2. a facilidade e, assim, a velocidade, da detecção de novos alarmes por efeito de contraste entre os "anteriores" (afixados então em bege) e os novos (em vermelho ou magenta).

As entrevistas desenvolvidas com os cinco supervisores do grupo 2 trouxeram uma perspectiva diferente e bastante interessante sobre o processo de instrumentação. Um deles diz que "prefere não desativar alguns alarmes para mantê-los [...] para ficar de olho".

Mas antes de continuar, quais são as consequências da falta de desativação dos alarmes na janela do gerenciador de alarmes? Duas precisões se colocam:

1. os alarmes não desativados aparecem sempre exibidos na parte inferior da tela e, como a exibição deles respeita a ordem cronológica, os mais recentes aparecem na parte inferior da tela;

2. quando os alarmes são desativados, eles ficam embaixo dos não desativados. Quando chegam, os novos alarmes são, portanto, inseridos na parte da tela imediatamente após os "conservados". Esses últimos são geralmente poucos (de três a oito em todo o período de trabalho de cada supervisor do grupo 2). A atividade dos operadores, aparentemente, não é perturbada: não há confusão entre os não liberados, tratados ou não. Aqueles sobre os quais eles vão agir são os "novos eventos". Retornando à verbalização dos operadores do grupo 2, vemos que o que importa é diferenciar os eventos: alguns são desativados, enquanto aqueles que não são liberados ficam na parte inferior da tela.

O esquema do tipo C tem o efeito de manter agrupados alguns alarmes em um local específico: os eventos considerados especiais (ou críticos) são então "colocados em destaque", facilitando o seu gerenciamento e o monitoramento. Outros elementos reforçam e complementam esta análise.

Primeiro, as entrevistas mais extensas e a análise dos diários de bordo (documentos em que são registrados os eventos significativos durante o tempo de trabalho) mostram que existe uma correlação entre os alarmes "retidos" e os registrados nos diários de bordo. Estes geralmente não puderam ser resolvidos por ações remotas e, por vezes, deram origem ao início de uma intervenção de manutenção ou a um tratamento específico. Aproximadamente 90% dos alarmes "retidos" aparecem também registrados no diário de bordo. Além disso, como os supervisores trabalham em um regime de turnos contínuos, há uma passagem de turno, e por conseguinte uma *passagem de instruções*. Numerosas informações são transmitidas entre os dois operadores que se revezam. Assim, conforme mostrado na Tabela 11.2:

1. quando o operador que termina seu turno pertence ao grupo 1, ele se baseia principalmente em seu diário de bordo durante a passagem de instruções (para 85% dos alarmes tratados) ou também simultaneamente no diário de bordo e nos alarmes desativados no *gerenciador de alarme* (para 15% deles), enquanto

2. o operador que termina seu turno pertence ao grupo 2, ele se baseia em seu diário de bordo (para 40%), na tela do *gerenciador de alarme*s (para 40%) ou até mesmo em ambos ao mesmo tempo (para 15%).

Tabela 11.2 Alarmes tratados durante a passagem de instruções utilizando um ou outro instrumento (por grupo em %).

	Alarmes tratados na passagem de instruções, segundo o instrumento utilizado (em %)	
	Grupo 1	Grupo 2
Diário	85	40
SUPERVIS	0	40
Ambos	15	15
Nenhum	0	5

Finalmente, há uma forte correlação que aparece: o esquema do tipo C ocorre principalmente na atividade dos supervisores com maior maestria. De fato, dois tipos de operadores foram definidos de acordo com seu nível de proficiência, resultante do cruzamento dos dois parâmetros: senioridade no posto e reconhecimento pelos pares. Assim, cinco dos seis supervisores pertencentes à categoria dos operadores peritos também fazem parte do grupo 2 e, inversamente, os que pertencem a categoria dos operadores não peritos se encontram no grupo 1.

A instrumentalização

SUPERVIS é um sistema muito pouco modificável; as possibilidades de configuração e parametrização disponibilizadas aos supervisores são mínimas. No entanto, os supervisores podem solicitar adaptações e modificações a outros operadores – os configuradores – que são responsáveis por realizarem modificações no SUPERVIS, relacionadas às mudanças na organização da empresa, à demanda dos clientes, à tecnologia dos equipamentos etc. Essas demandas são geralmente tratadas pelos configuradores e integradas na ferramenta.

11.3.2 O processo de concepção

Portanto, a atividade da *concepção no uso* por parte dos supervisores está principalmente voltada ao componente esquema do instrumento (instrumentação) em vez daquele do artefato (instrumentalização). No entanto, o uso de SUPERVIS visa sobretudo destacar os alarmes críticos, e apareceu como muito pertinente para o grupo de concepção do NOVO SUPERVIS (o artefato que veio substituir SUPERVIS), contribuindo para a especificação desse novo artefato.

Recuperar a concepção no uso

Em primeiro lugar, foi decidido recuperar o produto dessa concepção no uso e torná-lo uma função intrínseca do NOVO SUPERVIS. Assim, o grupo de concepção chegou a um acordo sobre a especificação de uma janela dedicada aos alarmes considerados como especiais pelos supervisores: o grupo escolheu chamar de *lista de alarmes*. Os supervisores poderão colocar ou remover este ou aquele alarme, ou ainda um outro, na *lista de alarmes* e poderão dispor, então, de uma função nova e poderosa como suporte para sua atividade.

Equipar a concepção no uso

As capacidades dos supervisores de adaptar SUPERVIS a sua atividade surpreenderam todo o grupo, tanto os projetistas como os próprios operadores. Um espaço necessário deixado aos supervisores para configurar e personalizar o NOVO SUPERVIS foi considerado interessante e útil por todos. O princípio de torná-lo mais adaptável e configurável (parametrizável) foi adotado. Em parte, essa perspectiva filia-se à proposta de Henderson e Kyng (1991) apresentada anteriormente: oferecer ao operador artefatos modificáveis e adaptáveis como proposições instrumentais que ele poderá ou não implementar. Trata-se de recomendar artefatos *plásticos*, permitindo ao operador organizar suas gêneses instrumentais. Cada operador poderia, então, constituir o seu instrumento.

11.4 Conclusão

Dois objetivos foram buscados neste capítulo. O primeiro foi o de apresentar uma abordagem particularmente elaborada das relações operador-artefato em torno do conceito de instrumento. Este é, portanto, não apenas uma entidade externa ao operador, ao qual ele terá de se confrontar duplamente, no plano da interação e da temporalidade (relacionado a uma fase de apropriação). Refere-se também a um elemento interno ao operador, como uma entidade inscrita *no* operador a partir da sua atividade. O instrumento se estabelece então como um recurso desenvolvido pelo próprio operador, mobilizável em seu ambiente e para um propósito particular. Assim, as relações entre o instrumento e o operador parecem agir em dois sentidos, embora inicialmente guiadas: cada um contribui para mudar o outro, transformando-se.

A segunda se refere à própria questão da concepção dos artefatos, em que concebê-los com vocação instrumental pode ser a *finalidade da ação ergonômica*. Ela coloca os recursos desenvolvidos pelos operadores como construções anteriores, a serviço de uma (re)concepção eficiente e de qualidade dos artefatos.

O autor gostaria de agradecer a Françoise Decortis por seus valiosos conselhos.

Referências

BANNON, L.; BODKER, S. Beyond the interface: encountering artifacts in Use. In: CARROLL, J. (Ed.). **Designing interaction**: psychology at the human computer interface. Cambridge: Cambridge University Press, 1991.

BÉGUIN, P. Design as a mutual learning process between users and designers. **Interacting with Computers**: the interdisciplinary Journal of Human-Computer Interaction, v. 15, n. 5, p. 709-730, 2003.

BODKER, S. **Through the interface**: a human activity approach to user interface design. Mahwah: Lawrence Erlbaum associates Publishers, 1991.

BOURMAUD, G. **Les systèmes d'instruments**: méthodes d'analyse et perspectives de conception. Tese (Doutorado em Ergonomia) – Université Paris 8, Paris, 2006.

______. **Du développement de ressources à la conception d'un système technique**: place et rôle des opérateurs dans l'innovation. Trabalho apresentado no 47ème Congrès de la SELF. Innovation & Travail: sens et valeurs du changement. Lyon, set. 2012.

BOURMAUD, G; RÉTAUX, X. **Rapports entre conception dans l'usage et conception institutionnelle**. 14ème Conférence Francophone sur l'Interaction Homme-Machine. Poitiers, nov. 2002.

COLE, M. **Cultural psychology**: once and future discipline? Cambridge: Harvard University Press, 1996.

DANIELLOU, F. L'ergonomie dans la conduite de projets de conception de systèmes de travail. In: FALZON, P. (Ed.). **Traité d'ergonomie**. Paris: PUF, 2004. p. 359-373.

DANIELLOU, F.; RABARDEL, P. Activity-oriented approaches to ergonomics: some traditions and communities. **Theoretical Issues in Ergonomics Science**, v. 6, n. 5, p. 353-357, 2005.

FAVERGE, J. M. **Analyse de la sécurité du travail en termes de facteurs potentiels d'accidents** (Document du laboratoire de psychologie industrielle). Belgique: Université Libre de Bruxelles, 1977.

FOLCHER, V. Appropriating artifacts as instruments: when design-fir-use meets designin-use. **Interacting with Computers**: The Interdisciplinary Journal of Human Computer Interaction, v. 15, n. 5, p. 648-663, 2003.

FOLCHER, V.; RABARDEL, P. Hommes, artefacts, activités: perspective instrumentale. In: FALZON, P. (Ed.). **Ergonomie**. Paris: PUF, 2004. p. 251-268.

GIBSON, J. J. **The ecological approach to visual perception**. Boston: Houghton Mifflin, 1979.

HENDERSON, A. A development perspective on interface, design and theory, in designing interaction. In: CARROLL, J. (Ed.). **Psychology at the Human Computer Interface**. Cambridge: Cambridge University Press, 1991. p. 254-268.

HENDERSON, H.; KYNG, M. There's no place like home: continuing design in use. In: GREENBAUM, J.; KYNG, M. (Ed.). **Design at work, cooperative design of computer systems**. Hillsdale: Lawrence Erlbaum Associates, 1991. p. 219-240.

KAPTELINI, V.; KUUTTI, K. Cognitive tools reconsidered. From augmentation to mediation. In: MARSH, J. P.; GORAYSKA, B.; MEY, J. L. (Ed.). **Human interfaces**: questions of method and practice in cognitive technology. Amsterdam: Elsevier Science B.V, 1999.

______; NARDI, B. A. **Acting with technology**: activity theory and interaction design. Cambridge: MIT Press, 2006.

LEONTIEV, A. N. **Activité, conscience, personnalité**. Moscou: Editions du Progrès, 1975.

NORMAN, D. A. **The psychology of everyday things**. New York: Basic Books, 1988.

______. Cognitive artifacts. In: CARROLL, J. (Ed.). **Designing interaction**: psychology at the human computer interface. Cambridge: Cambridge University Press, 1991. p. 17-38.

PIAGET, J. **The origins of intelligence in children**. New York: W. W. Norton, 1952.

RABARDEL, P. **Les hommes et les technologies, approche cognitive des instruments contemporains**. Paris: Armand Colin, 1995. Disponível em: <http://ergoserv.psy.univ-paris8.fr/.>. Acesso em: 7 nov. 2015

______. Instrument mediated activity in situations. In: BLANDFORD, A; VANDERDONCKT, J.; GRAY, P. (Ed.). **People and computers XV-interactions without frontiers**. Berlim: Springer-Verlag, 2001. p. 17-30.

RABARDEL, P.; BOURMAUD, G. From computer to instrument system: a developmental perspective. **Interacting with Computers**, v. 15, n. 5, p. 665-691, 2003.

RABARDEL, P.; WAERN, Y. From artifact to instrument. **Interacting with Computers**: the Interdisciplinary Journal of Human Computer Interaction, v. 15, n. 5, p. 642-645, 2003.

SUCHMAN, L. **Plans and situated actions**: the problem of human-machine interaction. Cambridge: Cambridge University Press, 1987.

THOMAS, J.; KELLOGG, W. **Minimizing ecological gaps in user interface design**. IEEE Software, p. 78-86, 1989.

VICENTE, K. J. **Cognitive work analysis**: toward safe productive and healthy computer-based works. Mahwah: Lawrence Erlbaum Associates, 1999.

VYGOTSKY, L. S. La méthode instrumentale en psychologie. In: SCHNEUWLY, B.; BRONCKART, J. P. (Ed.). **Vygotsky aujourd'hui**. Paris: Delachaux et Niestlé, 1930-1985. p. 39-48.

______. **Mind in society**: the development of higher psychological processes. Cambridge: Harvard University Press, 1931-1978.

WERTSCH, J. V. **Mind as action**. New York: Oxford University Press, 1998.

12. Prevenção das LER/DORT e desenvolvimento do poder de agir

Fabien Coutarel e Johann Petit

A prevenção das lesões por esforços repetitivos (LER) e dos distúrbios osteomusculares relacionados ao trabalho (DORT)[1] é um objeto clássico da ergonomia. Provavelmente, é também um dos temas mais internacionalizados no cenário da saúde no trabalho.

Desde os anos 1990, o mundo do trabalho vem passando por grandes mudanças. Diferentes formas de intensificação do trabalho amplamente descritas na literatura conduziram a uma "explosão" das LER/DORT. Aquilo que é chamado de "industrialização dos serviços" ou "terciarização do mundo industrial" reflete um crescente número dos constrangimentos em todos os setores de atividade. A percentagem de trabalhadores franceses que realizam trabalho sob constrangimentos de tempo aumenta (ARNAUDO et al., 2010): aos constrangimento habituais do mundo industrial são adicionados aqueles oriundos do mundo dos serviços (qualidade, relacionamento com clientes e fornecedores, auditorias, serviços sob

1 Na literatura científica, LER/DORT geralmente dizem respeito às patologias do membro superior. Devido à proximidade dos processos etiológicos e dos modos de ação no local de trabalho, as lombalgias e as cervicalgias são muitas vezes também incluídas no que constitui "LER/DORT" para a ergonomia.

medida, com prazos reduzidos etc.); no mundo do terciário, a avaliação individualizada do trabalho impõe exigências quantitativas crescentes em detrimento da própria relação de serviço, e, portanto, de seus atores. As LER/DORT representam hoje mais de 80% das doenças do trabalho indenizadas na França.

Nos anos 1980 e 1990, na França, assim como em outros lugares do mundo, as abordagens dominantes para a prevenção de lesões osteomusculares focaram a biomecânica do movimento, que enfatiza as condições patogênicas de solicitação do organismo no trabalho, em termos de intensidade, postura, tempo, frequência e vibração.

Essas abordagens, apesar de essenciais, mostraram-se insuficientes para sozinhas assegurarem a prevenção, por duas razões principais:

- por um lado, devido ao fato de que essas abordagens estão focadas na mobilização patogênica do organismo, suas possibilidades de transformação das situações de trabalho limitaram-se à concepção dos "meios proximais" de trabalho (posto e ferramentas) e à formação de trabalhadores para adquirirem bons gestos e boas posturas;

- por outro lado, elas subestimaram as características multifatoriais da patologia: as relações com outras dimensões da mobilização no trabalho foram reconhecidas depois tanto por profissionais quanto por pesquisadores (BONGERS et al., 2006; NATIONAL RESEARCH COUNCIL, 2001; KAUSTO et al., 2010; KRAUSE et al., 2010; VAN RIJN et al., 2010). Os estudos epidemiológicos conduziram, então, a uma maior elaboração dos modelos etiológicos, incorporando gradualmente outros fatores, chamados de "psicossociais e organizacionais" (autonomia, apoio, coletivo, organização, carga de trabalho). A literatura hoje em dia mostra o reconhecimento da importância dos mecanismos de transformação localizados na organização e no projeto dos sistemas de trabalho (incluindo o próprio processo de concepção).

12.1 A ergonomia da atividade e a prevenção das LER/DORT: uma abordagem desenvolvimentista

Wisner, ao tratar das teorias da atividade, suas características e evoluções, lembrou que "*o alargamento das possibilidades das ações* é uma característica típica e fundamental do desenvolvimento humano" (1997, p. 250). Muitas contribuições vieram enriquecer e esclarecer essa dimensão desenvolvimentista (COUTAREL; DANIELLOU, 2011). Inicialmente focada na realização do trabalho, a atividade se tornou gradualmente uma fatia de vida em que o indivíduo também coloca em jogo sua subjetividade em relação ao trabalho (VAN BELLEGHEM; DE GASPARO; GAILLARD, neste livro).

A ergonomia da atividade (DANIELLOU, 2005; DANIELLOU; RABARDEL, 2005) nos leva a defender uma postura desenvolvimentista original no contexto internacional dos trabalhos sobre as LER/DORT, ainda hoje dominado por uma ergonomia chamada "física".

O postulado geral aqui defendido pode ser resumido da seguinte maneira: o *desenvolvimento das atividades profissionais na e pela intervenção é o impulso principal da prevenção das LER/DORT para a ação ergonômica.*

Nessa perspectiva, a concepção dos postos de trabalho, a condução do projeto etc. não são mais os fins da ação ergonômica, e sim para gerar o desenvolvimento. Desse modo, a perspectiva é invertida com relação aos trabalhos que consideram principalmente a participação dos atores como um meio para alcançar outros objetivos (KUORINKA, 1997; WILSON; HAINES, 1997).

Nós, obviamente, não somos os primeiros a nos inscrever nessa perspectiva desenvolvimentista no que diz respeito à prevenção de lesões osteomusculares, que, segundo os autores, é mais ou menos explícita. Vários estudos da clínica da atividade, da clínica médica, da ergologia e da ergonomia colocaram a prevenção desses danos à saúde dos trabalhadores em termos do poder de agir (CLOT; FERNANDEZ, 2005), da hipossocialização do gesto (SIMONET, 2011), do impedimento (SZNELWAR et al., 2006), da inibição crônica da subjetividade (DAVEZIES, 2011), do uso dramático de si (SCHWARTZ, 2010) ou das margens de manobra (COUTAREL, 2004).

Na tradição da ergonomia da atividade, essa abordagem pôde ser traduzida na formação de atores com base na análise ergonômica do trabalho, a fim de torná-los capazes de reatualizar, quando necessário, seus conhecimentos sobre o sistema e gerenciar futuros projetos (DANIELLOU, 2004; DANIELLOU; MARTIN, 2007; FALZON; MOLLO, 2009; GARRIGOU et al., 1995). Além disso, e embora seus trabalhos não tratem especificamente de lesões osteomusculares, nossa perspectiva também converge às propostas teóricas de Rabardel e Béguin (2005), ou também de Nathanael e Marmaras (2008), cujos trabalhos sobre os processos de concepção e introdução de novas tecnologias demonstram precisamente o desafio do desenvolvimento conjunto das atividades profissionais.

Fazer do desenvolvimento das atividades profissionais o principal impulso para a prevenção das LER/DORT envolve algumas consequências quanto à maneira de abordar a prevenção: o sentido do trabalho para aqueles que o realizam é o centro da abordagem. Fazer da prevenção uma questão a parte, separada do trabalho (COUTAREL, 2011), reduz significativamente não só os recursos mobilizáveis pelas transformações, mas também a pertinência das medidas adotadas pelos próprios atores. Não há prevenção das LER/DORT sem entendimento da atividade do ponto de vista daqueles que a realizam, e as questões de desempenho (qualidade, satisfação do cliente, ajuda mútua coletiva) são dimensões centrais dessa atividade. Isso distingue fundamentalmente a abordagem desenvolvimentista de uma higienista clássica, que concentra a prevenção na redução da exposição aos constrangimentos. Sobretudo, trata-se de desenvolver os recursos dos atores e das organizações para lidar com os desafios cotidianos do trabalho e para favorecer as possibilidades de cumprir os objetivos de desempenho em condições favoráveis. Não há outra maneira de entender, por exemplo, a autoaceleração de uma caixa quando a fila de clientes cresce à sua frente, e, então, propor medidas preventivas eficazes. Se a caixa tem de escolher entre a satisfação do cliente e limitar a repetição de seus gestos, ela priorizará a qualidade do serviço, uma vez que aí está o sentido do seu trabalho.

Nós teorizamos essa abordagem desenvolvimentista em torno de dois conceitos: a margem de manobra e o poder de agir. Neste modelo, a primeira é situacional: ela é o espaço de regulação da atividade resultante do encontro entre um sistema de constrangimentos (as margens de manobra externas), de um lado, e um indivíduo ou um coletivo, de outro, em uma dada situação de trabalho. O poder de agir, que traduz uma relação ativa do indivíduo com seu ambiente, distingue-se da margem de manobra em dois níveis: o da temporalidade e o do escopo das situações envolvidas.

12.2 A abordagem situacional das LER/DORT: entre margens de manobra externas e internas

Na tradição da ergonomia da atividade, a margem de manobra constitui um espaço de regulação da atividade oriundo do encontro entre as características de um meio profissional e as características do(s) trabalhador(es) envolvido(s) (COUTAREL, 2004; DURAND et al., 2008). A margem de manobra reflete a relação ativa do indivíduo com sua tarefa. A capacidade de colocar-se em seu trabalho constitui tanto um impulso para o desenvolvimento pessoal quanto uma condição para o desempenho.

No campo da clínica da atividade, cuja proximidade com a ergonomia de atividade está bem estabelecida, o conceito do poder de agir faz eco ao da margem de manobra. Às vezes, esse eco é de tal monta que os ergonomistas ficam relativamente propensos a transitar de um conceito para outro, sem muita precaução. Propomos aqui um modelo que permite precisar essa noção de margem de manobra proveniente da ergonomia da atividade, notadamente por sua articulação com o conceito de poder agir (CLOT, 2008).

Essa margem de manobra é situacional, como ilustra a Figura 12.1, ela depende das características únicas da situação de trabalho em questão, que podemos assim evidenciar:

- por um lado, em termos das margens de manobra internas, percebidas e construídas pelo indivíduo em relação às características do momento;
- e por outro, referindo-se às margens de manobra externas, desenvolvidas pelo ambiente sociotécnico e organizacional.

Essas margens de manobra internas e externas não são independentes: uma nova competência pode, por exemplo, introduzir um novo posicionamento que conduz alterações no sistema sociotécnico nas regras que regem o trabalho do operador envolvido. Por outro lado, as mudanças organizacionais podem levar à percepção de novas oportunidades para a mobilização dos saber-fazer adquiridos.

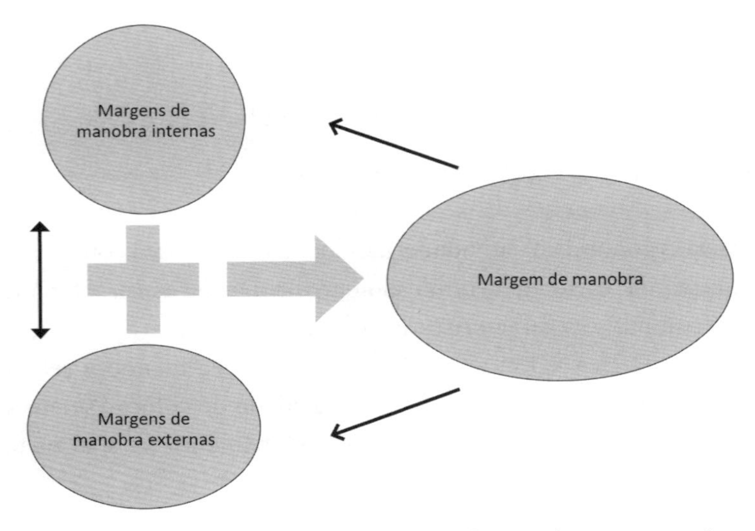

Figura 12.1 A margem de manobra situacional.

De acordo com esse modelo, a intervenção ergonômica pode contribuir para o desenvolvimento da margem de manobra situacional, agindo:

- sobre as margens de manobra internas (formação, mobilização, percepção de outros futuros possíveis, estado instantâneo percebido, dores pregressas), em que a subjetividade dos atores, definida como a capacidade de ser afetado pela experiência do trabalho (COUTAREL; DANIELLOU, 2011), é alvo da intervenção;

- nas externas, geralmente determinadas pela capacidade da organização e de suas ferramentas de gerenciarem a variabilidade do trabalho. As possibilidades de ação sobre as margens de manobra externas são muitas: apoio à ajuda mútua e ao compartilhamento do trabalho, à reelaboração das regras (CAROLY, 2010), à concepção dos processos de trabalho, à ação sobre os critérios de qualidade, à gestão da produção, à manutenção de equipamentos e ferramentas, à gestão de recursos humanos; às formas de gestão, de relações clientes-fornecedores, de condução de projetos etc.

A margem de manobra situacional depende, portanto, do encontro circunstanciado dos diferentes determinantes de uma situação de trabalho, que constroem as margens de manobra internas e externas. Desenvolvê-la é aprimorar os recursos da situação e, portanto, as possibilidades para os trabalhadores envolvidos responderem às exigências de trabalho (incluindo aquelas que eles mesmos definem) em condições (físicas, organizacionais e sociais) que promovam a inclusão de diferentes formas de mobilização (subjetiva, cognitiva, fisiológica, biomecânica). Assim considerado, o desenvolvimento da margem de manobra em situação transforma o trabalho e, consequentemente, leva a uma diminuição da exposição aos fatores de risco ligados às lesões osteomusculares.

Na empresa, os atores diretamente envolvidos na questão da margem de manobra são, portanto, múltiplos: operadores, supervisores, responsáveis por diferentes serviços e direção da empresa. Muitas vezes, a falta de margem de manobra para os operadores também reflete as dificuldades de outros atores, por exemplo, os responsáveis por conduzir a organização e por preservar as ditas margens de manobra. Assim, a prevenção das LER/DORT de alguns inevitavelmente interpela uma diversidade de atores.

Duas consequências para a intervenção ergonômica podem ser aqui destacadas:

- qualquer intervenção que desenvolva as margens de manobra internas dos atores sem trabalhar a tolerância necessária para a sua expressão (margens de manobra externas) conduzirá a uma atividade impedida (CLOT, 1999) e, portanto, a um maior sofrimento dos trabalhadores.

- qualquer intervenção que amplie as margens de manobra externas sem desenvolver a capacidade dos atores de incorporá-las levará a poucas mudanças reais na atividade de trabalho.

12.3 A abordagem desenvolvimentista das LER/DORT: entre margem de manobra e poder de agir

A perspectiva desenvolvimentista pode ter como objetivo inscrever permanentemente a construção de margens de manobra favoráveis a uma evolução da relação com o meio, portanto, do poder de agir. O desenvolvimento do poder de agir indica, então, um crescimento sustentável do espectro de ações. A intervenção ergonômica como desenvolvimento do poder de agir supõe assumir uma perspectiva desenvolvimentista cujo espectro ultrapassa o momento da intervenção e o escopo da "situação-pretexto" a ser concebida (Figura 12.2).

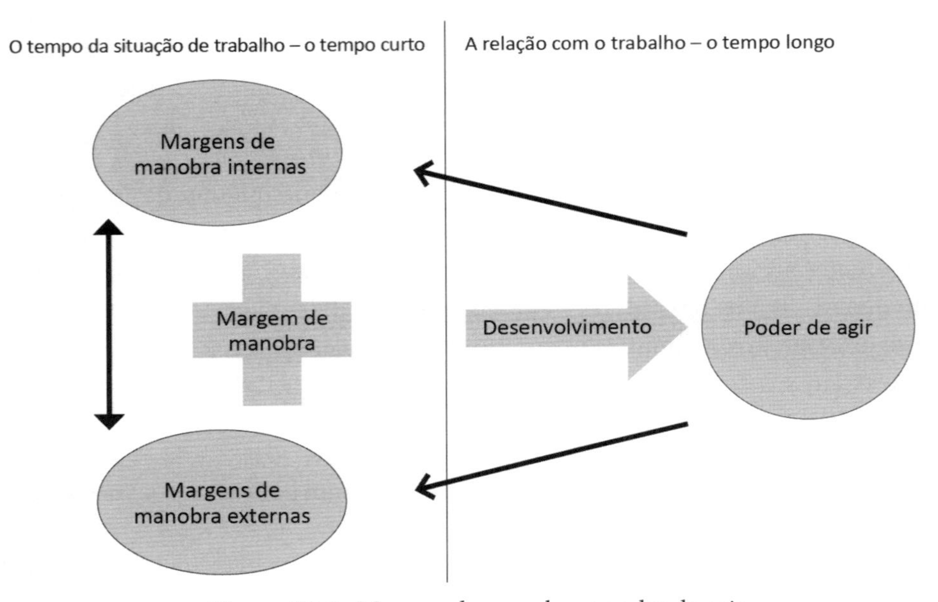

Figura 12.2 Margem de manobra e poder de agir.

A margem de manobra situacional se integra, assim, em uma relação com o meio que ela contribui para construir e que será chamado de poder de agir, que, aqui, é parte de uma história cuja temporalidade e espectro ultrapassam os da situação de trabalho. Assim, uma situação sem margem de manobra não estará necessariamente relacionada com a amputação do poder de agir; já uma situação com desenvolvimento da margem de manobra pode contribuir para o desenvolvimento do poder de agir, sabendo que este também depende de muitas outras situações de trabalho e de vida em seu meio profissional.

Por outro lado, o desenvolvimento do poder de agir nos leva a considerar necessária a mudança em situações até então não questionadas. Nesse sentido, ele favorece a criação de novas margens de manobra. É a percepção de alternativas que torna a situação insuportável (SARTRE, 1943).

Radicalizando essa postura, o projeto de intervenção torna-se um pretexto para instalar de modo persistente no sistema, novas modalidades de engajamento no trabalho e novas relações de negociação do meio que sejam mais favoráveis à expressão da subjetividade no trabalho. Assim, a intervenção é um instrumento político (HUBAULT; BOURGEOIS, 2004). Desenvolver o poder de agir dos operadores é reforçar de forma sustentável suas capacidades de influenciarem o ambiente e de renormalização do meio profissional (SCHWARTZ, 2010). Passar do objetivo de desenvolver a margem de manobra situacional para o do desenvolvimento do poder de agir introduz na intervenção ergonômica, de um lado, a dimensão sustentável da associação com o meio e, de outro, reforça o desafio da transformação das relações humanas no trabalho. Trata-se de desenvolver pela intervenção as capacidades dos atores para transformar o meio, e isto para uma variedade de situações o mais amplas possíveis. Isso requer conhecimento da empresa, de seu funcionamento, dos atores, dos constrangimentos, dos desafios, do trabalho dos outros etc. Também implica a criação de sentido, para a qual o coletivo é um dos principais recursos (CLOT, 1999), o que leva uma intervenção a reforçar o desafio do trabalho do coletivo.

Tomemos o exemplo dos constrangimentos posturais dos membros superiores. A questão fundamental não é reduzir as situações em que o operador trabalha com os braços levantados, mas sim por que a organização é incapaz de gerir a fadiga sentida e associada a um trabalho realizado em posturas desconfortáveis? Qual é o papel da experiência do operador na gestão cotidiana do trabalho? Quais ferramentas organizacionais faltam para que a fadiga não seja expressa, gerada ou prevista por ocasião do projeto? O desenvolvimento do poder de agir serve para a prevenção das lesões osteomusculares se contribuir para aumentar a potência da experiência sobre a gestão do trabalho, na sua gestão cotidiana e em seus projetos. Defendemos a ideia de que as ferramentas em questão são essencialmente de ordem cognitiva: trata-se de desenvolver a capacidade organizacional para pensar o trabalho em toda a sua complexidade. Essa capacidade organizacional é uma verdadeira ambição política com relação ao trabalho ao qual as ferramentas de gestão devem servir, e que estas não podem substituir.

A partir desse ponto de vista, as LER/DORT constituem um sintoma dentre outras possíveis disfunções organizacionais: as instituições do trabalho, e aqueles que as dirigem, estão bem na linha da frente quando nos referimos a questionar a margem de manobra dos atores. As LER/DORT refletem, desse ponto de vista, uma incapacidade dos atores da organização em gerenciar os vários desafios em diferentes momentos da vida do trabalho. Essa incapacidade que se traduz nas modalidades de condução das organizações que ignoram a atividade de trabalho, em especial, na sua dimensão subjetiva (COUTAREL; PETIT, 2009). A intervenção é uma oportunidade de contribuir para o desenvolvimento da atividade de muitos atores: operadores, projetistas, dirigentes ou representantes dos trabalhadores (BARCELLINI; VAN BELLEGHEM; DANIELLOU, neste livro). Por essa razão, não há dúvida de que o tema das LER/DORT perde muito de sua especificidade em relação a outros assuntos de saúde no trabalho, como os riscos psicossociais (COUTAREL, 2011; PETIT et al., 2011). A intervenção ergonômica é então uma oportunidade (um pretexto?) para o desenvolvimento das atividades profissionais (portanto, dos indivíduos), destinada a aprimorar permanentemente as capacidades das organizações de gerenciar o trabalho e seus imprevistos. É uma visão "*maximizada*" a que propomos para a prevenção das LER/DORT, e o papel da ergonomia não se trata "apenas" de diminuir os constrangimentos, ou a exposição a fatores de riscos, como a questão é geralmente colocada na literatura internacional. Trata-se de uma mudança de paradigma, em que a prevenção começa pelo desenvolvimento dos atores a partir do desenvolvimento de suas atividades profissionais.

As situações de projeto constituem um momento privilegiado para desenvolver o poder de agir dos atores. O contexto "à parte" do projeto oferece mais facilmente a oportunidade de desenvolver formas inovadoras de pilotagem. Deverá ser mostrada a pertinência para os projetos e suas implicações ao funcionamento do cotidiano, de modo que a riqueza da organização reside menos na sua forma concreta (seja lá qual for) e mais na sua capacidade de evoluir em um contexto de constantes mudanças[2].

A concretização na intervenção dessa ambição de desenvolver o poder de agir passa provavelmente mais pelas modalidades de intervenção ergonômica baseadas no "favorecer o fazer e o acompanhamento" do que no "faça por si mesmo". Essas modalidades implicam atores da empresa com capacidade para decidir sobre a mudança na condução organizacional além do projeto em si. Essa forma de perícia do ergonomista é baseada na ideia de que o projeto é uma oportunidade de experimentar outras formas de pensar o trabalho, conduzir a mudança e gerir o cotidiano. Supõe-se um compromisso significativo dos atores da empresa na

2 Com relação a esse fato, pudemos falar em "organização capacitante" (COUTAREL; SMALL, 2009), ecoando o conceito de "trabalho capacitante" (FALZON; MOLLO, 2009).

intervenção. A explicação de tal ambição (desenvolvimento da margem de manobra situacional, desenvolvimento do poder de agir) deve ajudar a defender essa exigência suplementar de recursos feita aos atores do ambiente profissional para a intervenção.

O postulado geral inicial pode ser especificado com esse modelo:

1. Para a ação ergonômica, o desenvolvimento das atividades profissionais na e pela intervenção é o impulso principal para previnir as LER/DORT.

2. A intervenção ergonômica contribui para o desenvolvimento das atividades profissionais por meio da implantação da margem de manobra em situações de trabalho. Essa margem de manobra resulta do encontro das margens de manobra externas (plasticidade do sistema de trabalho) e internas (capacidade dos indivíduos) e visa promover, em condições satisfatórias, a obtenção dos resultados por parte daqueles trabalham.

3. A maneira de conduzir a intervenção ergonômica pode produzir efeitos sobre os atores para além do âmbito da situação inicial: a mudança duradoura da relação com o meio profissional em favor de uma maior capacidade das subjetividades de influenciar a evolução do trabalho contribui para o desenvolvimento do poder de agir.

12.4 Caso de uma intervenção ergonômica no setor agroalimentar

O caso de uma intervenção do projeto de um local para abate e corte de patos (COUTAREL, 2004) ilustra as nossas propostas, principalmente porque fomos capazes de reconstruir a história da empresa ao longo de uma dezena de anos.

A empresa enfrentava uma demanda de maior produção e aumento das queixas relativas às LER/DORT. Por isso, desejava associar ergonomistas ao projeto de concepção de uma nova unidade de produção, para atender tanto ao seu desejo de aumentar a capacidade de produção quanto prevenir as LER/DORT.

A condução do projeto, que envolveu diferentes atores (operadores, supervisores, direção, gestão de projetos, atores institucionais), foi estabelecida. O projeto durou dois anos e meio desde as primeiras análises da situação de trabalho nas situações existentes até a partida de novas instalações. A concepção de novos dispositivos técnicos e arranjos organizacionais (tanto para a gestão cotidiana do trabalho como para a condução de projetos) produziu resultados positivos em termos de saúde dos assalariados (avaliados por exame clínico do médico do trabalho e por questionário) e de desempenho do sistema (avaliado pelos indicadores da empresa). Quanto ao rendimento, os resultados superaram os objetivos iniciais e permitiram reduzir a um terço o prazo para o retorno sobre o investimento. Diante disso, a empresa decidiu, apesar de nossas advertências, encomendar a mesma linha de produção ao fornecedor para implantar em outro lugar de produção. Nesse outro local os resultados esperados, equivalentes em termos de desempenho e saúde, nunca foram alcançados.

Poucos meses depois, por causa da difícil situação econômica do grupo, foram impostas a cada um dos sítios de produção novas normas de produção e organização. Estas minaram os compromissos do projeto anteriormente desenvolvidos na intervenção ergonômica, e a situação dos operadores degradou-se, com o aparecimento de um novo surto de LER/DORT. A experiência vivenciada pelos atores durante a intervenção ergonômica dificultou um retorno aos padrões de funcionamento mais tradicionais à luz das práticas usuais do ambiente (cadências, razão produto/trabalhador/hora etc.). O retorno à empresa, alguns anos mais tarde, permitiu encontrar uma nova reviravolta de situação: os atores que haviam vivido a intervenção ergonômica inicial, todos ainda presentes, conseguiram aproveitar/criar oportunidades para voltar às modalidades de trabalho próximas aos compromissos inicialmente elaborados, desenvolvendo paralelamente projetos que retomavam os princípios para condução de projeto também testados durante a intervenção inicial (DUGUÉ et al., 2010).

Sem generalizar abusivamente a partir desse caso, fomos, no entanto, levados a pensar que o processo de envolvimento desses atores:

1. Permitiu o desenvolvimento de sua margem de manobra sobre as situações de trabalho abrangidas pelo projeto inicial. Os resultados foram positivos, tanto para a saúde como para o desempenho. A não obtenção desses resultados no outro local de produção, apesar

da introdução das mesmas ferramentas e procedimentos, enfatiza a importância do processo de intervenção quanto às realizações técnicas e organizacionais resultantes do projeto de concepção.

2. Favoreceu transformações duráveis na maneira de pensar o trabalho cotidiano e na condução de mudanças e, assim, contribuiu para um desenvolvimento do seu poder de agir. Isso permitiu aos atores remobilizarem seus recursos para novas situações de trabalho e em novos projetos nos quais as margens de manobra situacionais também puderam ser criadas. A margem de manobra constitui ao mesmo tempo uma condição e uma consequência do poder de agir.

3. Esse desenvolvimento do poder de agir afeta os indivíduos, que podem passar por momentos desconfortáveis e críticos.

12.5 A validade externa do modelo centrado na margem de manobra e no poder de agir

A validade externa do modelo pode ser entendida em termos de três critérios principais: a evolução dos modelos etiológicos, as características mutantes das situações de trabalho atuais e o contexto da economia do conhecimento.

A evolução do conhecimento sobre a etiologia das LER/DORT reforça hoje a pertinência de uma abordagem global e sistêmica do trabalho, na qual as formas de mobilização dos atores na e pela intervenção têm um impacto decisivo sobre os resultados obtidos, tanto do ponto de vista da prevenção como do desempenho do sistema (PETIT; COUTAREL, neste livro).

De fato, um consenso internacional parece se estabelecer em dois pontos:

- a complexidade e o caráter multifatorial dos processos de ocorrência das dores, que justifica, portanto, uma abordagem multifacetada da intervenção de prevenção em toda a situação de trabalho e da empresa, a fim de considerar uma ação simultânea e coordenada sobre os constrangimentos e os seus determinantes (DEMPSEY, 2006; KENNEDY et al., 2010; LAING et al., 2007).

- a relação com o trabalho que justifica as intervenções no local de trabalho (DA COSTA; VIEIRA, 2009; IJZELENBERG et al., 2004; OSTERGREN et al., 2005; PUNNETT; WEGMAN, 2004; WELLS, 2009).

A mudança permanente das situações de trabalho (flexibilidade, reorganizações, precariedade, modos de gestão da produção, dispositivos de melhoria contínua, entre outros) (DUGUÉ, 2006) torna cada vez mais efêmera a solução técnica que visa reduzir os constrangimentos físicos do posto de trabalho. Essa nova característica do trabalho contemporâneo conduz necessariamente a ergonomia a reajustar seu alvo: qual é o retorno do investimento em ergonomia se o seu aporte diz respeito exclusivamente à concepção das situações de trabalho cujas características mudam cada vez mais rapidamente? Kuorinka (1998) já insistia na necessidade de desenvolver "estratégias rápidas e flexíveis", como consequências diretas das mudanças constantes dos ambientes de produção, para melhorar a prevenção das LER/DORT.

O contexto da economia do conhecimento descrito por Foray (2009) atualmente poderia favorecer uma renovação quanto à consideração do "fator humano", na pilotagem das organizações, nas quais o trabalhador (incluindo sua subjetividade) é entendido como o principal recurso (LIÈVRE; COUTAREL, 2013). Na verdade, o sistema de valorização econômica do trabalho impacta a consideração e a natureza das recomendações ou prescrições "ergonômicas" (HUBAULT; BOURGEOIS, 2004).

12.6 Desafios epistemológicos de hoje e de amanhã

Hoje, é difícil fazer com que os resultados das abordagens desenvolvimentistas da prevenção das LER/DORT sejam reconhecidos na comunidade internacional. O obstáculo nos parece ser essencialmente epistemológico (COUTAREL et al., 2005), face à dominação da epistemologia do controle dos fatores; as intervenções complexas (CHAMPAGNE et al., 2009) mobilizam uma epistemologia difícil que luta para existir. Basta ver os trabalhos selecionados pelas revistas científicas sobre o assunto e, em particular, os critérios de seleção: randomização, grupo controle e validade estatística (DRIESSEN et al., 2010; DRIESSEN et al., 2011; RIVILIS et al., 2008; ROQUELAURE, 2007; TUNCEL et al., 2008).

Um importante trabalho epistemológico precisa ser realizado para que as revistas científicas, que servem para definir o estado de conhecimento em termos de eficácia das intervenções, integrem os resultados de nossos trabalhos: desenvolver um modelo de avaliação de intervenções ancorados em uma epistemologia da complexidade, que possa especificar as condições operacionais para produção de conhecimento a partir dos casos de intervenção complexa. A falta de detalhes na descrição das intervenções (COLE et al., 2003) e a diversidade de seus modos de descrição são obstáculos à generalização (DENIS et al., 2008; KRISTENSEN, 2006). Só essa exigência epistemológica pode permitir às metodologias que vieram de outras disciplinas, que não a epidemiologia, ocuparem um espaço nas revistas científicas e não mais serem consideradas muito frágeis (NEUMANN et al., 2010).

Referências

ARNAUDO, B. et al. L'évolution des risques professionnels dans le secteur privé entre 1994 et 2010. **DARES Analyses**, n. 23, 2010.

BONGERS, P. M. et al. Epidemiology of work related neck and upper limb problems: psychosocial and personal risk factors (Part I) and effective intervention from a bio behavioural perspective. **Journal of Occupational Rehabilitation**, n. 16, p. 279-302, 2006.

CAROLY, S. **Activité collective et réélaboration des règles**: des enjeux pour la santé au travail. Habilitação para dirigir pesquisas. Université Bordeaux 2, Bordeaux, 2010. Disponível em: <http://tel.archives-ouvertes.fr/tel-00464801/fr/>. Acesso em: 25 set. 2015.

CHAMPAGNE, F. et al. L'évaluation dans le domaine de la santé: concepts et méthodes. In: BROUSSELLE, A. et al (Ed.). **L'évaluation:** Concepts et méthodes. Montréal: Presses de l'Université de Montréal, 2009.

CLOT, Y. **La fonction psychologique du travail**. Paris: PUF, 1999.

______. **Travail et pouvoir d'agir**. Paris: PUF, 2008.

CLOT, Y.; FERNANDEZ, G. Analyse psychologique du mouvement: apport à la compréhension des TMS. **Activités**, v. 2, n. 2, p. 68-78, 2005.

COLE, D. C. et al. Methodological issues in evaluating workplace interventions to reduce work-related musculoskeletal disorders through mechanical exposure reduction. **Scandinavian Journal of Work, Environment & Health**, n. 29, p. 396-405, 2003.

COUTAREL, F. **La prevéntion des troubles musculo-squelettiques en conception**: quelles marges de manoeuvre pour le déploiement de l'activité? Tese (Doutorado em Ergonomia) – Université Victor Segalen Bordeaux 2, Bordeaux, 2004.

______. Des "TMS" aux "RPS", quand tout nous invite à parler "Travail". In: HUBAULT, F. (Ed.). **Risques psychosociaux**: quelle réalité, quels enjeux pour le travail? Toulouse: Octarès, 2011. p. 99-119.

COUTAREL, F.; DANIELLOU, F. L'intervention ergonomique pour la prévention des troubles musculosquelettiques: quels statuts pour l'expérience et la subjectivité des travailleurs? **Travail et Apprentissages**, n. 7, p. 62-80, 2011.

COUTAREL, F.; DANIELLOU, F.; DUGUÉ, B. La prévention des troubles musculosquelettiques: des enjeux épistémologiques. **Activités**, v. 3, n. 2, p. 3-19, 2005.

COUTAREL, F.; PETIT, J. Le réseau social dans l'intervention ergonomique: enjeux pour la conception organisationnelle. **Revue Management & Avenir**, n. 27, p. 135-151, 2009.

DA COSTA, B. R.; VIEIRA, E. R. Risk factors for work-related musculoskeletal disorders: a systematic review of recent longitudinal studies. **American Journal of Industrial Medicine**, n. 53, p. 285-323, 2009.

DANIELLOU, F. L'ergonomie dans la conduite de projets de conception de systèmes de travail. In: FALZON, P. (Ed.). **Ergonomie**. Paris: PUF, 2004. p. 359-373.

______. The French-speaking ergonomist's approach to work activity; cross influences of field intervention and conceptual models. **Theoretical Issues in Ergonomics Science**, v. 6, n. 5, p. 409-427, 2005.

DANIELLOU, F.; RABARDEL, P. Activity-oriented approaches to ergonomics: some traditions and communities. **Theoretical Issues in Ergonomics Science**, v. 6, n. 5, p. 353-357, 2005.

DANIELLOU, F.; MARTIN, C. **Quand l'ergonome fait travailler les autres, est-ce de l'ergonomie?** Journées de Bordeaux sur la Pratique de l'Ergonomie. Bordeaux, mar. 2007.

DAVEZIES, P. **Souffrance sociale, répression psychique et troubles musculosquelettiques.** Trabalho apresentado ao 3ème Congrès Francophone sur les Troubles Musculosquelettiques (TMS). Grenoble, 2011. Disponível em: <http://halshs.archives-ouvertes.fr/halshs-00605360/>. Acesso em: 7 nov. 2015.

DEMPSEY, P. G. Effectiveness of ergonomics interventions to prevent musculoskeletal disorders: beware of what you ask. **International Journal of Industrial Ergonomics**, n. 37, p. 169-173, 2006.

DENIS, D. et al. Intervention practices in musculoskeletal disorder prevention: a critical literature review. **Applied Ergonomics**, n. 39, p. 1-14, 2008.

DRIESSEN, M. et al. The effectiveness of physical and organizational ergonomic interventions on low back pain and neck pain: a systematic review. **Occupational and Environmental Medicine**, n. 67, p. 277-285, 2010.

DRIESSEN, M. et al. The effectiveness of participatory ergonomics to prevent low-back and neck pain – results of a cluster randomized controlled trials. **Scandinavian Journal of Work, Environment & Health**, v. 37, n. 5, p. 383-393, 2011.

DUGUÉ, B. La folie du changement. In: THÉRY, L. (Ed.). **Le travail intenable**. Paris: La Découverte, 2006. p. 118.

DUGUÉ, B.; CHASSAING, K.; COUTAREL, F. **Work-related musculoskeletal disorders prevention**: assessment of an ergonomic intervention 6 years later. PREMUS Congress Proceedings. Angers, set. 2010.

DURAND, M. J. et al. **Étude exploratoire sur la marge de manoeuvre de travailleurs pendant et après un programme de retour progressif au travail**: définition et relation(s) avec le retour en emploi. Collection Études et Recherches, IRSST, Projet 099-477. Canada, Montréal, 2008.

FALZON, P.; MOLLO, V. Para uma ergonomia construtiva: as condições para um trabalho capacitante. **Laboreal**, v. 5, n. 1, 2009.

FORAY, D. **Economie de la connaissance**. Paris: La Découverte, 2009.

GARRIGOU, A. et al. Activity analysis in participatory design and analysis of participatory design activity. **International Journal of Industrial Ergonomics**, n. 15, p. 311-327, 1995.

HUBAULT, F.; BOURGEOIS, F. Disputes sur l'ergonomie de la tâche et de l'activité, ou la finalité de l'ergonomie en question. **Activités**, v. 1, n. 1, p. 34-53, 2004.

IJZELENBERG, W.; MOLENAAR, D.; BURDORF, A. Different risk factors for musculoskeletal complaints and musculoskeletal sickness absence. **Scandinavian Journal of Work, Environment & Health**, v. 30, n. 1, p. 56-63, 2004.

KAUSTO, J. et al. The distribution and co-occurrence of physical and psychosocial risk factors for musculoskeletal disorders in a general working population. **International Archives of Occupational and Environmental Health**, v. 84, n. 7, p. 773-788, 2010.

KENNEDY, C. A. et al. Systematic review of the role of occupational health and safety interventions in the prevention of upper extremity musculoskeletal symptoms, signs, disorders, injuries, claims and lost time. **Journal of Occupational Rehabilitation**, n. 20, p. 127-162, 2010.

KRAUSE, N.; BURGEL, B.; REMPEL, D. Effort-reward imbalance and one-year change in neck-shoulder and upper extremity pain among call center computer operators. **Scandinavian Journal of Work, Environment & Health**, n. 36, p. 42-53, 2010.

KRISTENSEN, P. Prevention of disability at work. **Scandinavian Journal of Work, Environment & Health**, v. 32, n. 2, p. 89-90, 2006.

KUORINKA, I. Tools and means of implementing participatory ergonomics. **International Journal of Industrial Ergonomics**, n. 19, p. 267-270, 1997.

______. The influence on industrials trends on work-related musculoskeletal disorders. **International Journal of Industrial Ergonomics**, n. 21, p. 5-9, 1998.

LAING, A. C. et al. Effectiveness of a participatory ergonomics intervention in improving communication and psychosocial exposures. **Ergonomics**, v. 50, n. 7, p. 1092-1109, 2007.

LIÈVRE, P.; COUTAREL, F. Sciences de gestion et ergonomie: pour un dialogue dans le cadre d'une économie de la connaissance. **Economies et Sociétés**, v. 22, n. 1, p. 123-146, 2013.

NATHANAEL, D.; MARMARAS, N. On the development of work practices: A constructivist model. **Theoretical Issues in Ergonomics Science**, v. 9, n. 5, p. 359-382, 2008.

NATIONAL RESEARCH COUNCIL. **Musculoskeletal disorders and the workplace**: low back and upper extremity musculoskeletal disorders. Washington: National Academy Press, 2001.

NEUMANN, W. P. et al. Effect assessment in work environment interventions: a methodological reflection. **Ergonomics**, v. 53, n. 1, p. 130-137, 2010.

OSTERGREN, P. O. et al. Incidence of shoulder and neck pain in a working population: effect modification between mechanical and psychosocial exposures at work? Results from a one year follow up of the Malmo shoulder and neck study cohort. **Journal of Epidemiology & Community Health**, n. 59, p. 721-728, 2005.

PETIT, J.; DUGUÉ, B.; DANIELLOU, F. L'intervention ergonomique sur les risques psychosociaux dans les organisations: Enjeux théoriques et méthodologiques. **Le Travail Humain**, n. 4, p. 391-410, 2011.

PUNNETT, L.; WEGMAN, D. H. Work-related musculoskeletal disorders: the epidemiologic evidence and the debate. **Journal of Electromyography and Kinesiology**, n. 14, 13-23, 2004.

RABARDEL, P.; BÉGUIN, P. Instrument mediated activity: from subject development to anthropocentric design. **Theoretical Issues in Ergonomics Science**, v. 6, n. 5, p. 429-461, 2005.

RIVILIS, I. et al. Effectiveness of participatory ergonomic interventions on health outcomes: a systematic review. **Applied Ergonomics**, n. 39, p. 342-358, 2008.

ROQUELAURE, Y. Workplace intervention and musculoskeletal disorders: The need to develop research on implementation strategy. **Occupational and Environmental Medicine**, n. 0, p. 1-2, 2007.

SARTRE, J. P. **L'être et le néant**. Paris: Gallimard, 1943.

SCHWARTZ, Y. Quel sujet pour quelle expérience? **Travail et Apprentissages**, n. 6, p. 11-24, 2010.

SIMONET, P. **L'hypo-socialisation du mouvement**: prévention durable des troubles musculo-squelettiques chez des fossoyeurs municipaux. Tese (Doutorado em Psicologia do Trabalho) - CNAM Paris, Paris, 2011.

SZNELWAR, L. I.; MASCIA, F. L.; BOUYER, G. L'empêchement au travail: une source majeure de TMS? **Activités**, v. 3, n. 2, p. 27-44, 2006.

TUNCEL, S. et al. Research to practice: effectiveness of controlled workplace interventions to reduce musculoskeletal disorders in the manufacturing environment - critical appraisal and meta-analysis. **Human Factors and Ergonomics in Manufacturing**, v. 18, n. 2, p. 93-124, 2008.

VAN RIJN, R. M. et al. Associations between work-related factors and specific disorders of the shoulder – a systematic literature review. **Scandinavian Journal of Work, Environment & Health**, n. 36, p. 189-201, 2010.

WELLS, R. Why have we not solved the MSD problem. **Work**, n. 34, p. 117-21, 2009.

WILSON, J. R.; HAINES, H. M. Participatory ergonomics. In: SALVENDY, G. (Ed.). **Handbook of human factors and ergonomics**. Chichester: Wiley & Sons, 1997. p. 490-513.

WISNER, A. Aspects psychologiques de l'anthropotechnologie. **Le Travail Humain**, v. 60, n. 3, p. 229-254, 1997.

13. Os projetos de concepção como oportunidade de desenvolvimento das atividades

Flore Barcellini, Laurent Van Belleghem e François Daniellou

A ergonomia da atividade desenvolveu ao longo dos últimos trinta anos uma abordagem de acompanhamento dos projetos de concepção, articulando análise ergonômica do trabalho, abordagem participativa e simulação do trabalho. Quando determinadas condições são reunidas, essa abordagem contribui para o *desenvolvimento de atividades*, e não apenas para a concepção de soluções esperadas no projeto. Favorece, assim, a apropriação e a implementação dessas soluções pelos trabalhadores, mas também seu domínio por outros atores da empresa. Isso ajuda a fortalecer tanto o sistema sociotécnico como as relações sociais em seu conjunto.

Esta *dimensão construtiva* não é apenas um efeito positivo induzido pela abordagem, ela deve ser considerada como um motor de desenvolvimento da capacidade dos homens e das mulheres da empresa para lidarem com as mudanças de sua situação de trabalho, podendo então contribuir ativamente para a sua concepção. Nesse dispositivo, a simulação do trabalho tem um papel central.

A dimensão construtiva inclui, sobretudo, o desenvolvimento:

- da atividade e das competências dos operadores e operadoras durante a condução do projeto, permitindo o início do domínio das situações futuras, mesmo antes de sua implantação;
- da atividade dos projetistas, por meio da confrontação antecipada de suas propostas com o trabalho real ainda durante o processo de concepção;
- do processo decisório, muitas vezes constituído por um conjunto de atores (direção, chefe de projetos, recursos humanos) para assumir tanto um papel hierárquico *vis-à-vis* as populações envolvidas pelo projeto e um papel de gerenciamento de projeto *vis-à-vis* os projetistas;
- da atividade dos órgãos representativos dos trabalhadores, que podem encontrar no dispositivo de simulação um meio para realinhar e reestruturar as relações sociais.

Esse desenvolvimento não ocorre para cada um dos atores individualmente. É criado no encontro de "mundos" (BÉGUIN, 2007; BÉGUIN, neste livro), proposto na abordagem e que nutre as aprendizagens mútuas entre esses atores.

Propomos que essa dimensão construtiva se torne um objetivo claramente enunciado da intervenção ergonômica na condução de projetos.

Depois de recordar as dificuldades dos projetos conduzidos oriundas de uma fraca referência ao trabalho real, e posteriormente os princípios da abordagem ergonômica de condução de projetos desenvolvida na França desde meados dos anos 1980, este capítulo apresentará:

- os efeitos constatados da simulação no desenvolvimento da atividade de cada um dos agentes e de suas relações;
- a argumentação em defesa de um posicionamento que valoriza a abordagem ergonômica do projeto como um processo construtivo;
- a necessidade de prosseguir na evolução do projeto inicial da ergonomia visando à adaptação do trabalho ao ser humano, expandindo-o para o desenvolvimento das atividades.

13.1 Os obstáculos provenientes de uma fraca consideração do trabalho na condução de projetos

Muitos projetos de investimento ou reorganização produzem resultados decepcionantes, cujos sintomas habituais são os atrasos com relação ao início das operações e a extrapolação do orçamento original isto ocorre devido aos necessários ajustes *a posteriori* ou às dificuldades em dominar o novo sistema por parte dos operadores, além de um grau insuficiente de funcionamento (WISNER; DANIELLOU, 1984), um prazo longo para alcançar os níveis almejados de funcionamento em quantidade e qualidade e, às vezes, a existência de acidentes graves.

A análise desses funcionamentos inadequados muitas vezes evidencia uma dupla falha na condução do projeto.

- Por um lado, a sua própria estrutura está frequentemente em questão: fraqueza da condução política do projeto e da definição dos objetivos; pouca presença dos responsáveis da operação no projeto; encaminhamento do projeto por engenheiros, enfocando as dimensões técnicas e subestimando as relacionadas com as características da população de trabalho, com a organização do trabalho e com a formação; falta de interações regulares entre definição da vontade (empreendimento) e busca das soluções (gerenciamento de projeto) (MARTIN, 2000); caráter tardio e parcial da informação-consulta dos órgãos representativos dos trabalhadores e descoberta muito tardia do projeto por parte dos operadores que atuarão no novo sistema.

- Por outro, os ergonomistas têm destacado a insuficiente consideração do trabalho humano nas decisões de concepção. O trabalho que acontece nas organizações anteriormente ao projeto é frequentemente abordado apenas em termos das tarefas prescritas. As regulações que os operadores e operadoras implementam para lidar com a variabilidade são ignoradas, o que, por exemplo, leva à concepção de automatismos simples demais, incapazes de lidar com situações de variabilidade (DANIELLOU, 1987a). O traba-

> lho futuro, que se dará no novo sistema, também é abordado em termos de procedimentos prescritos, com o pressuposto de que ele será apenas a sua execução. Os constrangimentos e as margens de manobra relativas à atividade de trabalho, consequências para a saúde e para a qualidade da produção dos bens ou dos serviços, são pouco considerados.

Em outras palavras, tudo se passa como se aqueles que prescrevem ignorassem, na reflexão sobre as evoluções futuras, os aprimoramentos da atividade. A Figura 13.1 representa esquematicamente o andamento de uma condução de projeto com pouca ou nenhuma consideração do trabalho real e o entrave que isso constitui para o desenvolvimento das atividades. A situação inicial é caracterizada por uma forma de articulação entre um sistema de prescrição e as atividades de trabalho que se influenciam mutuamente (RABARDEL, 1995; TERSSAC, 1992). Ignorando essa articulação, os projetistas definem um novo sistema de prescrição que, uma vez implementado, deverá ser mecanicamente "executado". As dificuldades anunciadas anteriormente aparecem então rapidamente. Duas lacunas nos projetos de concepção podem explicar o surgimento de tensões relacionadas a esses obstáculos:

- *Uma inadequação do dispositivo prescrito*: o novo sistema de prescrição (ferramentas, espaços, regras organizacionais) leva insuficientemente em consideração as lógicas estruturantes da atividade e de suas variabilidades. Isso resulta em regulações custosas para os operadores e operadoras.

- *Um déficit de desenvolvimento*: as atividades úteis para o funcionamento do novo dispositivo são insuficientemente desenvolvidas durante a sua implantação. Muitas vezes, espera-se que esse desenvolvimento aconteça "na experiência do novo dispositivo", mas as possibilidades disso ocorrer são muitas vezes dificultadas pela inadequação do novo sistema projetado com relação às lógicas estruturantes da atividade. As tensões persistem.

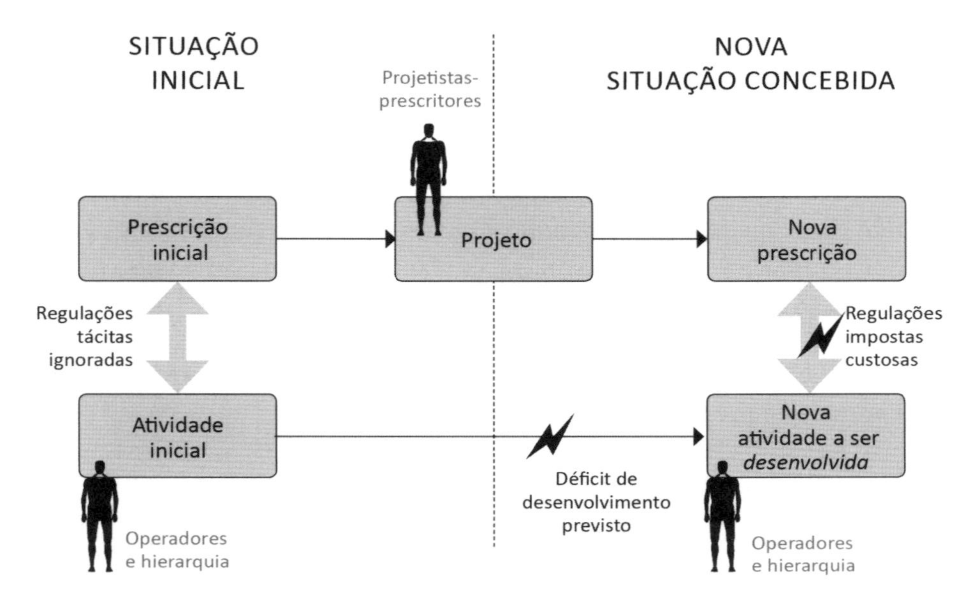

Figura 13.1 O déficit de desenvolvimento das atividades em uma condução de projeto sem a consideração do trabalho real.

Confrontada com as constatações oriundas da inadequação do dispositivo prescrito, a ergonomia da atividade (DANIELLOU, 1987b; GARRIGOU et al., 1995; MALINE, 1994; THEUREAU; PINSKY, 1984) desenvolveu, desde a década de 1980, abordagens para a concepção, e em seguida para a condução do projeto, cujo objetivo é favorecer uma melhor interação entre os atores do projeto, uma melhor consideração do trabalho anterior e uma antecipação da atividade futura. Uma síntese atualizada será apresentada a seguir.

13.2 A condução de projeto em ergonomia: uma abordagem para o enriquecimento do projeto por meio da consideração do trabalho

Na ergonomia da atividade, a finalidade dos projetos de concepção está menos relacionada com a definição das características dos artefatos (produtos, ferramentas, espaços, postos de trabalho etc.) do que com as especificidades das *situações de trabalho* em que esses artefatos estão presentes. Em uma situação de trabalho, a atividade se desenrola em um espaço enquadrado por um conjunto de prescrições: as tarefas a serem realizadas, os espaços de trabalho, os equipamentos e os *softwares*, a estrutura organizacional (alocação de efetivos, formas de contrato, repartição formal das tarefas, horários, regras etc.), os treinamentos oferecidos, entre outros. A concepção da *situação de trabalho* diz respeito então à definição desses diferentes componentes e das conexões entre eles, a fim de permitir a implantação de uma atividade eficaz e a preservação da saúde das pessoas.

A condução do projeto tem como objetivo enquadrar o processo de concepção dentro da empresa[1] e se apoia em uma abordagem:

- definida no início do projeto;
- finalizada pelo desejo de concepção ou transformação de uma ou mais situações de trabalho;
- socialmente situada, uma vez que implica um coletivo de atores com perspectivas diferentes;
- estruturada por uma organização e por um quadro temporal e financeiro limitado.

Isso implica fazer uma inversão na relação classicamente mantida entre ergonomistas e projetistas: o ergonomista não deve simplesmente se contentar em alimentar por meio de *recomendações* os processos de concepção de artefatos dominados apenas pelos projetistas, mas deve contribuir para o estabelecimento de uma *abordagem* global e estruturante (PINSKY, 1992) dentro da empresa, de modo a passar de um projeto conduzido pela técnica para uma condução do projeto focada nos trabalhos atual e futuro. Essa abordagem permite não só contribuir para a concepção de um sistema de trabalho de "qualidade", mas também para enriquecer os próprios objetivos do projeto. As decisões de concepção são ilustradas pelas arbitragens entre as diferentes dimensões do desempenho (humano, técnico, econômico), a articulação entre elas e os desafios relacionados à saúde.

---

1 O termo "empresa" cobre todas as instituições empregadoras (indústria, hospital, administração pública etc.).

Necessariamente, essa abordagem se baseia em uma análise do projeto e das atividades de trabalho (realizada pelos ergonomistas), no estabelecimento de uma abordagem estruturada, participativa e colaborativa (favorecida pelos ergonomistas), na realização de simulações do trabalho, que permitam projetar-se na atividade futura provável (instrumentada e facilitada pelos ergonomistas), na formalização dos resultados das simulações para os atores do projeto (projetistas, responsáveis pelas decisões etc., realizada pelos ergonomistas em colaboração com esses atores), no acompanhamento do projeto (conduzido pelos ergonomistas) até o início das operações.

Os atores que devem imperativamente estar implicados nesse processo de concepção participativa são:

- Os *responsáveis pelas decisões*, que muitas vezes agrupam um conjunto de atores (diretoria, chefe de projeto, recursos humanos). Eles são portadores das intenções do projeto e, na maioria das vezes, têm um duplo papel: ora estão envolvidos em uma relação funcional com os prescritores (como empreendedores), ora em uma relação hierárquica com os assalariados cuja situação eles decidiram transformar. Por isso, eles têm um papel fundamental de arbitragem entre os objetivos esperados no projeto e os seus efeitos sobre o trabalho real.

- Os *operadores e operadoras* cujas atividades serão transformadas nas situações abrangidas pelo projeto (incluindo a hierarquia).

- Os *projetistas*, mas também mais globalmente toda estrutura interna ou externa à empresa envolvida na prescrição do trabalho (departamento de métodos, engenharia de estudos e projetos, consultoria), que chamaremos de *prescritores*.

- Os órgãos representativos dos trabalhadores, que devem encontrar o seu lugar no dispositivo estabelecido para o projeto.

Essa abordagem está ilustrada na Figura 13.2. Ela comporta três etapas principais (analisar, simular e acompanhar), detalhadas a seguir. A simulação da atividade é o centro do processo.

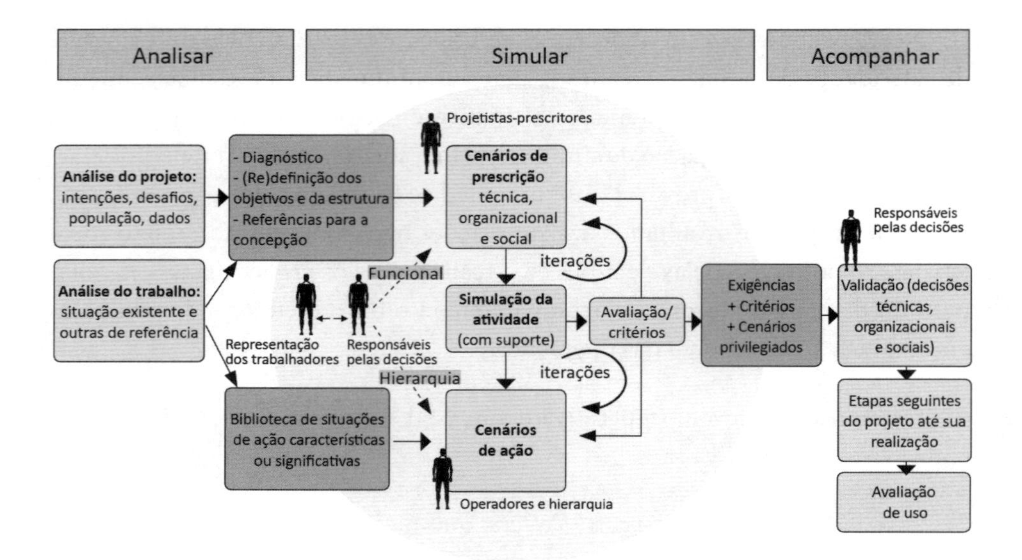

Figura 13.2 Abordagem (atualizada) de projeto proposto pela ergonomia da atividade.

13.2.1 Analisar: construir conhecimentos sobre o projeto e o trabalho real

A análise do projeto centra-se em seus primeiros objetivos e desafios (econômicos, de produção, relacionados às condições de trabalho) explícitos ou não; na estrutura de implementação do projeto, articulando a vontade relativa ao futuro por parte do empreendedor e a busca de soluções por meio do gerenciamento do projeto; na identificação da população afetada pelas futuras situações de trabalho; nos dados relativos à saúde e ao desempenho do sistema. Ela permite construir um diagnóstico de projeto orientado para os responsáveis pelas decisões e contribuir para a estruturação e redefinição dos objetivos do projeto.

A análise ergonômica do trabalho é o primeiro passo da abordagem de condução de projeto. O objetivo é produzir conhecimentos relacionados ao trabalho que serão úteis para a instrução das escolhas do projeto (ajuda ao enriquecimento dos objetivos, da organização e das primeiras escolhas) e para o prosseguimento da abordagem (transmissão de referências aos projetistas e condução das simulações). A *análise do trabalho* é realizada em toda situação de trabalho, usada como *referência,* tendo determinantes (técnicos, organizacionais, sociais) pertinentes com relação à situação inicial ou ainda, da situação futura de trabalho. Essa análise tem várias possibilidades: ela contribui para o enriquecimento do projeto, mas também visa abranger a produção de conhecimentos sobre o trabalho necessários para dar continuidade ao desenvolvimento da abordagem. A formalização desses conhecimentos é dirigida:

- a quem decide, capazes de fazer os objetivos do projeto evoluírem com base nas constatações feitas;

- aos *projetistas-prescritores*, por meio da formalização de *referências,* elucidando a elaboração das primeiras soluções de concepção (DANIELLOU, 2004), às quais daremos o status de *cenários de prescrição.*

- ao ergonomista, a partir da construção das bibliotecas de *situações de ação características* (DANIELLOU[2], 1987b, GARRIGOU et al., 1995, JEFFROY, 1987). Essas situações refletem a variabilidade das situações encontradas pelos operadores e operadoras e permitem antecipar o que eles terão de enfrentar no futuro. Elas possibilitam a elaboração de *cenários de ação* que serão "encenados" nas simulações.

13.2.2 Simular: avaliar e enriquecer as propostas dos projetistas

A simulação tem como objetivo, a partir da compreensão do trabalho real existente, "provocar a encenação" por parte das pessoas envolvidas do trabalho futuro provável (com base em cenários de ação), sob as condições impostas pelos novos cenários de prescrições, propostas pelo prescritores. A simulação do trabalho é um método projetivo (MALINE, 1994) que permite a antecipação das condições de realização da atividade em determinadas condições. Ela permite que a avaliação das propostas dos prescritores orientem as escolhas em direção a um determinado cenário de prescrição, representado por objetos intermediários (JEANTET et al., 1996), e favoreçam, pela iteração, sua melhora progressiva.

---

2 Nesse artigo, as situações de ação características são chamadas "ações-tipo", termo que foi posteriormente corrigido com base no trabalho de Jeffroy (1987).

Há duas modalidades principais pelas quais a simulação pode ser desenvolvida (DANIELLOU, 2007): em *escala natural*, por exemplo, usando um protótipo, os operadores e as operadoras poderiam então experimentar/vivenciar as melhorias (ou não) propiciadas pela nova solução, o que permite superar o posicionamento defensivo que leva a crer que nenhum aprimoramento é possível (NAHON; ARNAUD 1999); ou sobre um *suporte de simulação* em escala reduzida (por exemplo, uma maquete). Neste segundo caso, a atividade pode ser relatada verbalmente – falamos, então, em simulação de linguagem –, mas essa descrição traz o risco de que a simulação se fixe na descrição do fluxo das tarefas em vez de se fixar na atividade. O uso de um avatar para a mediação da atividade (VAN BELLEGHEM, 2012) favorece o "jogo" da simulação, permitindo que os operadores e operadoras encarnem suas ações simuladas, e contribui para que a descrição da atividade se torne mais próxima do real. A simulação alimenta o diálogo entre operadores e prescritores e possibilita a elaboração de soluções de concepção negociadas (por exemplo, DÉTIENNE, 2006; BÉGUIN, 2007 e neste livro), de compromisso, que são às vezes inovadoras, como mostra a experiência. A arbitragem desse diálogo fica a cargo dos responsáveis pelas decisões (em conexão com os representantes dos trabalhadores), os quais devem abrir ou fechar a busca de soluções de acordo com os objetivos desejados e os meios disponíveis para o projeto.

13.2.3 Acompanhar: "transformar o ensaio" da simulação

A simulação é central na abordagem ergonômica voltada para a concepção. No entanto, a sua implementação não é suficiente para atuar sobre a situação de trabalho futura. É ainda necessário que os cenários de prescrição privilegiados sejam validados pela instância de decisão do projeto, e que eles sejam realmente implementados desde o início. Isso tem várias implicações metodológicas. A validação pela instância de decisão requer que as escolhas de concepção e os compromissos assumidos sejam justificáveis em relação aos desafios do projeto: os critérios de seleção devem ter sido "traçados" durante as sessões de simulação. A concretização dos cenários de prescrição requer que os resultados das simulações sejam traduzidos na forma de requisitos apropriáveis pelos projetistas. Esses requisitos formais são um recurso essencial do trabalho destes profissionais e permitem que se progrida na concepção do futuro sistema, em sua concretização até o início das operações. A abordagem propicia o acompanhamento desse desenvolvimento pela implementação de modo iterativo de simulações cada vez mais detalhadas que permitam refinar o projeto do sistema, até o começo das operações.

A abordagem apresentada foi implementada muitas vezes desde a sua formalização inicial e hoje é utilizada não só para a concepção de sistemas técnicos, mas também para a criação de projetos de organização do trabalho (CARBALLEDA; DANIELLOU, 1997; PETIT; DUGUÉ; DANIELLOU, 2011; VAN BELLEGHEM, 2012; COUTAREL; PETIT, neste livro). Nessas ocasiões, observaram-se formas de desenvolvimento da atividade, particularmente nas fases de simulação, que acreditamos compensar a lacuna ligada ao déficit de desenvolvimento (identificada na Seção 1). Considerado até agora como um efeito induzido pela abordagem, esse desenvolvimento pode ser visto como uma das suas finalidades.

13.3 O projeto de concepção como oportunidade para o desenvolvimento das atividades

A implementação da abordagem descrita anteriormente produz efeitos que frequentemente excedem os objetivos iniciais do projeto. Em particular, observa-se que a participação instrumentalizada dos atores nessa abordagem contribui tanto para a concepção da situação futura como para o desenvolvimento de sua própria atividade, mesmo durante o processo. Também colabora para o desenvolvimento das atividades de outros atores engajados no processo: responsáveis pelas decisões, projetistas e representantes dos trabalhadores. Portanto, quando as condições estão reunidas, a abordagem reforça esses papéis e as inter-relações profissionais tanto durante o projeto (colaboração no projeto) como após o início das operações (cooperação no trabalho). Constata-se, então, que o sucesso do projeto depende tanto da pertinência das escolhas feitas nele como da qualidade do processo de desenvolvimento que a abordagem propiciou.

Os mecanismos de desenvolvimento observados serão descritos a seguir por tipos de atores.

13.3.1 O desenvolvimento da atividade dos operadores e operadoras

A abordagem proposta contém uma situação de atividade específica, *da simulação* (BÉGUIN; WEILL-FASSINA, 1997), entre a situação da atividade anterior e a nova situação projetada. Essa situação de transição oferece uma oportunidade para um desenvolvimento das atividades futuras dos "usuários" do sistema (principalmente dos diferentes operadores e operadoras e da supervisão) a montante da implementação do projeto, contribuindo para a sua concepção. A Figura 13.3 mostra esquematicamente a progressão.

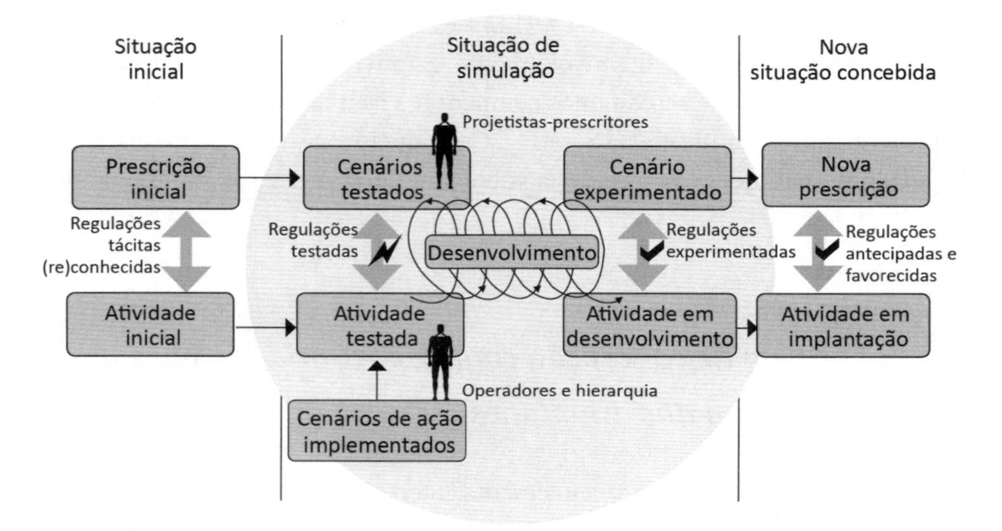

Figura 13.3 A situação de simulação, incubadora para o desenvolvimento das atividades.

Como afirmado, a simulação tem como objetivo fazer com que os operadores e as operadoras encenem o seu trabalho futuro provável com base em cenários de prescrição propostos por projetistas e também naqueles oriundos da análise de situações existentes. Esta é uma maneira de *experimentar o cenário de prescrição*, bem como a *atividade*. Primeiramente, nesse experimento aparecem dificuldades, impasses ou discordâncias (BÉGUIN, neste livro) durante a realização da atividade simulada. Essas dificuldades não têm consequências graves, pois surgem antes da concretização das soluções (justificando o uso do termo "cenário", que permite evoluções). Em vez disso, a evidenciação precoce (ao contrário do que acontece muitas vezes nos processos de concepção "clássicos") revela as lacunas que posteriormente desencadeariam dificuldades de funcionamento, evitáveis por meio de mudanças dos cenários de prescrição. Mas essas dificuldades podem também revelar as necessidades de desenvolvimento da atividade para que os operadores e as operadoras possam melhor se apropriar dos princípios da prescrição que se mostraram pertinentes. A simulação deve também permitir testar as modalidades dessa apropriação. Eventualmente, o cenário pode ser adaptado para facilitar esse processo de desenvolvimento. Assim realizada, a abordagem leva a conceber um sistema de prescrição baseado no desenvolvimento da atividade por ele propiciado.

Esse duplo movimento de desenvolvimento da prescrição e da atividade se parece com o processo de instrumentalização/instrumentação proposto por Rabardel (1995), que por sua vez é inspirado no conceito do processo de acomodação/assimilação de Piaget.

As iterações desse duplo movimento se apoiam em uma ampla gama de situações de ações características, levando à elaboração de um cenário de prescrição suficientemente estabilizado depois dos experimentos sucessivos. Mas elas também resultam na elaboração de novas formas de atividade, vivenciadas pelos operadores e operadoras envolvidos no processo, mesmo antes da implementação concreta do projeto. Na implementação, a atividade que começou a se desenvolver durante as simulações poderá então ser exercida no novo sistema, prosseguindo seu desenvolvimento. Na véspera do início das operações em uma nova instalação, do uso de um novo *software* ou de uma nova organização do trabalho, não é raro ouvir operadores e operadoras que participaram do processo mostrarem sua impaciência "de começar já", evocando sua confiança no sucesso do projeto – essa observação contesta diferentes linhas de condução e gestão de projeto, nas quais são regularmente observadas formas de resistência e desconfiança. Mas como a simulação considera vários cenários de prescrição (e não apenas o que será escolhido no final), ela propicia um espaço de exploração e experimentação ampla de modos de fazer e favorece o debate, e mesmo a controvérsia, não só entre os operadores e prescritores, mas também entre os próprios operadores e as operadoras. Ora, é exatamente esse tipo de debate, notadamente sobre os critérios da qualidade do trabalho, que Clot (2011) clama para lançar as bases do "bem-feito", sem o qual o "bem-estar" não é possível.

Assim, a simulação contribui para a construção de uma experiência rica, baseada em diferentes cenários explorados, expandindo gradualmente a "gama de gestos" profissionais possíveis (CLOT, 2011, p. 102). Mesmo se a atividade construída, na simulação continuar seu desenvolvimento na realidade, às vezes ela abrangerá uma gama mais ampla de possibilidades do que as necessárias na nova situação. A situação de simulação comporta realmente muitas "tentativas e erros" arbitrados coletivamente que contribuem para alimentar a atividade em desenvolvimento.

Para evitar uma discrepância entre os operadores que participaram das simulações e os outros, é necessário projetar um sistema complementar de formação com base em simulações do trabalho, mas apenas em torno do único cenário testado e validado. Espera-se dessa formação um desenvolvimento das atividades "de utilização" do futuro sistema antes de sua operacionalização.

13.3.2 O desenvolvimento da atividade dos projetistas

Os projetistas são convidados a participarem ativamente da simulação. Espera-se que eles proponham cenários de prescrição iniciais (e não apenas uma única solução), apoiados nas referências do diagnóstico, que assistam às simulações realizadas pelos operadores, que discutam e argumentem sobre seus critérios de avaliação e que façam evoluir os cenários para uma melhor integração da atividade em desenvolvimento. Nessa ocasião, constata-se também um desenvolvimento da atividade dos projetistas.

Geralmente envolvidos em um processo predominantemente técnico, centrado apenas no componente material ou procedimental do sistema que será concebido, os projetistas estão lidando aqui com a atividade dos operadores e suas possibilidades de desenvolvimento. Tornada visível por meio de simulação, essa atividade pode parecer inicialmente um constrangimento suplementar, um estorvo, que seria mais fácil ignorar. Mas ela rapidamente se torna o desafio da concepção, uma vez que demonstra ser a própria condição para o funcionamento do sistema.

Uma inversão ocorre: o aumento dos requisitos de concepção relacionados ao reconhecimento da atividade real de trabalho, de um constrangimento, torna-se recurso para os projetistas. Ao instrumentalizá-los para imaginar novas soluções e melhor atender ao debate de critérios entre os participantes (por exemplo, entre a exigência de produtividade e a de qualidade), o aumento dos requisitos se torna uma fonte de inovação (no sentido de que ela é apropriação), ampliando o leque de possibilidades. Se a tarefa, como aponta Clot (1999), é o resultado frio da atividade dos projetistas, há um desafio em colocar essa atividade "enquanto ainda ela está quente" à prova daquela em desenvolvimento pelos operadores. É nessa incubadora que se constitui a abordagem participativa, atividade que se torna "incandescente" pela simulação do trabalho, que as *aprendizagens mútuas* (BÉGUIN, 2007 e neste livro) entre projetistas e operadores se fortalecem e contribuem para o desenvolvimento da atividade dos projetistas.

O engajamento nessa abordagem implica que a atividade de concepção seja distribuída e que os projetistas aceitem compartilhar uma parte da concepção, especialmente no que diz respeito à elaboração:

- dos cenários de prescrição, para a qual cada participante (operadores, hierarquia, responsáveis pelas decisões, representantes dos trabalhadores) pode ser uma força de proposição;
- dos critérios de avaliação do sistema concebido, que não se referem apenas à coerência técnica do sistema, mas que são complementados por critérios relacionados ao desenvolvimento de uma atividade de trabalho eficaz, de qualidade e que produz sentido.

A partir desse ponto de vista, é paradoxal constatar que o desenvolvimento da atividade dos projetistas leva a uma "perda" dessa mesma atividade. A situação de simulação parece oferecer uma oportunidade para que o projetista reflita sobre sua própria prática (SCHÖN, 1983), o que o ajuda a orientar sua atividade para uma maior relevância do sistema projetado, mesmo que se distancie de seus modelos iniciais. Isso pode contribuir para a renovação do sentido da profissão dos engenheiros, prejudicados pelas falhas na condução e gestão dos projetos (CHARUE-DUBOC; MIDLER, 2002).

13.3.3 O desenvolvimento da atividade dos responsáveis pelas decisões

A abordagem contribui para o desenvolvimento do papel decisório. Ela permite aos responsáveis pelas decisões exercerem a primazia – e, portanto, a responsabilidade – de papel de gerenciamento de projeto que estabelece uma vontade para o futuro, em comparação com a dos empreendedores, cujo papel é encontrar soluções para implementar essa vontade. As discrepâncias entre "o que é desejado" e "o que é possível" exigem arbitragens, por meio de ajustes nos objetivos ou nos recursos. Essa primazia deve ser exercida em todas as dimensões (técnica, organizacional, formação) durante toda a duração do projeto, fato que pressupõe uma organização da atividade de decisão:

- De um lado, um coletivo de responsáveis, que representam as várias lógicas vitais para o desenvolvimento da empresa (finanças, marketing, recursos humanos, qualidade, segurança, meio ambiente, entre outros).

- De outro, uma representação permanente desse coletivo por meio de um chefe de projeto que assegura a interface cotidiana com os empreendedores.

O desenvolvimento da atividade de decisão passa notadamente por um reforço de consciência da diversidade de lógicas a serem consideradas, as contradições entre elas e o interesse de uma construção coletiva de compromisso dentro da equipe de direção. Colocando as prescrições técnicas e organizacionais à prova da simulação do trabalho, a abordagem ergonômica contribui para emergência da realidade e para evitar a construção de "defesas gestionárias" do tipo "de qualquer maneira vai funcionar." Ela traz à tona possíveis custos ocultos e conflitos de critérios. Mas também pode contribuir para a abertura de novas perspectivas de organização e gestão, as quais pareceriam incongruentes ou inacessíveis se sua viabilidade não tivesse sido elucidada por uma simulação.

Essa constatação pode levar os responsáveis pelas decisões a mudarem sua estratégia com relação ao anúncio de projetos subsequentes: em vez de esperar que o projeto tenha se estabilizado para anunciá-lo, eles podem considerar o anúncio precoce de projetos ainda incertos como uma oportunidade positiva para enriquecê-los, pelo debate centrado nas possibilidades para a atividade.

A abordagem ergonômica na condução de projetos também ajuda a reforçar o direito dos operadores e operadoras e da supervisão a "agirem" como interlocutores da concepção. A descoberta pelos responsáveis pelas decisões de que essa contribuição permite evitar grandes erros pode favorecer a instauração de novas práticas gestionárias. O mesmo acontece para as relações com os órgãos representativos dos trabalhadores.

13.3.4 O desenvolvimento da atividade dos representantes dos trabalhadores

A abordagem ergonômica descrita anteriormente também é um teste e uma oportunidade para os órgãos representativos dos trabalhadores, porque pode questionar uma cultura de representação por delegação, segundo a qual os próprios representantes dos trabalhadores se consideram como os únicos portadores legítimos do ponto de vista dos assalariados sobre suas condições de trabalho. É uma oportunidade, porque os resultados da análise da atividade constituem uma imagem dos assalariados não apenas como constrangidos por seu ambiente de trabalho, mas plenamente engajados na busca do que eles consideram um trabalho bem-feito (CHASSAING et al., 2011), e portadores de conhecimentos ignorados. Em alguns casos, essa inversão levou os sindicatos a mudarem explicitamente suas práticas nas relações com os assalariados, procurando baseá-las na compreensão do trabalho.

Tal abordagem pode contribuir para o desenvolvimento da atividade dos integrantes das instâncias de representação dos trabalhadores quando desafios organizacionais significativos estão presentes, oferecendo-lhe duas ferramentas principais: a compreensão detalhada da atividade existente e a reflexão sobre o futuro em termos de consequências para o trabalho. Um processo estruturado de esclarecimento com relação às escolhas pode assim se desenvolver, em vez dos confrontos habituais (DUGUÉ, 2008). A "rastreabilidade" das decisões de concepção e de projeto por meio da sua formalização permite também aos representantes dos trabalhadores, se necessário, lembrarem a sua importância caso estas sejam relegadas a fases de realização posteriores.

Esse desenvolvimento da atividade dos integrantes das instâncias de representação dos trabalhadores em torno da questão do "trabalho" não impede que considerem outras dimensões que não são objeto das simulações ergonômicas: o emprego, os salários, os papéis e a posição de cada um etc. Em alguns casos, há uma fertilização dessas dimensões "macro" pela reflexão sobre o trabalho desenvolvido no projeto: este é o caso, por exemplo, quando nas negociações sobre os efetivos são utilizados os cenários de ação propostos pelas simulações, a fim de que a quantidade de trabalhadores seja suficiente para dar conta não apenas das situações normais, mas também das emergentes.

13.4 Conclusão: da adaptação do trabalho ao desenvolvimento da atividade

O reconhecimento de um desenvolvimento das atividades em uma abordagem ergonômica para condução de projeto (e, mais amplamente, em qualquer situação de trabalho) é parte de uma nova evolução do projeto fundador da ergonomia, com vistas à "adaptação do trabalho ao ser humano". Esse objetivo foi inicialmente traduzido nas diretrizes originais da Ergonomics Research Society, em 1949, na expressão "*fitting the job to the worker*", na busca de uma adequação entre o trabalho e as características psicológicas e fisiológicas do ser humano. Essa orientação é refletida em particular no que Hubault e Bourgeois (2004) chamam de "a ergonomia da tarefa", com o desenvolvimento de prescrições ergonômicas diretamente aplicáveis à concepção dos meios de trabalho[3].

Paralelamente, desenvolveu-se uma "ergonomia da atividade" (especialmente em países de língua francesa, mas também nos escandinavos e sul-americanos), enfocando a contribuição ativa do operador para a realização das tarefas, dada a inexorável variabilidade das situações reais. Essa ergonomia da atividade, inicialmente centrada na compreensão do trabalho, se orientou na década de 1980 para a consideração do trabalho real na condução de projetos, como foi descrito anteriormente. O desafio é, então, conceber espaços para a atividade futura (DANIELLOU, 2004), deixando aos operadores e operadoras margens de manobra para agirem, possibilidades para a gestão de sua atividade e até mesmo para a criação de oportunidades de concepção continuada no uso (RABARDEL, 1995).

3 Esta dinâmica se desenvolveu nos Estados Unidos com o nome de *Human Factors* e no Reino Unido com o de *Ergonomics*. A convergência entre os dois termos se traduz pela mudança do nome da sociedade americana de Human Factors Society para Human Factors and Ergonomics Society em 1992, e pela transformação em 2009 da Ergonomics Society britânica em Institute of Ergonomics and Human Factors.

A perspectiva da "ergonomia construtiva" é, então, ampliar o conceito de "adaptação" para o de desenvolvimento da atividade: o objetivo do ergonomista é contribuir para a concepção das situações de trabalho que sirvam de ponto de apoio para o desenvolvimento da atividade dos homens e das mulheres envolvidos no projeto. Iniciar esse desenvolvimento desde a concepção das situações de trabalho, fazendo do processo de construção da experiência (pela simulação do trabalho) o critério de avaliação das soluções produzidas pelos projetistas-prescritores, pode ser uma escolha estratégica para o ergonomista.

Sem dúvida, essa perspectiva exige que se fortaleçam os programas de pesquisa, tanto na aprendizagem da ação dos diferentes atores envolvidos na condução de projeto (incluindo o ergonomista), quanto nos métodos e nas práticas de intervenção para apoiar o desenvolvimento de suas atividades.

Referências

BÉGUIN, P. Innovation et cadre sociocognitif des interactions concepteurs-opérateurs: une approche développementale. **Le Travail Humain**, v. 70, n. 4, p. 369-390, 2007.

BÉGUIN, P.; WEILL-FASSINA. **De la simulation des situations de travail à la situation de simulation**. La simulation en ergonomie: connaître, agir et interagir. Toulouse: Octarès, 1997.

CARBALLEDA, G.; DANIELLOU, F. Ancrer le changement de l'organisation dans une compréhension du travail actuel. **Educations**, n. 13, p. 50-55, 1997.

CHARUE-DUBOC, F.; MIDLER, C. L'activité d'ingénierie et le modèle de projet concourant. **Sociologie du Travail**, v. 44, n. 3, p. 401-417, 2002.

CHASSAING, K. et al. **Prévenir les risques psychosociaux dans l'industrie automobile**: elaboration d'une méthode d'action syndicale (recherche action). Emergences-CGT-Ires, 2011.

CLOT, Y. **La fonction psychologique du travail**. Paris: PUF, 1999.

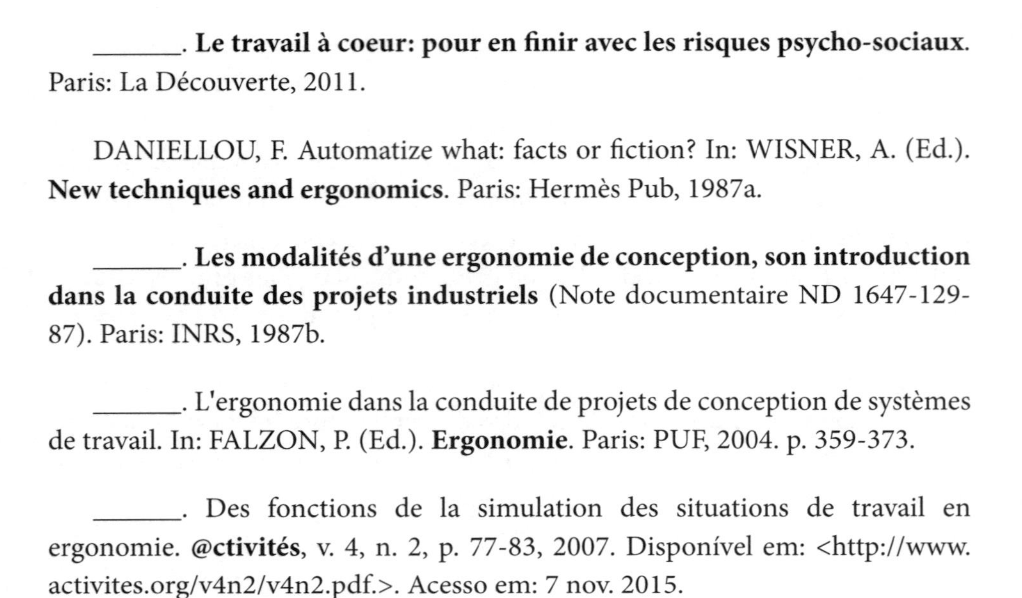

______. **Le travail à coeur: pour en finir avec les risques psycho-sociaux.** Paris: La Découverte, 2011.

DANIELLOU, F. Automatize what: facts or fiction? In: WISNER, A. (Ed.). **New techniques and ergonomics**. Paris: Hermès Pub, 1987a.

______. **Les modalités d'une ergonomie de conception, son introduction dans la conduite des projets industriels** (Note documentaire ND 1647-129-87). Paris: INRS, 1987b.

______. L'ergonomie dans la conduite de projets de conception de systèmes de travail. In: FALZON, P. (Ed.). **Ergonomie**. Paris: PUF, 2004. p. 359-373.

______. Des fonctions de la simulation des situations de travail en ergonomie. **@ctivités**, v. 4, n. 2, p. 77-83, 2007. Disponível em: <http://www.activites.org/v4n2/v4n2.pdf.>. Acesso em: 7 nov. 2015.

DÉTIENNE, F. Collaborative design: managing task interdependencies and multiple perspectives. **Interacting with Computers**, v. 18, n. 1, p. 1-20, 2006.

DUGUÉ, B. Les paradoxes de la participation du CHSCT dans la conduite des projets de conception. In: NEGRONU, P.; HARADJI, Y. (Ed.). **Ergonomie et conception**. 43ème Congrès de la SELF. Toulouse: Octarès, 2008. p. 49-53.

GARRIGOU, A. et al. Activity analysis in participatory design and analysis of participatory design activity. **International Journal of Industrial Ergonomics**, n. 15, p. 311-327, 1995.

HUBAULT, F.; BOURGEOIS, F. Disputes sur l'ergonomie de la tâche et de l'activité, ou la finalité de l'ergonomie en question. **Activités**, v. 1, n. 1, p. 34-53, 2004.

JEANTET, A. et al. La coordination par les objets dans les équipes intégrées de conception. In: TERSSAC, G.; FRIEDBERG, E. (Ed.). **Coopération et conception**. Toulouse: Octarès, 1996. p 87-100.

JEFFROY, F. **Maîtrise de l'utilisation d'un système micro-informatique par des utilisateurs non informaticiens**. Tese (Doutorado em Ergonomia) – CNAM Paris, Paris, 1987.

MALINE, J. **Simuler le travail**. Lyon: ANACT, 1994.

MARTIN, C. **Maîtrise d'ouvrage, maîtrise d'oeuvre, construire un vrai dialogue**. La contribution de l'ergonome à la conduite de projet architectural. Toulouse: Octarès, 2000.

NAHON, P.; ARNAUD, S. **Sortir de la boucle infernale**: essai de maîtrise dans trois abattoirs de porcs. Trabalho apresentado ao 34ème Congrès de la SELF. Caen, set. 1999.

PETIT, J.; DUGUÉ, B.; DANIELLOU, F. L'intervention ergonomique sur les risques psychosociaux dans les organisations: enjeux théoriques et méthodologiques. **Le Travail Humain**, v. 74, n. 4, p. 391-409, 2011.

PINSKY, L. **Concevoir pour l'action et la communication**: essais d'ergonomie cognitive. Berne: Peter Lang, 1992.

RABARDEL, P. **Les hommes et les technologies, approche cognitive des instruments contemporains**. Paris: Armand Colin, 1995.

SCHÖN, D. A. **The reflective practitioner**: how practitioners think in action. London: Temple Smith, 1983.

TERSSAC, G. de. **Autonomie dans le travail**. Paris: PUF, 1992.

THEUREAU, J.; PINSKY, L. Paradoxe de l'ergonomie de conception et logiciel informatique. **Revue des Conditions de Travail**, v. 9, p. 25-31, 1984.

VAN BELLEGHEM, L. **Simulation organisationnelle**: innovation ergonomique pour innovation sociale. Trabalho apresentado ao 42ème Congrès de la SELF. Lyon, set. 2012.

WISNER, A.; DANIELLOU, F. Operation rate of robotized systems: the contribution of ergonomic work analysis. In: HENDRICK, H.W.; BROWN Jr., O. (Ed.). **Human factors in organizational design and management**. Amsterdam: Elsevier Science Publishers B.V., 1984. p. 461-465.

14. Práticas reflexivas e desenvolvimento dos indivíduos, dos coletivos e das organizações

Vanina Mollo e Adelaide Nascimento

As organizações atuais, que se tornaram dinâmicas e imateriais, precisam ser capazes de responder às necessidades do mercado por meio de sua capacidade de adaptação, melhoria e inovação (DEVULDER; TREY, 2003), e não apenas por meio de sua capacidade de produção. Se antes a estabilidade dos sistemas de trabalho gerava uma aprendizagem a partir da repetição, e o desenvolvimento das competências e dos saberes individuais e coletivos era uma consequência mais ou menos aleatória do trabalho; nos dias de hoje, aprender a partir de casos singulares e desenvolver conhecimentos individuais e coletivos são necessidades para o desempenho.

Partimos da premissa de que qualquer atividade de trabalho tem uma dimensão produtiva, dirigida ao operador e aos objetos de sua tarefa, que consiste em transformar o real (material, simbólico, social) e uma dimensão construtiva, na qual o operador transforma a si mesmo ao transformar o real (SAMURÇAY; RABARDEL, 2004; DELGOULET; VIDAL-GOMEL, neste livro). O tempo da atividade produtiva é o do curso da atividade, enquanto o da construtiva apresenta uma outra dimensão temporal, um período longo que vai muito além da ação, o do desenvolvimento do indivíduo. Nesse sentido, as competências apresentam uma dinâmica, os resultados da ação se traduzem na atividade por meio das "evoluções das representações das situações e de sua gestão" (WEILL-FASSINA; PASTRÉ, 2004, p. 221).

Essas evoluções das representações vêm, entre outras, das situações de reflexividade, que permitem um distanciamento da ação. Esse espaço-tempo para além da atividade produtiva possibilita aos trabalhadores prepararem a sua próxima atividade, compartilharem com os colegas e ganharem um distanciamento com relação ao que acabaram de fazer. De acordo com esses princípios, os indivíduos aprendem, individual ou coletivamente, por meio dos saberes obtidos a partir dos resultados de sua própria atividade. As regras e os conhecimentos assim construídos podem se tornar uma ferramenta eficaz para a elaboração da ação e também beneficiar as organizações.

O desenvolvimento das competências combina, então, o aprendizado pela ação com o aprendizado por meio da análise da ação, "é a articulação desses dois momentos que é provavelmente característico da construção da experiência profissional" (PASTRÉ, 2005, p. 9), e do desempenho, a partir de um desenvolvimento permanente de eficácia da atividade produtiva.

O objetivo para a ergonomia não é mais apenas, como no passado, evidenciar os saberes e os saber-fazer desenvolvidos pela prática. Ela deve acompanhar esse movimento com os métodos apropriados e reflexivos. Conforme destacado por Amable e Askenazy (2005), aprender a aprender é ao menos tão importante quanto aprender (ver SIX-TOUCHARD; FALZON, neste livro).

Esses métodos têm um duplo objetivo de compreensão e ação. Visam dar a cada um uma melhor visibilidade e inteligibilidade do trabalho do outro, homogeneizar as práticas e/ou construir um delineamento para as práticas aceitáveis e, assim, favorecer o aparecimento de uma cultura coletiva (de segurança, de qualidade etc.). Trata-se de desenvolver simultaneamente os indivíduos e os coletivos.

Em outras palavras, trata-se de desenvolver o potencial capacitante das organizações (FALZON, 2005; 2007),

> *para que contribuam simultaneamente e de maneira perene à melhoria do bem-estar dos assalariados, ao desenvolvimento das competências*

e à melhoria do desempenho. Cada organização dispõe de um maior ou menor potencial capacitante. Mas esse potencial é muitas vezes subaproveitado, desconhecido ou não reconhecido, às vezes até mesmo impedido pela organização (FALZON; MOLLO, 2009).

Após definir brevemente a prática reflexiva, serão apresentados e ilustrados vários métodos que apoiam essa prática, e que abrirão caminho a algumas condições essenciais (as "regras de ouro") para que ela seja uma prática construtiva.

14.1 A prática reflexiva: uma prática construtiva

14.1.1 Desenvolver o potencial de ação dos indivíduos

A ideia de que a ação é fonte de desenvolvimento de saberes não é novidade na ergonomia. Toda atividade de trabalho inclui uma dimensão funcional ou produtiva, diretamente orientada para a realização da tarefa, e uma dimensão reflexiva ou construtiva, que tem como objeto a atividade produtiva e que, por sua vez, a transforma, mudando os operadores (FALZON, 1994; SAMURÇAY; RABARDEL, 2004). Essas duas dimensões são indissociáveis e se alimentam mutuamente.

A atividade reflexiva implica uma análise crítica da atividade,

seja para compará-la a um modelo prescritivo, em relação ao que se poderia ou se deveria ter feito diferente, ao que um outro profissional teria feito, seja para explicar ou criticar (PERRENOUD, 2001, p. 31).

Essa análise pode ser feita simultaneamente com a atividade (controle e avaliação da ação), ou por meio de uma "conversa reflexiva em relação à situação" (SCHÖN, 1993), ou ainda do exterior. De qualquer forma, seus efeitos vão muito além da lógica temporal da ação em curso. A atividade reflexiva permite que se construam saberes e saber-fazer destinados a uma eventual utilização posterior, contribuindo assim para facilitar a execução da tarefa ou melhorar o desempenho

(FALZON; SAUVAGNAC; CHATIGNY, 1996; FALZON; TEIGER, 1995). De fato, a atividade reflexiva permite aprender com a experiência, a partir da análise do que foi realizado, mas também do que não foi, do que foi impedido (CLOT, 2008), ou ainda do que foi feito por outros. Portanto, ela desenvolve o potencial de ação dos operadores e suas capacidades de arbitragem, tornando-os mais eficientes para atender à variabilidade das situações, individual ou coletivamente.

Conforme Perrenoud (2001, p. 14), devemos distinguir a prática reflexiva da reflexão episódica:

> *para se encaminhar em direção a uma verdadeira prática reflexiva, é necessário que essa postura se torne quase permanente, que se inscreva em uma relação analítica com a ação que se torna relativamente independente dos obstáculos encontrados ou das frustrações [...] refletir não se limita simplesmente a uma evocação, mas passa por uma análise crítica, uma discussão com as regras, as teorias ou com outras ações, imaginadas ou conduzidas em uma situação análoga.*

Discutiremos essa prática reflexiva para designar essa forma de reflexão sobre a ação, realizada fora do cenário funcional imediato e permitindo a análise crítica individual ou coletiva de uma situação de trabalho singular ou de um conjunto de situações.

A seção a seguir apresenta as principais características da prática reflexiva coletiva.

14.1.2 ... e os coletivos

A prática reflexiva coletiva se aproxima da cooperação "baseada em debates" (SCHMIDT, 1991) ou "confrontativa" (HOC, 1996). Tem fundamento na confrontação de um grupo de profissionais com relação à atividade de trabalho de um ou mais de seus membros, quer pertençam ou não à mesma área de atuação ou nível hierárquico.

O objetivo da prática reflexiva coletiva é aprender pela experiência:

> *para além dos conhecimentos estabelecidos, os conhecimentos na ação, os saber-fazer, as disfunções, os "saber-não-fazer" revelam conhecimentos cuja elaboração e transferência é conveniente. Trata-se de conhecer as práticas e de passar dos conhecimentos na ação para o conhecimento da ação (GAILLARD, 2009, p. 154).*

Essa prática reflexiva coletiva se inscreve na linha das teorias socioconstrutivistas, que enfatizam o importante papel das interações sociais nas aprendizagens individual e coletiva, e se aproxima notadamente da teoria do conflito sociocognitivo desenvolvido por Doise e Mugny (1981). De acordo com essa teoria, a interação social é construtiva se introduz um confronto entre concepções divergentes (GARNIER, 2005). Essa confrontação provoca um processo de conscientização nos indivíduos que descobrem diferentes pontos de vista que não o seu. O resultado é um questionamento sobre as opiniões de cada um que pode ser fonte de "progresso cognitivo" (GEORGE, 1983) pela resolução coletiva do conflito.

Assim, da mesma maneira que a deliberação de grupo (MANIN, 1985; URFALINO, 2000), a prática reflexiva coletiva é mais do que a soma de pensamentos individuais e tem um efeito duplo, individual e coletivo:

- individual, porque a percepção de pontos de vista divergentes conduz cada ator a analisá-los a partir do seu próprio ponto de vista, e, portanto, a expandi-lo, completá-lo e/ou modificá-lo;
- coletivo, porque a confrontação permite o desenvolvimento de novos saberes e saber-fazer.

Além da possibilidade que oferece, como no nível individual, de desenvolver as competências, a prática reflexiva coletiva tem duas vantagens principais.

Por um lado, ela fornece um espaço de troca sobre o trabalho que contribui para melhorar a eficácia da atividade produtiva, seja por meio da definição de uma solução que considere o máximo de critérios possíveis ("objetivar ou dar confiabilidade às soluções": BARTHE; QUÉINNEC, 1999) ou do aumento da quantidade de alternativas possíveis que são geradas durante a troca (CLARK; SMYTH, 1993, apud HOC, 1996).

Por outro lado, permite debater coletivamente sobre a variabilidade das situações e o tratamento dado a essa variabilidade, e assim desenvolver a capacidade de arbitragem dos indivíduos e dos coletivos para responder às situações futuras, novas ou imprevistas. Ao fazer isso, a prática reflexiva coletiva pode ser um meio de favorecer a produção e a manutenção de um coletivo de trabalho que, reelaborando as regras a fim de reduzir os conflitos de objetivos, constitui uma fonte para a saúde dos operadores (CAROLY, 2010; CAROLY; BARCELLINI, neste livro) e, ainda, para o desempenho global do sistema (DANIELLOU et al., 2009). Pode-se também pensar que ela desenvolve a confiança mútua a partir do desenvolvimento do coletivo de trabalho.

Apesar desses benefícios, frequentemente a prática reflexiva permanece oculta, não reconhecida e, até mesmo, combatida, porque não é "diretamente produtiva". O desafio para o ergonomista é torná-la visível, quando existe, ou acompanhar a sua implementação. Em outras palavras, o objetivo é que essa atividade construtiva se torne produtiva no âmbito da organização. Para tanto, existem alguns métodos, descritos a seguir.

14.2 Os métodos de assistência à prática reflexiva

Alguns métodos em ergonomia permitem incentivar o desenvolvimento de uma prática reflexiva. Visam sustentar uma reflexão instrumentalizada pela ação (a atividade é objeto de análise), sobre a ação (autoanálise individual e/ou coletiva) e para a ação (melhoria, elaboração de novos conhecimentos e ações sobre a prática). Sua principal característica é que implicam uma conscientização que se caracteriza por pelo menos dois fatores (MOLLO, 2004; MOLLO; FALZON, 2004):

- os operadores são colocados à distância do ambiente da tarefa. Isso permite que eles se concentrem nos conhecimentos e nas competências que utilizam durante a atividade;

- ao se tornarem analistas da sua própria atividade ou da dos outros, os operadores esclarecem o que fazem, como e porque fazem. Portanto, não se trata apenas de dizer o que sabem, mas também de descobrir um saber implícito e outras formas de fazer.

Então, os operadores são considerados tanto como tal quanto como analistas, o que constitui o ponto de partida da prática reflexiva. Isso obviamente não é novo na história da ergonomia (TEIGER, 1993; TEIGER; LAVILLE, 1991), mas as duas características anteriores são o núcleo dos métodos de assistência à prática reflexiva coletiva.

A atividade como objeto de reflexão pode ser representada de várias formas (filmes de atividade, relatos de situações, relatórios de observação da atividade etc.). É útil distinguir, em termos de benefícios e dos modos de organização, os métodos de confrontação individual dos de coletiva. Para tanto, nós nos basearemos em Mollo e Falzon (2004).

14.2.1 A autoconfrontação individual

A autoconfrontação individual consiste em confrontar um operador com a sua própria atividade. Ela oferece acesso às lógicas subjacentes à atividade e conduz os operadores:

- a se tornarem conscientes de seus próprios saber-fazer graças à descrição de sua atividade;

- a explicitar as lógicas que sustentam esses saber-fazer e que não são necessariamente conscientes, mas que se tornam devido ao processo de explicitação.

A autoconfrontação individual às vezes constitui um pré-requisito indispensável, ao qual podem se juntar outras formas de confrontação.

14.2.2 A aloconfrontação

A aloconfrontação consiste em confrontar um operador à atividade que ele pratica diariamente mas que, nesse caso, é exercida por um colega.

Os benefícios esperados deste método são:

- uma mudança de representação resultante do fato que os operadores colocam-se voluntariamente distantes de seu próprio ponto de vista;
- um entendimento de outras formas de realização da atividade que os leva a se tornarem conscientes de sua própria atividade em relação à dos outros;
- a análise crítica de seus próprios saberes e saber-fazer em relação aos dos outros;
- a construção de novos saberes.

A aloconfrontação pode ser individual ou cruzada. A primeira consiste em confrontar um operador com a atividade de outro, sem que este último esteja presente (mas com o seu acordo). Na segunda, dois operadores comentam respectivamente a atividade de seu colega (também conhecida como "autoconfrontação cruzada"; CLOT; FAÏTA; FERNANDEZ; SCHELLER, 2000). Do ponto de vista da pessoa que comenta, as características são as mesmas que as descritas anteriormente. Em contrapartida, o operador cuja atividade é comentada está confrontado com a representação que o outro tem de sua atividade, o que o leva a melhor justificar seus conhecimentos e explicitar alguns aspectos da atividade que não seriam desenvolvidos sem a intervenção de seu colega. O fato de comentar a atividade de outro colega em sua presença modifica profundamente a situação.

A aloconfrontação cruzada é uma forma especial de aloconfrontação, que termina geralmente por uma troca entre os dois protagonistas. Assim, proporciona um benefício adicional, isto é, a construção de procedimentos novos e compartilhados.

14.2.3 A confrontação coletiva

A confrontação coletiva é uma forma de atividade reflexiva coletiva durante a qual um grupo de operadores comenta a atividade de um ou vários dentre eles. O coletivo é composto por operadores que podem pertencer ou não à mesma área de atuação ou ao mesmo nível hierárquico.

Este método permite:

- a explicitação das representações dos membros do grupo;
- a construção de representações e saberes compartilhados, que resulta do compartilhamento de experiências individuais, o que permite uma aprendizagem mútua;
- a avaliação coletiva das várias modalidades de realização da atividade e soluções resultantes da confrontação.

A dinâmica da troca conduz os operadores a esclarecerem e avaliarem seus próprios saberes e saber-fazer em relação aos dos outros e a elaborarem novos. Esse processo, no entanto, não é sempre visível e explícito. Os saberes podem ser construídos sem que seu detentor os relate ao coletivo.

14.2.4 Análise custo-benefício dos métodos apresentados

Como mencionado, os métodos de confrontação podem ser utilizados em uma perspectiva compreensiva ou de ação (MOLLO; FALZON, 2004). A primeira é principalmente orientada para o analista, uma vez que, ao incentivar a explicitação espontânea, os métodos de confrontação permitem uma melhor compreensão da atividade e das lógicas individuais e coletivas que a fundamentam. A perspectiva de ação é especialmente voltada para os operadores: comentando sua própria atividade, sendo confrontado com a atividade de seus colegas, ou explicando sua própria atividade a um ou mais colegas, os operadores obtêm uma melhor compreensão de sua atividade, modificando seus conhecimentos, adaptando seus procedimentos e construindo novos. Assim, eles transformam o trabalho.

Por definição, a autoconfrontação individual não permite o desenvolvimento de saberes compartilhados. O potencial de crescimento individual também é limitado, uma vez que o operador comenta sua própria atividade. Por outro lado, para todos os outros métodos apresentados, confrontar os operadores com uma atividade que não é a deles permite que mudem suas representações e seus conhecimentos, assim como construam novos (ver Figura 14.1).

A aloconfrontação cruzada é certamente o método mais eficiente para desenvolver os conhecimentos individuais, uma vez que o baixo número de participantes oferece um tempo de troca mais longo.

A aloconfrontação individual é o método que oferece o menor potencial de desenvolvimento de conhecimentos coletivos, já que o operador está só quando comenta a atividade de um colega.

A aloconfrontação cruzada e a confrontação coletiva podem ser métodos muito eficazes para desenvolver os conhecimentos coletivos, com um benefício adicional para a segunda, uma vez que a primeira é limitada a um par de operadores.

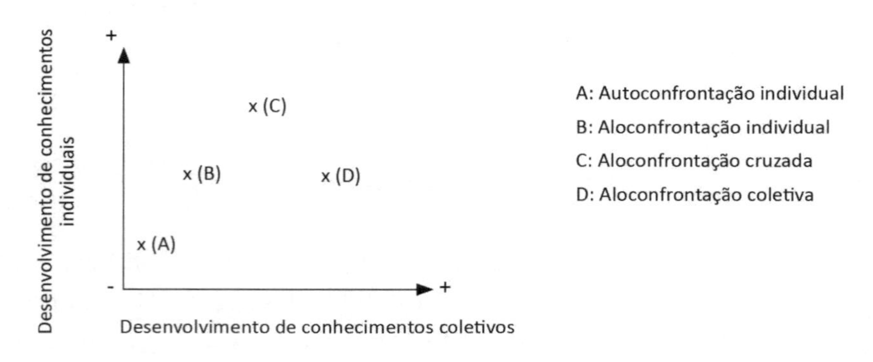

Figura 14.1 Classificação dos métodos de aloconfrontação segundo o tipo de conhecimentos (individuais e coletivos) que eles favorecem (MOLLO; FALZON, 2004).

14.3 Exemplos de aplicação dos métodos de assistência à prática reflexiva

Esta seção apresenta alguns exemplos de aplicação dos métodos de confrontação usados por ergonomistas em diferentes contextos. Eles ilustram variadas modalidades da prática reflexiva, suas especificidades e pontos em comum, especialmente relacionados aos benefícios esperados, mas obviamente não são os únicos exemplos utilizados na ergonomia.

14.3.1 Reflexão sobre as práticas a partir das atividades filmadas

Nos estudos aqui descritos, a prática reflexiva tem como base a análise de filmes que representam a atividade de trabalho, com o objetivo de elaborar soluções comuns (técnicas, organizacionais etc.), considerando a realidade do trabalho.

As atividades de reflexão coletiva assistida por vídeo (RCAV), descrita por Mhamdi (1998), são um exemplo. Elas se inscrevem em um cenário de reuniões coletivas entre os operadores e a hierarquia. A pesquisa de Mhamdi teve como objetivo analisar, a fim de reduzir sua incidência, acidentes de origem elétrica dentro de uma empresa de produção, transmissão e distribuição de energia. Os filmes vistos durante as reuniões mostraram as intervenções diárias realizadas pelos operadores, e algumas foram realizadas por eles próprios em situações reais. Em intervalos regulares, um grupo formado por operadores, engenheiros de segurança, gerentes e supervisores voluntários se reunia para discutir os casos. O objetivo não era julgar os operadores nem reforçar as regras de segurança, mas fazer uma análise crítica dos modos operatórios, discutir a aplicabilidade, a utilidade e a pertinência das regras em relação aos constrangimentos reais da atividade e identificar possíveis soluções para melhorias, sejam elas técnicas, procedimentais ou organizacionais. O autor mostrou que os acidentes eram raros ou inexistentes nas áreas em que existia uma prática regular de discussão coletiva sobre os filmes da atividade de trabalho.

O vídeo também foi usado como suporte para a técnica de confrontação em uma intervenção realizada em uma associação de produtores de açafrão que desejavam capitalizar os saberes e saber-fazer locais para apoiar o relançamento do cultivo do produto na sua região (MOLLO; FALZON, 2004). Essa demanda enfrentava dois grandes desafios. Por um lado, os produtores aprendiam por tentativa e erro, pois não detinham os conhecimentos locais e era impossível transpor literalmente as práticas de cultivo de outros países (devido às condições climáticas). Além disso, os produtores estavam geograficamente distantes uns dos outros, e nenhuma tarefa era realizada em copresença.

Foram realizados três tipos de confrontação:

- autoconfrontações individuais com todos os produtores filmados, a fim de explicitar as lógicas subjacentes à atividade (gestos e ferramentas utilizados, estratégias relativas ao momento da colheita, influência das fases anteriores etc.);

- aloconfrontações individuais com os produtores filmados e com os não filmados, a fim de tornar visível a diversidade dos saberes no âmbito do coletivo e de explicitá-los;

- uma confrontação coletiva, envolvendo os produtores filmados realizada à distância dos outros.

Os resultados mostraram que a aloconfrontação individual tem sido uma ferramenta para compartilhar os saber-fazer: o olhar sobre a atividade do outro permite que cada produtor tenha acesso a uma parte de seus saberes e saber-fazer. De alguma maneira, esse método possibilitou compensar a ausência de compartilhamento em um lugar comum. Por outro lado, a aloconfrontação individual constitui uma ferramenta de formação e aprendizagem: a confrontação com a atividade dos outros conduziu os produtores tanto a reforçarem suas próprias representações e saberes, como, pelo contrário, a modificá-las, graças ao processo de explicitação que ela provoca. A confrontação coletiva não só permitiu iniciar um processo de formalização dos saber-fazer a partir da análise da atividade de trabalho, mas também levou os produtores a perceberem o benefício de compartilhar as experiências individuais, a se apropriarem do vídeo como uma ferramenta de análise e compartilhamento e a organizarem sessões de poda coletiva para que a atividade se tornasse fonte da construção de uma experiência compartilhada.

14.3.2 Reflexão sobre as práticas a partir de situações não nominais

Os dois estudos aqui apresentados ilustram uma forma de prática reflexiva que é baseada no tratamento de situações não nominais (SNN), isto é, que se desviam do prescrito ou colocam um problema da sua aplicabilidade.

O primeiro consistiu em analisar o funcionamento das reuniões de concertação pluridisciplinar (RCP) em oncologia. Esses encontros semanais reuniam especialistas de diferentes subespecialidades (cirurgia, oncologia, radioterapia, ginecologia etc.), com o propósito de fornecer soluções terapêuticas para as SNN, que constituem um problema para a aplicabilidade dos referenciais terapêuticos.

A análise da atividade realizada nas RCPs (MOLLO, 2004; MOLLO; FALZON, 2008) mostrou que, de acordo com o esperado, elas permitem a garantia de confiabilidade das decisões. Mas os benefícios superam o apoio à decisão. O raciocínio coletivo desenvolvido sobre as SNNs desencadeia uma avaliação crítica cruzada com relação às várias alternativas propostas, e permite a definição coletiva do espaço de soluções aceitáveis e inaceitáveis. Assim, elas permitem delimitar as fronteiras do gênero local, dentro das quais os médicos são livres para escolher, dentre as alternativas possíveis, as que melhor se adequam às situações particulares e à sua própria experiência.

Ao fazer dessa maneira, as RCPs são ferramentas de aprendizagens individual e coletiva, os profissionais são conduzidos a considerar uma série de critérios novos explicitados pelos colegas e a integrar as regras construídas coletivamente. Devido ao tratamento repetido de problemas semelhantes nas RCPs, certas regras de adaptação circunstanciais se tornaram regras estabelecidas que sustentam o gênero profissional local, ou seja, a fronteira das regras de adaptação consideradas como aceitáveis.

O segundo estudo refere-se ao método *julgamento diferencial de aceitabilidade* (JDA), proposto por Nascimento (2009). Esse método é uma forma de confrontação coletiva realizada a partir dos cenários escritos de SNNs.

As análises realizadas no campo da radioterapia, uma especialidade multidisciplinar (que inclui radioterapeutas, físicos especializados em medicina, dosimetristas, técnicos de radiologia etc.), mostram que face a uma mesma

SNN, os julgamentos dos diferentes profissionais sobre a aceitabilidade da situação divergem (NASCIMENTO, 2009; NASCIMENTO; FALZON, 2008) e isto está relacionado com a sua atividade. As diferenças no julgamento a respeito das discrepâncias dão origem a intensas discussões, permitindo a evidenciação do trabalho real e seus constrangimentos, favorecendo o compartilhamento de saberes e o desenvolvimento de competências individuais e coletivas. Como ferramenta de ação, por meio do julgamento do espaço das práticas aceitáveis, o JDA permite que os profissionais delimitem o conjunto das fronteiras da confiabilidade de seu sistema de trabalho. Por fim, favorece o desenvolvimento do coletivo: os profissionais consideram as possibilidades, assim como os constrangimentos que seus colegas enfrentam, e os integram a fim de definir o leque de possibilidades.

14.4 As regras de ouro da prática reflexiva

O estabelecimento da prática reflexiva coletiva visando a sua contribuição para o desenvolvimento contínuo dos indivíduos e da organização remete a organizar os espaços que permitam a discussão de arbitragens feitas pelos operadores para atender às condições reais da realização da atividade de trabalho. Mas, para isso, uma série de condições devem ser preenchidas e desenvolvidas, conforme descrito a seguir. A lista não é exaustiva, mas consideramos que o não cumprimento de uma das regras de ouro não permitirá obter os benefícios descritos anteriormente. Essas "regras de ouro" não têm a intenção de detalhar a realização técnica dos métodos empregados, mas sim precisar o cenário para que os métodos possam ser qualificados como construtivos.

14.4.1 Centrar no real da atividade de trabalho

A prática reflexiva deve ter como objeto a atividade real de trabalho. Para evitar a deriva em direção a uma discussão geral sobre o emprego ou a vida da organização, ela pode ser instrumentalizada com filmes, fotos ou relatos de situações, destacando as condições reais de realização do trabalho.

Pode ser o caso de lidar com situações particulares ou, ao contrário, com a repetição de situações similares, o essencial é instaurar o debate sobre o trabalho. No entanto, dois grandes tipos de situação podem ser objeto de debate:

- as não nominais, a fim de debater as contradições vividas no trabalho (DETCHESSAHAR, 2011) e avaliar a aceitabilidade das diferentes arbitragens possíveis (NASCIMENTO, 2009; MOLLO; FALZON, 2008);
- as consideradas como significativas para os atores, que podem ajudar a capitalizar as práticas que funcionam bem (GAILLARD, 2009).

14.4.2 A regularidade de um coletivo perene

Para que a prática reflexiva se mantenha no longo prazo, ela pressupõe a regularidade de um coletivo perene. Essa condição é determinada por três fatores principais.

Primeiro, como mencionado, a prática reflexiva deve ser regular, por um lado, para tratar um maior número de situações, por outro, para que permita manter uma cultura de trabalho coletivo e manter atualizado um referencial operativo comum. Finalmente, como apontou Detchessahar (2001), discussões demasiadamente espaçadas conduzirão inevitavelmente ao distanciamento dos problemas cotidianos do trabalho, beneficiando as informações mais gerais relacionadas à vida da organização.

Em segundo lugar, o debate sobre o trabalho supõe uma simetria das relações entre os diferentes membros, mesmo que eles sejam assimétricos na organização (MAGGI, 2003). Isso é necessário para garantir a liberdade de expressão dos atores e evitar juízos de valor. Na verdade, o objetivo é compreender a atividade em relação aos constrangimentos e às dificuldades que os operadores têm que gerir, e não reforçar ou relembrar as regras. Isso significa que, quando a hierarquia está presente, ela adota uma atitude compreensiva e não prescritiva.

Terceiro, a prática reflexiva envolve uma participação voluntária de todos, papéis definidos e um empenho de cada um no longo prazo. Na verdade, é importante que o grupo seja relativamente estável e restrito para garantir uma boa dinâmica das trocas (MAGGI, 2003), assim como um acompanhamento das ações em curso. Isso não exclui a ideia de uma geometria variável referente aos temas tratados e das mobilidades internas dos membros, mas a constituição do grupo deve ser considerada e adaptada ao objeto central.

14.4.3 A elaboração e a avaliação negociada das soluções

O interesse da prática reflexiva coletiva é que ela constitui um espaço de confrontação entre o prescrito (a tarefa) e o real (a atividade), mas também entre diferentes modalidades de realização da atividade. Em outras palavras, o objetivo é analisar a variabilidade, não para eliminar as discrepâncias entre o prescrito e o real, mas para melhor compreendê-las e geri-las de modo consciente e fundamentado.

A análise coletiva também deve ter como objetivo desenvolver coletivamente as soluções técnicas (por exemplo, compra de materiais) ou organizacionais (divisão de tarefas, horários, formação etc.), algumas das quais podem ser objeto de experimentação. Isso implica confrontar as lógicas dos operadores com os de outros atores da organização, para trabalhar sobre as adaptações necessárias.

Esse duplo objetivo, de análise e ação, é condição *sine qua non* para o apoio da hierarquia e para a consideração da realidade do trabalho nas evoluções organizacionais. Mas isso requer sua implicação e engajamento.

14.4.4 A implicação e o engajamentos dos gestores

Para que a prática reflexiva coletiva permita o desenvolvimento contínuo dos indivíduos e da organização, ela deve ter um lugar conhecido por todos e reconhecido e, ainda, ser incentivada e assistida pela instituição.

Ela deve ser um instrumento de organização apoiado pela direção para que os recursos materiais e humanos sejam disponibilizados (DETCHESSAHAR, 2011), e para que as soluções que surgirem a partir dessas reflexões sejam incentivadas e experimentadas. Conferir tal estatuto à prática reflexiva pressupõe o comprometimento da organização em revelar as contradições e perturbações a fim de discuti-las e superá-las. Como Gaillard (2009) aponta, para algumas formas de retorno da experiência, isso implica "reconhecer que 'o erro apontado' é uma fonte de progresso [...] e que essas perturbações existem na própria organização, e é preciso assumir e discutir a situação".

A implicação de um certo nível de hierarquia na animação desses espaços de reflexão é uma maneira de valorizar o conteúdo das trocas e soluções elaboradas no nível da direção (CLERGEAU et al., 2006). Em alguns casos, pode ser útil e necessário que certos membros da hierarquia sejam treinados na abordagem da análise de trabalho de modo a serem capazes de conduzir os debates com base na realidade do trabalho, e fazerem valer as evoluções construídas no nível organizacional.

14.5 Conclusão

Desenvolver a prática reflexiva coletiva para que se torne uma fonte de progresso das organizações equivale a considerá-la como uma atividade de gestão (GAILLARD, 2009; DETCHESSAHAR, 2011) e para organizar o trabalho de organização (TERSSAC, 2002). Isso implica que os conhecimentos mobilizados e elaborados pelos espaços reflexivos não são úteis apenas internamente, mas são usados como base para o desenvolvimento de saberes e/ou ferramentas que permitam transformar a organização. Está subentendida, também, a necessidade de implicação da direção na organização dessas práticas, de modo que as soluções elaboradas possam ser defendidas neste nível a fim de trazerem mudanças concretas apoiadas por todos os níveis hierárquicos da organização (DETCHESSAHAR, 2011; DANIELLOU, 2012).

Os benefícios alcançados por meio da reflexividade e a implementação de soluções de melhoria das condições de trabalho têm efeitos sobre a construção da saúde no trabalho. De fato, o bem-estar mental se construirá a partir de capacidades disponíveis e mobilizáveis, ao contrário da "miséria cognitiva". Ter uma boa saúde cognitiva significa "ser competente", ou seja, ter a possibilidade "de dispor de competências que permitam ser contratado, ter sucesso e progredir" (MONTMOLLIN, 1993, p. 40). Do nosso ponto de vista, a possibilidade de discutir sobre os constrangimentos e os recursos de trabalho real favorece o desenvolvimento de competências, como discutido, mas, além disso, favorece o desenvolvimento dos homens e das mulheres no trabalho, dos coletivos e da organização. Um círculo virtuoso se instala: mais competentes, e com condições de trabalho favoráveis, os operadores são capazes de assegurar o desempenho desejado. Desse modo, "eles vão melhor porque eles são melhores".

Referências

AMABLE, B; ASKENAZY, P. **Introduction à l'économie de la connaissance** (Rapport Unesco: Construire les sociétés du savoir). Paris: UNESCO, 2005.

BARTHE, B.; QUÉINNEC, Y. Terminologie et perspectives d'analyse du travail collectif en ergonomie. **L'Année Psychologique**, n. 99, p. 663-686, 1999.

CAROLY, S. **Activité collective et réélaboration des règles**: des enjeux pour la santé au travail. Habilitação para dirigir pesquisas. Université Bordeaux 2, Bordeaux, 2010. Disponível em: <http://tel.archives-ouvertes.fr/tel-00464801/fr/>. Acesso em: 25 set. 2015.

CLERGEAU, et al. **Transformation des organisations et santé des salariés**: proposition d'un programme de recherche. Trabalho apresentado ao 17ème Congrès de l'AGRH: le travail au coeur de la GRH. Reims, nov. 2006.

CLOT, Y. **Travail et pouvoir d'agir**. Paris: PUF, 2008.

CLOT, Y. et al. Entretiens en auto-confrontation croisée: une méthode en clinique de l'activité. **Pistes**, v. 2, n. 1, 2000.

DANIELLOU, F. **Les facteurs humains et organisationnels de la sécurité industrielle**: des questions pour progresser. Cahiers de la Sécurité Industrielle, 2012. Disponível em: <http://www.FonCSI. org/en/cahiers/>. Acesso em: 25 set. 2015.

DANIELLOU, F.; SIMARD, M.; BOISSIÈRES, I. **Facteurs humains et organisationnels de la sécurité industrielle**: un état de l'art. Toulouse: FonCSI, 2009.

DETCHESSAHAR, M. Santé au travail. **Revue Française de Gestion**, v. 5, n. 214, p. 89-105, 2011.

DEVULDER, C.; TREY, P. **Organiser la production en équipes autonomes**. Saint-Denisla-Plaine: AFNOR, 2003.

DOISE, W.; MUGNY, G. **Le développement social de l'intelligence**. Paris: Inter-Editions, 1981.

FALZON, P. Les activités méta-fonctionnelles et leur assistance. **Le Travail Humain**, v. 57, n. 1, p. 1-23, 1994.

______. **Developing ergonomics, developing people**. Trabalho apresentado à 8th South-East Asian Ergonomics Society Conference SEAES-IPS (Plenary paper). Denpasar, maio 2005.

______. Enabling safety: issues in design and continuous design. **Cognition, Technology and Work**, v. 10, n. 1, p. 7-14, 2007.

FALZON, P.; MOLLO, V. Para uma ergonomia construtiva: as condições para um trabalho capacitante. **Laboreal**, v. 5, n. 1, p. 61-69, 2009.

FALZON, P.; SAUVAGNAC, C.; CHATIGNY, C. **Collective knowledge elaboration**. Second International Conference on the Design Cooperative Systems. Juan les Pins, jun. 1996.

FALZON, P.; TEIGER, C. Construire l'activité. **Performances Humaines et Techniques**, n. hors-série, p. 34-40, set. 1995.

GAILLARD, I. S'organiser pour apprendre de son expérience. In: TERSSAC, G.; BOISSIÈRES, I.; GAILLARD, I. (Ed.). **La sécurité en action**. Toulouse: Octarès, 2009. p. 151-174.

GARNIER, P. H. Conflit socio-cognitif et système de soin. In: MÉNARD, O. (Ed.). **Le conflit**. Paris: L'Harmattan, 2005. p. 143-156.

GEORGE, C. **Apprendre par l'action**. Paris: PUF, 1983.

HOC, J. M. **Supervision et contrôle de processus**: la cognition en situation dynamique. Grenoble: PUG, 1996.

MAGGI, B. **De l'agir organisationnel**. Un point de vue sur le travail, le bien-être, l'apprentissage. Toulouse: Octarès, 2003.

MANIN, B. Volonté générale ou délibération? Esquisse d'une délibération politique. **Le Débat**, n. 33, p. 72-93, 1985.

MHAMDI, A. **Les activités de réflexion collective assistée par vidéo**: un outil pour la prévention. Tese (Doutorado em Ergonomia) – CNAM Paris, Paris, 1998.

MOLLO, V. **Usage des ressources, adaptation des savoirs et gestion de l'autonomie dans la décision thérapeutique**. Tese (Doutorado em Ergonomia) – CNAM Paris, Paris, 2004.

MOLLO, V.; FALZON, P. Auto- and allo-confrontation as tools for reflective activities. **Applied Ergonomics**, v. 35, n. 6, p. 531-540, 2004.

______. The development of collective reliability: A study of therapeutic decision-making. **Theoretical Issues in Ergonomics Science**, v. 9, n. 3, p. 223-254, 2008.

MONTMOLLIN, M. **Compétences, charge mentale, stress**: peut-on parler de santé "cognitive"? Trabalho apresentado ao 28ème congrès de la SELF. Genève, set. 1993.

NASCIMENTO, A. **Produire la santé, produire la sécurité**. Développer une culture collective de sécurité en radiothérapie. Tese (Doutorado em Ergonomia) – CNAM Paris, Paris, 2009.

NASCIMENTO, A.; FALZON, P. **Reliability assessment by radiotherapy professionals**. Trabalho apresentado à Healthcare systems, Ergonomics and Patient Safety International Conference (HEPS'2008). Strasbourg, jun. 2008.

PASTRÉ, P. Introduction. La simulation en formation professionnelle. In: PASTRÉ, P. (Ed.). **Apprendre par la simulation**. De l'analyse du travail aux apprentissages professionnels. Toulouse: Octarès, 2005. p. 7-13.

PERRENOUD, P. **Développer la pratique réflexive dans le métier d'enseignant**. Paris: ESF, 2001.

SAMURÇAY, R.; RABARDEL, P. Modèles pour l'analyse de l'activité et des compétences, propositions. In: SAMURÇAY, R.; PASTRÉ, P. (Ed.). **Recherches en didactique professionnelle**. Toulouse: Octarès, 2004.

SCHMIDT, K. Cooperative work: a conceptual framework. In: RASMUSSEN, J.; BREHMER, B.; LEPLAT, J. (Ed.). **Distributed decision making**. Cognitive models for cooperative work. New York: John Wiley & Sons, 1991. p. 75-100.

SCHÖN, D. **Le praticien réflexif**. A la recherche du savoir caché dans l'agir professionnel. Montréal: Logiques, 1993.

TEIGER, C. Représentation du travail et travail de la représentation. In: WEILL-FASSINA, A.; RABARDEL, P.; DUBOIS, D. (Ed.). **Représentations pour l'action**. Toulouse: Octarès, 1993. p. 311-344.

TEIGER, C.; LAVILLE, A. L'apprentissage de l'analyse ergonomique de travail, outil d'une formation pour l'action. **Travail et Emploi**, n. 47, p. 53-62, 1991.

TERSSAC, G. **Le travail**: une aventure collective. Toulouse: Octarès, 2002.

URFALINO, P. La délibération et la dimension normative de la décision collective. In: COMMAILLE, J.; DUMOULIN, L.; ROBERT, C. (Ed.). **La juridicisation du politique**. Paris: L.G.D.J., 2000.

WEILL-FASSINA, A.; PASTRÉ, P. Les compétences professionnelles et leur développement. In: FALZON, P. (Ed.). **Ergonomie**. Paris: PUF, 2004. p. 213-231.

15. A coanálise construtiva das práticas

Justine Arnoud e Pierre Falzon

15.1 Organização: de uma estrutura prescrita estática a um sistema dinâmico coconstruído

Nas teorias clássicas da organização esta é limitada a sua simples estrutura: uma hierarquia e regras de funcionamento a (se fazer) respeitar para alcançar os objetivos desejados. Essas teorias foram a base das organizações tayloristas e estão ainda muito presentes nas empresas de hoje (PETIT, 2005). O indivíduo aparece como uma engrenagem da "máquina" organizacional.

Desde os anos 1980, as representações da organização evoluíram sob a influência conjunta das ciências de gestão, da sociologia e da ergonomia. Essa transformação das representações tem diversas origens.

Por um lado, a instabilidade do ambiente, juntamente com as mudanças tecnológicas, induziu a se dar maior importância à capacidade das organizações para evoluir e inovar. Nesse contexto, o capital humano e o processo de desenvolvimento contínuo dos saberes emergiram como elementos essenciais para o desenvolvimento das organizações. No modelo de capital humano, proposto por Becker, o capital de uma organização inclui também o conjunto dos conhecimentos e saber-fazer das pessoas que lá trabalham. Esse capital se autogera no uso: a experiência permite a cada um aumentar seu capital humano. A organização pode então escolher "investir" nele, para fazê-lo "frutificar", proporcionando condições favoráveis ao seu crescimento. Esse modelo foi retomado nas teorias da aprendizagem organizacional (ARGYRIS; SCHÖN, 1978), ou da organização que aprende (SENGE, 1991), as quais visam especificamente desenvolver o capital humano.

Por outro lado, os novos modelos têm minado a visão estrutural da organização. As teorias de estruturação (GIDDENS, 1987) e da regulação sociais (REYNAUD, 1989) salientam a importância da dialética entre o núcleo organizacional e as ações.

Giddens (1987) foi um dos primeiros a considerar a estrutura (regras e recursos) e as ações individuais como "os dois polos solidários de uma mesma dualidade"; a primeira é ao mesmo tempo cenário das interações e o resultado destas. Em outras palavras, "as propriedades estruturais dos sistemas sociais são ao mesmo tempo o meio e o resultado das práticas que elas organizam" (GIDDENS, 1987, p. 75).

A teoria da regulação social proposta por Reynaud (1989) e desenvolvida por Terssac (TERSSAC; MAGGI, 1996; TERSSAC, 2003) também associa à dimensão estrutural aquela das práticas presentes na organização. Nesses trabalhos, a organização é apresentada como o fruto de um compromisso permanente entre regras explícitas, oficiais e advindas dos prescritores e as normas cotidianamente elaboradas pelos atores da organização, que reagem à prescrição com base nas suas próprias necessidades de ação, nos eventos que enfrentam e nas lacunas ou na falta de efetividade do que foi prescrito. A organização é então pensada como o produto de uma permanente dinâmica social interna.

Nessa perspectiva, a organização pode ser comparada ao que Rabardel (1995; BOURMAUD, neste livro) chama de "instrumento", em que a estrutura é um artefato (modelos, *softwares*, signos, regras) que se articula sobre esquemas de utilização, desenvolvidos por operadores a fim de lidar com as situações encontradas. O desenvolvimento dos esquemas de utilização pelos operadores e os mecanismos de apropriação permitem que cada um possa se apropriar do artefato ("ter em mãos") e modificá-lo para melhor se servir.

A estrutura organizacional pode facilitar ou dificultar o desenvolvimento de esquemas; às vezes, ela está determinada de tal forma que dificilmente se presta à adaptação dela mesma por suas interações. A articulação entre a estrutura e as ações só é efetivamente possível sob determinadas condições; entre elas, a organização deve facilitar a aprendizagem por meio dos "fatores de conversão" que conduzem a um "ambiente capacitante", conceitos que serão desenvolvidos na seção seguinte.

15.2 Para o desenvolvimento conjunto de pessoas e de organizações: os ambientes capacitantes

A ergonomia tem um papel na construção dessa dialética, que reflete a necessidade de religar a organização "regrada" (os processos e procedimentos prescritos) e "gerenciada" (ações individuais e coletivas que a reorganizam). Esse trabalho de reorganização pelos atores só é possível se a organização propicia um ambiente favorável, ou seja, se os operadores têm a liberdade que realmente lhes permite implementar os recursos de que dispõem.

Aqui nos apoiaremos nos trabalhos de Sen (2010). Esse autor propõe uma teoria da justiça e da liberdade com base na ideia de "capabilidades". O conceito desse termo refere-se ao conjunto de funcionamentos verdadeiramente acessíveis a um indivíduo, quer ele faça uso deles ou não. Desse modo, reflete o poder efetivo de escolha. Ser livre é ter opções verdadeiramente acessíveis. O objetivo das políticas públicas, para Sen, é o desenvolvimento de "capabilidades". É a partir desse ângulo que devem ser avaliadas as sociedades humanas.

A teoria do capital humano e o modelo das "capabilidades" estão intimamente ligados com a ergonomia: a atividade de trabalho permite o aumento das competências e dos saberes as potencialidades individuais pressupõem um ambiente favorável ao seu exercício.

Esses modelos levaram ao desenvolvimento do conceito de ambiente capacitante, como objetivo geral de adaptação dos sistemas de trabalho (FALZON, 2005a; PAVAGEAU; NASCIMENTO; FALZON, 2007; FALZON, neste livro). O ambiente capacitante é definido como não deletério, não excludente e que permite às pessoas terem sucesso e se desenvolverem. Ao contribuir para o desenvolvimento cognitivo dos indivíduos e das equipes, um ambiente capacitante estimula a aprendizagem e amplia as capacidades das pessoas, as suas opções e as suas escolhas.

De fato, a mera existência de recursos, internos ao sujeito (capacidades, competências) ou externos (dispositivos técnicos e organizacionais, os colegas etc.), não é suficiente. Estes devem ser "convertidos" em capabilidades, por intermédio de dispositivos específicos, os fatores de conversão (FERNAGU-OUDET, 2012a). Por sua vez, estes dizem respeito ao "conjunto de fatores que facilitam (ou dificultam) a capacidade de um indivíduo fazer uso dos recursos disponíveis para convertê-los em realizações concretas" (FERNAGU-OUDET, 2012a, p. 10). Um ambiente capacitante, portanto, não pode estar limitado à mera presença de recursos, ele deve garantir a possibilidade de sua conversão em realizações concretas.

Essa visão tem implicações em termos de metodologias de intervenção na (re)concepção organizacional. Uma abordagem geral sobre esta questão será apresentada na Seção 4 e ilustrada com um exemplo. O objetivo é produzir um processo capacitante no próprio curso da intervenção e, em um prazo mais longo, pela implementação e pelo desenvolvimento dos fatores de conversão.

15.3 Os ambientes capacitantes à luz dos trabalhos sobre as organizações

Por meio da abordagem instrumental utilizada para redefinir a organização e o quadro conceitual sobre os ambientes capacitantes, vamos defender aqui uma definição desse tipo de ambiente como "instrumentalizável" que se presta à sua própria adaptação e favorece a emergência de uma propriedade capacitante.

Nessa perspectiva, o objetivo para a ergonomia é:

- em primeiro lugar, atualizar os recursos existentes, de todos os tipos, e os fatores de conversão envolvidos, tanto aqueles que funcionam negativamente (impedem um uso eficaz e eficiente dos recursos) como aqueles que, ao contrário, contribuem para o desempenho (permitem a sua mobilização);

- em segundo lugar, com base nesse diagnóstico, implementar um dispositivo para "dar a partida" a fatores de conversão positivos e duradouros, ou seja, processos individuais e coletivos capazes de melhorar de forma contínua a organização.

Nesse contexto, trata-se de conceber ambientes não somente adaptados e adaptáveis, mas "propícios ao debate", em que as "invenções" cotidianas dos atores são discutidas e podem ser integradas à estrutura de modo que a concepção continue no uso. Trata-se, portanto, de promover um "trabalho de organização" (TERSSAC, 2003), no qual a instituição, concebida como um artefato, é o resultado de uma atividade contínua da criação de regras e em que novas regras venham a substituir gradualmente aquelas em vigor.

Uma "boa" organização é, então, aquela que podemos "ter em mãos" e que podemos adaptar às várias situações que precisam ser gerenciadas (COUTAREL; PETIT, 2009; PETIT; COUTAREL, neste livro): "aquela inventada cotidianamente pelos atores, tanto para produzir um serviço de qualidade, como para facilitar as suas trocas" (TERSSAC, 2003, p. 133).

15.4 O acompanhamento dos atores na reconcepção da organização: a coanálise construtiva das práticas

Considerar a organização como aquela "que se pode ter em mãos" é postular dois processos com consequências no plano metodológico. De um lado, os operadores devem se apropriar do artefato e remodelarem-no a fim de facilitar seu uso no cotidiano. De outro, essa apropriação é potencialmente uma fonte de reconcepção da organização pelos operadores, a qual é facilitada ou inibida pelas possibilidades oferecidas pela estrutura e especialmente pela discussão relativa aos ajustamentos oriundos do trabalho de organização, incluindo os critérios de concepção contidos no artefato proposto. São esses dois movimentos que constituem a unidade fundamental para um ambiente capacitante e que convêm identificar e acompanhar, se necessário.

Para isso, uma metodologia chamada "coanálise construtiva das práticas" é proposta e detalhada nesta seção. Destina-se a implementar e acompanhar uma prática reflexiva (MOLLO; NASCIMENTO, neste livro) a partir das práticas observáveis. Ao fazê-lo, o objetivo é acompanhar a reconcepção progressiva da organização em uma perspectiva desenvolvimentista, passando por quatro etapas. Inicialmente, o objetivo é identificar os recursos – individuais e organizacionais – existentes e os fatores de conversão que facilitam ou dificultam a utilização efetiva deles (Etapas 1 e 2). A partir desse diagnóstico, o objetivo é implementar um dispositivo para "impulsionar" os fatores de conversão positivos e sustentáveis (Etapa 3). Finalmente, devem-se observar os efeitos do dispositivo em termos de resultados concretos no plano de atividade das pessoas e modificação do artefato (Etapa 4).

Essa metodologia é apresentada a seguir e é ilustrada com inserções que descrevem uma intervenção realizada no âmbito de uma mudança organizacional. A empresa na qual foi realizada a intervenção escolheu agrupar suas operações de apoio: os serviços de pagamento de salários de seus vários estabelecimentos e subsidiárias foram agrupados dentro de um Centro de Serviços Compartilhados (CSC). O CSC é uma entidade juridicamente autônoma, que realiza uma parte ou todas as tarefas de uma ou mais operações ditas de "apoio" da organização à qual essa entidade pertence (VILLARMOIS; TONDEUR, 2002). Essa mudança tinha como objetivo obter economias de escala, permitindo às unidades operacionais, as quais se tornam "clientes", se concentrarem em suas atividades fins. A intervenção começou um pouco mais de um ano após a mudança. O CSC tinha grandes dificuldades e até mesmo havia questionamentos sobre sua viabilidade. A direção dos recursos humanos e de certas unidades de clientes queria compreender como e por que as dificuldades se multiplicaram e buscava melhorar o funcionamento da nova organização.

Etapa 1. Observação inicial da estrutura e de suas possibilidades

Em um primeiro momento, trata-se de identificar as características da estrutura organizacional e suas consequências sobre o trabalho dos operadores. O objetivo é considerar a organização como um artefato e apreender simultaneamente as características dele e o seu impacto sobre a atividade de trabalho. Entrevistas com os projetistas e os gestores foram feitas, os documentos prescritivos e, mais genericamente, qualquer documento relativo ao trabalho, foram coletados e analisados, e uma análise ergonômica do trabalho tanto antes como após a implementação da nova organização foi realizada. As análises da situação "antes da reorganização" podem ser feitas na situação real, nos locais onde a reorganização ainda não tenha ocorrido, ou podem se apoiar em entrevistas retrospectivas.

O artefato "Centro de Serviços Compartilhados" (CSC) e seus efeitos sobre a atividade

No CSC, um pré-diagnóstico foi realizado para entender como a nova organização foi implementada e para identificar os seus recursos e suas potencialidades.

De acordo com a direção, a implementação dos CSC foi necessária por ser evidente: esse "modelo" fora aprovado em outras empresas e já era hora de implementá-lo contratando empresas externas e especialistas na questão. Os atores se submeteram a essa implementação e rapidamente surgiram muitos obstáculos, tanto dentro do CSC como nas unidades de clientes.

A compartimentalização entre as unidades e o CSC foi desejada e garantida pela assinatura de um contrato de serviço, em que a necessidade do cliente é supostamente conhecida e no qual o fornecedor se compromete a prestar o serviço conforme uma lista de especificações em um dado período e a um dado custo (SARDAS, 2002). Então, os operadores do CSC tornaram-se prestadores de serviços encarregados de uma prestação sem a possibilidade de estabelecer uma "relação de serviço" com seu cliente – já que essa relação foi julgada como desnecessária no modelo.

As possibilidades de escolha das quais os indivíduos dispunham daí em diante em relação à sua situação anterior foram analisadas utilizando a metodologia comparativa proposta por Sen (2009/2010). Dois serviços de pagamentos de salários foram estudados; um antes da sua conversão em CSC e outro no próprio CSC (ARNOUD; FALZON, 2012). Os resultados mostram uma tendência à diminuição das opções possíveis dentro do CSC. As mudanças tecnológicas constrangem os modos de fazer, obrigando os operadores a um tratamento dos salários apenas no monitor do computador e com ferramentas "rígidas", pouco maleáveis. Por outro lado, a cooperação cliente-fornecedor tal como está organizada (separação de tarefas, proibição de telefonemas), por um lado, não permite que os operadores a "organizem" e, por outro, prejudica a produção de pagamentos de qualidade.

O modelo do artefato "CSC" levou a um forte confinamento da atividade dos gestores e a uma diminuição dos recursos mobilizáveis, isto é, a fatores de conversão negativos.

Etapa 2. Identificação dos processo de reconcepção no uso

A segunda etapa consiste em identificar as tentativas dos operadores visando "ter a organização em mãos" e determinar se esses esforços contribuem para uma reconcepção progressiva da organização. O objetivo aqui é mostrar, na perspectiva proposta por Rabardel (1995), como e de que maneira a concepção prossegue no uso. Essas tentativas de reorganização são sinais das principais dificuldades sentidas pelos operadores. Elas indicam as zonas de impedimento, que tentam contornar ou eliminar, de modo mais ou menos clandestino. Entrevistas e uma análise ergonômica do trabalho, realizadas em vários períodos distintos, podem facilitar a obtenção de dados.

A reconcepção progressiva da nova organização por parte dos operadores

Simultaneamente à identificação da diminuição das escolhas disponíveis, os operadores desenvolveram "usos" da estrutura CSC com o objetivo de reintroduzir a "capacitância", por meio de uma extensão das capabilidades. Algumas vezes, essas tentativas permitiram uma modificação de certos princípios prescritos. Aqui está um exemplo.

Nem todas as instruções prescritas foram respeitadas pelos operadores, em particular aquela que proibia as comunicações telefônicas com o cliente; essa instrução se flexibilizou, já que os responsáveis perceberam rapidamente que a comunicação com o cliente era uma condição para o sucesso da nova organização. Os telefones não foram retirados, e os gestores não hesitaram em usá-los, quando necessário: "Não podemos falar com nossos clientes ao telefone, mas lutamos para poder" (Gestor do CSC).

O conjunto das regulações observadas mostrou que o CSC, concebido por outros, é gradualmente reconcebido pelos atores a fim de facilitar o seu uso no cotidiano. Uma apropriação do "artefato CSC" é realizada pelos operadores: segundo eles, a produção de um pagamento de qualidade só pode ser feita com a ajuda do "cliente", que é considerado um parceiro da atividade. Essa apropriação desempenha o papel de fator de conversão: as trocas e as negociações com o cliente feitas pelo telefone permitem aumentar o "poder de fazer melhor". O cliente é um recurso, mas não foi pensado como tal durante a concepção. Portanto, observa-se que há uma lacuna entre os usos previstos na concepção e a apropriação do artefato em situação. Portanto, se essas regulações às vezes modificaram alguns princípios organizacionais, os recursos do meio e os do indivíduo permanecem separados. Os gerentes desejam encontrar os clientes, chamá-los com o sentimento compartilhado de que "poderíamos fazer melhor juntos". A organização separa estritamente as tarefas, limita os meios de comunicação (o telefone é considerado "uma perda de tempo") e continua convencida de que o desenvolvimento das ferramentas eliminará a necessidade das interações. As tentativas dos operadores de modificarem o ambiente a fim de converter a relação cliente-fornecedor em oportunidade são consideradas pelos responsáveis pelas decisões como "desvios", e não são discutidas. Elas são insuficientes para facilitar uma compreensão mútua entre os parceiros e favorecer a construção de um "coletivo transversal" (MOTTÉ, 2012; MOTTÉ; HARADJI, 2010) com base em um trabalho de articulação e de ajuste entre os atores – no caso presente, clientes e fornecedores – chamados a fazer coisas diferentes, mas de forma coordenada (LORINO; NEFUSSI, 2007). Além disso, as dificuldades persistem: de relacionamento, relatos irreconciliáveis, busca dos "culpados" etc.

No caso do CSC, a estrutura projetada inicialmente dificulta as oportunidades de transformação dos recursos em oportunidades efetivas e de reconcepção organizacional no uso. Os desejos dos operadores se chocam com a fragilidade das oportunidades oferecidas – fragilidades em grande parte, relativa ao "modelo" CSC e à relação cliente-fornecedor instaurada.

Etapa 3. Coanálise construtiva das práticas

Reconceber a organização não é nem fácil, nem sempre possível. Por conseguinte, é necessário estabelecer um método para auxiliar as tentativas feitas pelos operadores de reconcepção no uso, não só justificando a sua utilidade para a hierarquia, mas também acompanhando os atores. O objetivo é, então, implementar fatores de conversão positivos e duradouros identificados no momento do diagnóstico e, em particular, promover a emergência de um coletivo transversal.

Para isso, um método de "coanálise construtiva das práticas" pode ser implementado. Destina-se a debater o trabalho entre os diferentes profissionais envolvidos na nova organização; aqui, clientes e fornecedores. A exemplo dos métodos de assistência à prática reflexiva (MOLLO; NASCIMENTO, neste livro), o de coanálise construtiva tem um duplo objetivo: uma melhor visibilidade do trabalho do outro e a construção de práticas aceitáveis para todos com o objetivo de reconceber a organização. Ele é descrito como "construtivo" porque atende aos seguintes critérios (as "regras de ouro", MOLLO; NASCIMENTO, neste livro): tem como objeto a atividade real de trabalho, é baseado na vontade e nas tentativas dos operadores, tem como objetivo o desenvolvimento de novas soluções organizacionais e o apoio da gestão é um pré-requisito para a sua implementação e a sua continuidade.

A abordagem proposta é a seguinte: inicialmente, são organizadas visitas durante as quais duplas de operadores que interagem à distância em tempo normal se encontram (isso, claro, pressupõe o acordo dos operadores). O operador visitado realiza suas tarefas do dia, verbalizando em voz alta sua atividade, explicando suas limitações, suas dificuldades, seus critérios etc. O operador visitante observa a atividade e, escuta as verbalizações feitas e intervém quando deseja, para pedir mais explicações, para que ele mesmo as forneça, para reagir à situação etc. Em um outro dia, a situação se inverte: o operador visitado se torna visita e vice-versa. O profissional responsável pela intervenção está presente e registra as trocas.

Em um segundo momento, as dificuldades identificadas e as novas práticas propostas precisam ser debatidas no âmbito de um grupo de trabalho, associando os operadores que participaram do dispositivo e, de modo mais amplo, as equipes envolvidas, o que inclui a hierarquia de proximidade (supervisores, por exemplo).

A coanálise construtiva das práticas combina vários métodos:

- um método de verbalização conjunta à atividade (ERICSSON; SIMON, 1984; LEPLAT; HOC, 1984), que permite exteriorizar os processos internos do sujeito no curso da ação. Ele torna visíveis as atividades mentais subjacentes às condutas dos sujeitos. Esse trabalho de explicitação é útil para o operador visitado e para que seu visitante possa melhor compreender a atividade e os constrangimentos do outro;

- um método reflexivo do tipo "aloconfrontação cruzada", em que todos são confrontados com a atividade de seu parceiro (MOLLO; FALZON, 2004; NASCIMENTO; MOLLO, neste livro). Um aspecto original é que a prática reflexiva baseia-se na atividade de outro em situação, e não, como classicamente, sobre uma gravação dessa atividade. Esta copresença permite a interação entre os sujeitos mesmo durante o desenrolar da atividade;

- um método do tipo "condução de enquete", na acepção de Argyris e Schön (1978), que permite a discussão e a resolução de "dúvidas" ou "conflitos" relacionados à atividade conjunta dos operadores. Essas dúvidas são refletidas na "convicção difusa de que poderíamos fazer melhor" (LORINO, 2009, p. 93). A recomposição, um tempo, de uma atividade fisicamente "explodida", facilita a realização de uma enquete e a busca de soluções para melhor agir em conjunto. O operador visitante, colocado no centro da situação de seu parceiro, pode ressaltar as dúvidas diárias ou experimentar "surpresa" pela observação. Neste último caso, a situação vista não corresponde às expectativas ou às representações do operador visitante. Podem acontecer atividades discursivas entre os parceiros, durante as quais novos pensamentos e ações são discutidos. Os operadores experimentam, alternadamente, a postura de ator (e não apenas de simples espectador), buscando compreender a atividade conjunta para melhorá-la.

Os benefícios esperados da coanálise construtiva das práticas são múltiplos:

- para os operadores, a verbalização permite "falar sobre o trabalho" e facilita um trabalho de exteriorização durante o qual a atividade é reificada e exteriorizada em relação ao operador (FALZON, 2005b). A verbalização aqui se dirige a um parceiro, o trabalho torna-se visível e pode ser debatido. Essas discussões podem levar a um verdadeiro "trabalho de organização" (TERSSAC, 2003), a partir da reconstrução compartilhada dos procedimentos, das regras e das modalidades de fazer;

- para a organização, a metodologia pode ter o efeito de criar uma cultura coletiva no sentido da presença de todos na atividade de cada um (NASCIMENTO, 2009). Essa cultura é uma garantia da qualidade e continuidade do serviço;

- finalmente, para o analista, a postura adotada é específica: a sua contribuição é mais um acompanhamento do que um ensino. O analista ajuda os operadores a expandirem e aprofundarem suas investigações sobre a organização (ARGYRIS; SCHÖN, 1978). Ao fazê-lo, a metodologia implantada visa associar os operadores na reconcepção organizacional. Ela se enquadra no âmbito da concepção participativa, cujo interesse e eficácia foram amplamente demonstrados na ergonomia.

A implantação de uma coanálise construtiva entre o cliente e o fornecedor

No contexto dos CSC, novas observações evidenciaram os sintomas de uma atividade coletiva perturbada. Muitas dissonâncias foram observadas no "final do ciclo": os gestores dos pagamentos de salários não tinham as informações necessárias em tempo hábil, recebiam informações inúteis, pedidos ambíguos, entre outros. A observação paralela de seus clientes permitiu ver que estes representavam mal as necessidades dos gestores e tinham dificuldades em pensar a atividade dos gestores em sua própria atividade. Muitos relatos irreconciliáveis foram identificados, levando não à melhoria da atividade conjunta, mas sobretudo à busca dos responsáveis. Todos duvidavam do caráter otimizado da atividade, mas sem ter os meios necessários para transformá-la. Muitas vezes, a estrutura CSC e seus procedimentos impediam o acionamento de uma "enquete espontânea" entre o cliente e o fornecedor. No entanto, novas práticas surgiram: os gestores não hesitavam em usar o telefone, e alguns encontros "informais" entre o cliente e o seu gestor foram organizados para compreender melhor a atividade do outro e os efeitos de sua própria atividade na atividade do parceiro. A metodologia de coanálise construtiva foi imaginada a partir dessas práticas emergentes e da vontade, amplamente expressa pelos operadores, de "se ver", "se conhecer" e "se compreender".

Foi dada a todos a instrução de observar a atividade de seu parceiro, este último sendo convidado a verbalizar em voz alta a sua atividade. O observador podia fazer perguntas a qualquer momento. Os operadores solicitados concordaram em participar do dispositivo e expressaram suas expectativas:

> amanhã será interessante para mim também, porque vou ver quais são os problemas dele [...] porque talvez quando faço alguma coisa, quando envio alguma coisa, eu não penso que pelo fato de não colocar isso ou não lhe dizer aquilo, isso cria um problema na sua edição dos pagamentos (Cliente-correspondente do CSC).

O tratamento das atividades dialógicas produzidas durante o dispositivo revela uma análise reflexiva dos atores em sua atividade coletiva conjunta (LORINO, 2009). Durante o seu desenvolvimento, o dispositivo permitiu, de um lado, que cada um analisasse sua atividade à luz da de seu parceiro e, de outro, uma reflexão coletiva sobre a atividade conjunta para avaliar e, eventualmente, transformar.

Etapa 4. Capitalização e debate

Uma última etapa consiste em evidenciar e debater os resultados obtidos na etapa precedente. O papel do ergonomista é duplo: observar os efeitos da coanálise no trabalho cotidiano dos atores e evidenciá-los para que os gestores assumam a continuidade do dispositivo. A devolução dos resultados é um momento privilegiado para envolver os diferentes atores na abordagem proposta e para se reconhecer a sua legitimidade. A coanálise das práticas só pode ser feita com a participação dos operadores. Mas é conveniente que o gestor libere o tempo e os recursos necessários para facilitar e/ou sistematizar as visitas aos locais, quando necessárias (dificuldades na realização conjunta da atividade; dissonâncias entre as expectativas e os resultados; mal-entendidos etc.). O desafio consiste também em capitalizar as novas práticas que resultam desses diferentes encontros. Reuniões de equipe, em que cada um discute as transformações provocadas pelas visitas, podem ajudar na divulgação de "boas" práticas e na transformação progressiva da organização no seu conjunto.

Continuação e implantação do método
Finalizada a intervenção, novas observações foram realizadas junto aos clientes e fornecedores. Elas revelaram a presença de uma "cultura coletiva": os operadores modificaram seu modo de fazer a fim de integrar as necessidades do parceiro. Cada um, seguro do trabalho do outro, transformou os relatos irreconciliáveis em conciliáveis. O encontro facilitou a elaboração de um vocabulário comum, os ajustes entre os atores e, assim, criaram-se condições favoráveis para o surgimento de um coletivo transversal. Esses principais resultados foram apresentados aos responsáveis pelas decisões e para os gestores, e o dispositivo continua em voga até hoje. O método assim desenvolvido parece ter facilitado a "implementação" nos fatores de conversão que permitiram aos operadores fazerem uso dos recursos do coletivo transversal para transformá-los em oportunidades. Ao que tudo indica, essas oportunidades se concretizam nas condutas e realizações dos parceiros. Hoje, cada um tem mais recursos para realizar um trabalho de "boa qualidade" por causa da integração possível da atividade do parceiro na sua própria prática. Os gestores, aceitando a continuação e acompanhando o dispositivo, reconhecem o valor e a legitimidade deste para os indivíduos e à organização como um todo.

15.5 O papel da intervenção ergonômica no desenvolvimento conjunto das organizações e das pessoas

"Ter em mãos" o artefato é uma maneira para o operador converter os recursos potenciais em capabilidades e, assim, aumentar o leque de possibilidades. Mas essa "apropriação" do artefato deve ser considerada pela organização: esse reconhecimento é necessário para oferecer novos recursos aos indivíduos e aos coletivos e facilitar sua conversão em capabilidades. Dessa forma, a organização poderá desfrutar plenamente de tal apropriação e melhorar seu próprio funcionamento.

Segundo essa lógica, a questão é conceber ambientes capacitantes, não apenas adaptados e adaptáveis, mas também "propícios ao debate". As mudanças organizacionais são momentos particulares na vida das organizações, em que se pode esperar a promoção da construção de tais ambientes (FERNAGU-OUDET, 2012b). A mudança é propícia à aprendizagem quando "consiste em conceber não uma nova organização, mas um dispositivo de experimentação e aprendizagem, para promover e fomentar novas propriedades organizacionais" (SARDAS; LEFEBVRE, 2005, p. 285). No entanto, são poucas as instituições que buscam esse caminho; muitas vezes, elas impõem alterações aos operadores sem promoverem mecanismos de apropriação (BERNOUX, 2004). É precisamente nesses contextos, "após o fato", que o ergonomista é mais frequentemente procurado. O desafio é, então, detectar os recursos e os fatores que facilitam ou inibem a conversão dos recursos em oportunidades efetivas. Em outras palavras, trata-se de conduzir uma reflexão a respeito dos limites e das oportunidades da situação (FERNAGU-OUDET, 2012b). A partir daí, a intervenção ergonômica pode ser construída com o objetivo de "desencadear" os fatores de conversão capazes de transformar os recursos em capabilidades.

O objetivo de uma intervenção ergonômica com vistas à (re)concepção organizacional é duplo:

- durante a experiência com o dispositivo, a intervenção visa desenvolver as capabilidades de cada um pela explicitação do trabalho, das práticas reflexivas e da construção conjunta de um novo campo de possibilidades;

- após o dispositivo, as capabilidades então construídas são atualizadas nas realizações ou condutas escolhidas. Elas facilitam, por exemplo, a integração do trabalho de cada um nas práticas de todos. As possibilidades da realização de um "trabalho bem-feito" aumentam o desempenho global do sistema.

O desenvolvimento dos indivíduos e das organizações é visto, então, como o meio e a finalidade da intervenção ergonômica. Por isso, a postura do ergonomista deve ser tripla: a de um "revelador" de recursos, a de um "indutor" para os fatores de conversão e, finalmente, a de um "mediador" entre os diferentes atores da organização.

Referências

ARGYRIS, C.; SCHÖN, D. A. **Organizational learning**: a theory of action perspective. New York: Addison-Wesley, 1978.

ARNOUD, J.; FALZON, P. Shared Services Center and work sustainability: which contribution from ergonomics? **Work**, n. 41, suppl. 1, p. 3914-3919, 2012.

BERNOUX, P. **Sociologie du changement dans les entreprises et les organisations**. Paris: Seuil, 2004.

COUTAREL, F.; PETIT, J. Le réseau social dans l'intervention ergonomique: enjeux pour la conception organisationnelle. **Management et Avenir**, v. 7, n. 27, p. 135-151, 2009.

ERICSSON, K. A.; SIMON, H. A. **Protocol analysis**. Verbal reports as data. Cambridge: The MIT Press, 1984.

FALZON, P. **Ergonomics, knowledge development and the design of enabling environments**. Trabalho apresentado à Humanizing Work and Work Environment Conference (HWW'2005), Guwahati, dez. 2005a.

______. **Ergonomie, conception et développement**. Conférence introductive. Trabalho apresentado ao 40ème Congrès de la SELF, Saint-Denis, La Réunion, set. 2005b.

FERNAGU-OUDET, S. Concevoir des environnements de travail capacitants: l'exemple d'un réseau réciproque d'échanges des savoirs. **Formation-Emploi**, n. 119, p. 7-27, 2012a.

______. Favoriser un environnement "capacitant" dans les organisations. In: BOURGEOIS, E.; DURAND, M. (Ed.). **Former pour le travail**. Paris: PUF, 2012b.

GIDDENS, A. **La constitution de la société**: eléments de la théorie de la structuration. Paris: PUF, 1987.

LEPLAT, J.; HOC, J. M. La verbalisation provoquée pour l'étude du fonctionnement cognitif. **Psychologie Française**, n. 29, p. 231-234, 1984.

LORINO, P. Concevoir l'activité collective conjointe: l'enquête dialogique. Étude de cas sur la sécurité dans l'industrie du bâtiment. **Activités**, v. 6, n. 1, p. 87-110, 2009. Disponível em: <http://www.activites.org/v6n1/v6n1.pdf.>. Acesso em: 7 nov. 2015.

LORINO, P.; NEFUSSI, J. Tertiarisation des filières et reconstruction du sens à travers des récits collectifs. **Revue Française de Gestion**, v. 1, n. 170, p. 75-92, 2007.

MOLLO, V.; FALZON, P. Auto- and allo-confrontation as tools for reflective activities. **Applied Ergonomics**, v. 35, n. 6, p. 531-540, 2004.

MOTTÉ, F. **Le collectif transverse**: un nouveau concept pour transformer l'activité. 47ème Congrès de la SELF. Lyon, set. 2012.

MOTTÉ, F.; HARADJI, Y. Construire la relation de service en considérant l'activité humaine dans ses dimensions individuelles et collectives. In: VALLÉRY, G.; LE PORT, M.-C.; ZOUINAR, M. (Ed.). **Ergonomie, conception de produits et services médiatisés**. Paris: PUF, 2010. p. 11-33.

NASCIMENTO, A. **Produire la santé, produire la sécurité**. Développer une culture collective de sécurité en radiothérapie. Tese (Doutorado em Ergonomia) – CNAM Paris, Paris, 2009.

PAVAGEAU, P.; NASCIMENTO, A.; FALZON, P. Les risques d'exclusion dans un contexte de transformation organisationnelle. **Pistes**, v. 9, n. 2, 2007. Disponível em: <http://www.pistes.uqam.ca/v9n2/pdf/v9n2a6.pdf.>. Acesso em: 7 nov. 2015.

PETIT, J. **Organiser la continuité du service:** intervention sur l'organisation d'une Mutuelle de santé. Tese (Doutorado em Ergonomia) – Université Victor Segalen Bordeaux 2, Bordeaux, 2005.

RABARDEL, P. **Les hommes et les technologies, approche cognitive des instruments contemporains**. Paris: Armand Colin, 1995.

REYNAUD, J. D. **Les règles du jeu:** l'action collective et la régulation sociale. Paris: Armand Colin, 1989.

SARDAS, J. C. Relation de partenariat et recomposition des métiers. In: HUBAULT, F. (Ed.). **La relation de service, opportunités et questions nouvelles pour l'ergonomie**. Toulouse: Octarès, 2002. p. 209-224.

SARDAS, J. C.; LEVEBVRE, P. Théories des organisations et interventions dans les processus de changement. In: SARDAS, J. C.; GUÉNETTE, A. M. (Ed.). **Sait-on piloter le changement?** Paris: L'Harmattan, 2005. p. 255-289.

SEN, A. **L'idée de justice**. Trad. P. Chemla. Paris: Flammarion, 2010.

SENGE, P. **La cinquième discipline.** L'art et la manière des organisations qui apprennent Trad. T. Segal. Paris: Editions Générales First, 1991.

TERSSAC, G. Travail d'organisation et travail de régulation. In: TERSSAC, G. de (Ed.). **La théorie de la régulation sociale de Jean-Daniel Reynaud**. Débats et prolongements. Paris: La Découverte, 2003. p. 121-134.

TERSSAC, G.; MAGGI, B. Le travail et l'approche ergonomique. In: DANIELLOU, F. (Ed.). **L'ergonomie en quête de ses principes**. Débats épistémologiques. Toulouse: Octarès, 1996. p. 77-102.

VILLARMOIS, O. de la; TONDEUR, H. Externalisation et centre de services partagés: deux formes d'organisation de la fonction comptable sur un même continuum. **Revue Française de Comptabilité**, n. 348, p. 35-38, 2002.

16. A autoanálise do trabalho: um recurso para o desenvolvimento das competências

Bénédicte Six-Touchard e Pierre Falzon

16.1 A transmissão dos saberes incorporados

Este capítulo trata da aquisição de competências em contextos específicos, as quais devem combinar habilidades gestuais e a aquisição de informações apuradas sobre o objeto e as ferramentas de trabalho. Essas competências são adquiridas gradualmente, ao longo da prática profissional, na maioria das vezes de maneira tácita: os operadores as desenvolvem sem necessariamente terem consciência do fato.

Essas competências interessam duplamente ao ergonomista. Por um lado, porque fundamentam a eficácia e a qualidade da produção; por outro, porque incluem saberes da preservação de si. Elas, portanto, contribuem simultaneamente para os dois objetivos centrais da prática ergonômica: assegurar o desempenho operacional e o bem-estar dos operadores. Assim, facilitar o desenvolvimento dessas competências é uma meta para o ergonomista.

Essa meta choca-se com um obstáculo: a natureza incorporada dos saberes. As competências gestuais se alimentam da experiência das situações, de sua variabilidade e diversidade. Elas se combinam com as regras de uso do corpo, dos saber-fazer de ofício, dos saberes pragmáticos, das condutas típicas e dos tipos de raciocínio, para formar as competências (MONTMOLLIN, 1984). Ter acesso a elas é difícil. A observação é insuficiente, devido à sutileza das habilidades, e a coleta de dados a partir de entrevistas com operadores experientes é muito aleatória: estes sabem desenvolver uma atividade eficaz, eficiente e pertinente, mas não estão conscientes dos seus modos operatórios e da aquisição de informações e decisões subjacentes. Por esse motivo, a transmissão de competências dos mais experientes para os novatos é difícil. Para tal, o tutor deve "saber o que ele sabe", seja no ensino formal ou na transmissão em situação de trabalho. Essa dificuldade é agravada pelo fato de que essas condições são frequentemente muito exíguas: nenhuma formação específica para os mais experientes, e falta de tempo para realizar a tutoria (CHASSAING, 2010).

A questão é definir métodos que permitam aos experientes, por um lado, explicitar os saberes incorporados, de modo que possam transferi-los aos novatos; e aos aprendizes, por outro, o desenvolvimento da capacidade de analisar os seus próprios gestos, a fim de que possam aprender mais facilmente.

Nessa perspectiva, este capítulo propõe um método para a formação de operadores experientes e novatos, fundamentado na autoanálise do trabalho. Em primeiro lugar, apresentamos o arcabouço conceitual que o fundamenta, em seguida, o próprio método, a sua utilização em duas situações de formação profissional e, finalmente, as condições necessárias para sua implementação.

16.2 Prática reflexiva, conscientização e fatores de conversão

A ideia de que a inteligência humana é caracterizada pela reflexão sobre suas próprias operações cognitivas não é nova. Em 1923, Spearman se referiu a Platão e Aristóteles para considerar que a possibilidade de ter como objeto de pensamento os seus próprios pensamentos é crucial para a aprendizagem. Em seguida, Jean Piaget, em suas obras *La prise de conscience* [A tomada de consciência] (1974a), e *Réussir et comprendre* [Fazer e compreender] (1974b), desenvolveu uma teoria da construção do conhecimento a partir da ação, considerando a reflexão sobre suas ações ou a aquisição de consciência como um caminho necessário para a obtenção de novos conhecimentos. Piaget defende a ideia de que a ação é um conhecimento autônomo, no qual a conceituação é feita por uma compreensão posterior. Este é um caminho deliberado e necessário que leva a uma reorganização dos conhecimentos para bem desenvolver a elaboração da experiência.

Posteriormente, Vygotsky (1934-1997) e as várias correntes sociocognitivas enfatizaram a importância decisiva, nesse processo de conscientização, da interação de um sujeito com um outro a respeito das tarefas. Ele define a "zona de desenvolvimento proximal" como aquilo que um sujeito não pode aprender sozinho, mas que pode descobrir com a ajuda de outros.

Tanto Piaget como Vygotsky destacaram a existência de "conceitos inconscientes" ou de inconscientes cognitivos que não são necessariamente linguisticamente codificados ou codificáveis. Em outras palavras, a conceituação não passa necessariamente pelas palavras.

Essa questão pode ser retomada a partir do modelo proposto por Amartya Sen (2009), que distingue as capacidades – o que uma pessoa é capaz de fazer – das capabilidades – o que uma pessoa realmente tem condições de fazer. A capabilidade supõe a existência da capacidade, a qual não é suficiente para engendrar uma capabilidade. A capabilidade requer ao mesmo tempo capacidade e condições (organizacionais, técnicas, sociais etc.) para sua implementação. Se essas condições forem satisfeitas, a capacidade pode se atualizar, se transformar e tornar-se capabilidade em uma determinada situação (ZIMMERMANN, 2011). Se não o forem, isso não será possível.

A transformação de um recurso potencial (uma capacidade) em um efetivo (a capabilidade) depende então dos fatores de conversão, "fatores relacionados ao indivíduo e/ou ao contexto no qual ele age que facilitam (ou dificultam) a capacidade de um indivíduo fazer uso dos recursos disponíveis para os converter em realizações concretas" (FERNAGU-OUDET, 2012). Esses fatores vão influenciar positiva ou negativamente. Uma situação de trabalho será considerada como capacitante se os fatores de conversão estiverem presentes, e menos capacitante se eles não estiverem ou se fatores negativos estiverem presentes. Falamos em *ambiente capacitante* (FALZON; MOLLO, 2009;

FALZON, 2005; ARNOUD; FALZON, neste livro) quando fatores positivos de conversão estão presentes.

A situação considerada neste capítulo pode ser analisada no seguinte contexto:

- Os mais experientes construíram recursos (ou seja, capacidades) que lhes permitem agir de modo eficaz. No entanto, em grande parte, esses recursos não são conscientes. Portanto, eles não estão em uma situação favorável e capacitante, quando se trata de transmitir seu conhecimento. Então, a questão é lhes ajudar a construir uma representação verbalizável dos conceitos que eles devem transmitir.

- Os novatos não têm os conhecimentos necessários e devem adquiri-los. Sua primeira necessidade é então construir a capacidade que lhes falta. Assim, a questão está relacionada às ferramentas cognitivas que facilitarão essa aquisição, e isso de uma maneira durável, ou seja, além da situação de tutoria.

Podemos, então, colocar essa situação em termos dos fatores de transformação. Trata-se de conceber um ambiente capacitante que permita aos mais experientes converterem seus saberes incorporados em verbalizáveis e transmissíveis; e aos novatos, transformarem sua capacidade geral de aprender em capacidade de conceituar a partir da experiência. Retomando a terminologia de outros autores, o objetivo, para os novatos, é a aquisição de competências produtivas e funcionais, assim como construtivas e metafuncionais (DELGOULET; VIDAL-GOMEL, neste livro; FALZON, 1994).

16.3 Formar para a autoanálise do trabalho

O objetivo declarado anteriormente requer o desenvolvimento, tanto pelos tutores como pelos aprendizes, das capacidades de análise reflexiva, permitindo um olhar para a sua atividade. O método proposto parte da hipótese de que a capacidade de autoanalisar o próprio trabalho é uma ferramenta poderosa para essa análise reflexiva. Capacitar os operadores para a autoanálise do trabalho permite acelerar a aquisição de saberes e o desenvolvimento de competências, aumentando o grau de conhecimento e o controle da tarefa e da atividade (FALZON; TEIGER, 2011; RABARDEL; SIX, 1995; TEIGER, 1993; TEIGER; LAVILLE, 1991).

Os métodos de apoio à prática reflexiva, sejam individuais ou coletivos (MOLLO; FALZON, 2004; NASCIMENTO; MOLLO, neste livro), são projetados para ajudar os operadores a adquirirem consciência sobre os seus saber-fazer e a explicitarem as lógicas subjacentes. De modo semelhante, o método da autoanálise aqui proposto não se destina a enriquecer a análise da ergonomia, mas a desenvolver o conhecimento da atividade de trabalho e as competências do próprio operador, e isto em contextos nos quais o saber-fazer é incorporado e dificilmente verbalizável.

O método, aplicado em um contexto de formação profissional, é destinado aos dois atores da formação em situação de trabalho: tutor e formados (aprendizes).

Do lado do tutor, trata-se de ajudar na aquisição de consciência dos saberes incorporados e na sua verbalização. Do lado do aprendiz, refe-se a desenvolver uma capacidade de auto-observação, comparar a própria atividade com a do tutor e perceber o sentido dos modos operatórios. De modo mais geral, e para além da situação de aprendizagem, a formação em análise do trabalho como instrumento de conscientização e reflexividade pode fornecer tanto para o experiente como para o novato um instrumento durável de acompanhamento do seu desenvolvimento profissional.

As etapas seguintes são realizadas com o tutor e com o novato, separadamente.

Etapa 1. Desenvolvimento de suportes pelo ergonomista

Em uma primeira etapa, o ergonomista analisa a atividade dos operadores (tutores e aprendizes). Trata-se de compreender as dimensões essenciais da atividade no âmbito da situação de trabalho e identificar as competências efetivamente mobilizadas na atividade de trabalho (SAMURÇAY; PASTRÉ, 1998). No curso dessa abordagem, são feitas gravações em vídeo de uma ou mais sequências características da atividade. Nos exemplos que mostraremos, em que a atividade gestual é dominante, a gravação em vídeo está orientada para:

- as ações realizadas pelo operador (gestos, deslocamentos, coleta de informações, comunicações...);
- os efeitos das ações, isto é, as transformações ou os estados sucessivos do objeto da atividade (por exemplo, para as atividades dos cozinheiros, o prato em preparação);
- as ferramentas utilizadas para realizar as ações (usos e funcionamento etc.);
- o espaço de trabalho, a sua preparação e a sua organização.

Observar e entender de antemão a atividade ajuda a orientar a gravação do vídeo da atividade àquilo que será relevante para a próxima fase da formação em autoanálise. Trata-se de fazer uma escolha de ações características ou situações-problema. No final da Etapa 1, com o intuito de servir como suporte para a formação, é construído um esquema sobre o que se compreendeu a respeito da situação de trabalho, destacando os determinantes da atividade de trabalho. Esse esquema de compreensão permitirá representar a atividade e estabelecer relações causais entre os diversos componentes da situação de trabalho.

Etapa 2. Acompanhamento das autoanálises

Em uma segunda etapa, os mentores e aprendizes são treinados para analisar seu trabalho sob a forma de um exercício de autoanálise realizado individualmente pelos atores, com base na visualização do vídeo.

Esta etapa envolve três fases.

Na primeira, o ergonomista explica o esquema de compreensão da atividade (produzido por ele na Etapa 1) e o discute com o operador. A análise é bem definida e focada nos conceitos da ergonomia e na análise ergonômica do trabalho.

Durante a segunda fase, a partir de uma visualização da gravação em vídeo, solicita-se ao sujeito que descreva o seu trabalho "como se ele tivesse que explicá-lo para alguém que não sabe nada" (método do sósia; CLOT, 2001).

Finalmente, na terceira fase, sempre com base na visualização da atividade, a descrição do trabalho é sistematicamente guiada pelo ergonomista.

O operador é conduzido:

- a descrever as operações de *execução* que ele efetua no material desde o início e que garantem efetivas transformações no objeto da ação. No contexto das ações materiais, trata-se de verbalizá-las, assim como os meios associados a tais ações ou instrumentos, os gestos ou maneiras de fazer.

- a explicar e analisar as operações de *orientação* e de *controle* de suas ações, ou seja, o planejamento, suas condições e constrangimentos, os conhecimentos ou saberes pragmáticos que guiam a realização das ações, as relações de causalidade, as antecipações, mas também os critérios de avaliação do bom desenrolar da ação (informação de controle) e de expectativa com relação ao resultado.

Essa análise solicitada ao operador permite avaliar a organização e a lógica dos seus procedimentos, confrontando as ações com os estados inicial e final, as propriedades do objeto, as regras e as leis explicativas.

Os três tempos, de descrição, explicitação e análise, são necessários para cumprir o objetivo de conceitualização da atividade durante o treinamento à autoanálise. Somente a descrição não é suficiente. O questionamento do ergonomista deve conduzir os tutores e os aprendizes a refletirem sobre suas habilidades gestuais e sobre os determinantes da atividade.

O objetivo não é apenas uma verbalização que decomponha os subobjetivos e modos operatórios, mas também a implementação de tratamentos ou processos cognitivos da aquisição de consciência: identificação dos invariantes (enunciados das leis, regras de ação), abstração de diferenças e similaridades entre as situações, abstração com relação às propriedades aplicáveis a outras situações (generalização) ou ainda o estabelecimento de relações entre as ações e sua significação.

Isso significa, de acordo com Schön (1983-1994), que o questionamento não faz apenas com que o operador se questione sobre "O que se explica no meu saber profissional?", mas também "O que o meu agir profissional me ensina?" e

"O que eu posso dizer?". A análise assistida visa à aquisição pelo operador "da capacidade de voltar-se para o que foi vivido, para analisar e reconstruir o saber-fazer em um outro nível cognitivo" (PASTRÉ, 2005).

O excerto que se segue faz parte de um questionamento coletado durante uma sessão de treinamento em autoanálise de um tutor cozinheiro e mostra que, espontaneamente, o operador se posiciona a partir do ponto de vista da sua ação. Frente ao filme de preparação de uma massa de pão de ló, utilizando um multiprocessador de cinquenta litros, as primeiras informações fornecidas dizem respeito aos objetivos da ação.

O exercício de formação em autoanálise consiste, então, em entrar nos detalhes desse objetivo da ação, desvelar os procedimentos (o como) até a explicitação do significado do ou dos objetivos da ação. Neste exemplo, após o questionamento do ajuste da velocidade, duas outras ações necessárias para ajustar são verbalizadas. O ergonomista busca, então, a verbalização do significado dessas ações explicitadas aqui por meio de dois objetivos pretendidos.

Tutor: Bem, em seguida o processador é ligado e ajusta-se a velocidade.

Ergonomista: E como você faz o ajuste da velocidade?

Tutor: Pela pequena manivela que tenho na mão direita.

Ergonomista: De acordo, então lá, você a girou.

Tutor: Depois eu espero duas ou três voltas e... aí está, eu levanto a bacia e passo para a velocidade máxima.

Ergonomista: Você passa para a velocidade máxima? Você já reposicionou a tigela, enfim, a bacia?

Tutor: Sim, eu a coloquei na posição de segurança.

Ergonomista: Então, aí você girou duas ou três vezes para passar à velocidade máxima. E o que faz você girar, ou ainda o que leva a ser sempre assim na velocidade máxima?

Tutor: Sim, lá está na máxima.

Ergonomista: Mas, em geral, para qualquer receita você coloca na máxima?

Tutor: Ah, não!

Ergonomista: Depende da receita?

Tutor: Não, depende do que queremos fazer.

Ergonomista: Mas aí você queria o multiprocessador no máximo?

Tutor: Aí era para bater bem meus ovos e meu açúcar.

Ergonomista: Então, tinha que ser bem forte?

Tutor: Aí, sim, tem que ser forte.

Ergonomista: Desde o início?

Tutor: Sim, desde o início. Isso quer dizer que se dá duas, três voltas no mínimo, o tempo de misturar bem os ovos e o açúcar, e depois aumentamos.

16.4 Exemplos de aplicação na formação profissional

As perspectivas apresentadas surgiram de duas intervenções em ações de formação profissional em alternância dos operadores de centros de talassoterapia e cozinheiros, em suas empresas. Cozinheiros de restaurantes tradicionais ou cozinhas industriais fazem os pratos para serem servidos aos clientes no local. Eles dominam as receitas de base, os princípios de cocção e conservação dos alimentos para elaborar pratos em proporções bem maiores do que aquelas do cotidiano da "cozinha doméstica" (por exemplo, preparação de 50 litros de purê). Operadores em talassoterapia oferecem cuidados corporais, utilizando elementos do ambiente marinho: água do mar, lamas e algas. Os cuidados de hidroterapia são variados: aspersão por jato de água, banhos, envolvimento do corpo com algas ou lama. Realizados sob prescrição médica, exigem a aquisição das técnicas de cuidado manuais, cujo objetivo é drenar, relaxar ou tonificar o corpo do paciente ou cliente.

Os resultados são baseados em oito situações de tutoria em cozinha e cinco em talassoterapia, voltadas para a inserção de jovens ou para o treinamento de funcionários nas empresas.

Apresentamos a seguir os resultados do exercício de autoanálise durante a formação dos tutores e aprendizes; em seguida, são apresentadas modalidades do uso diferenciado da autoanálise por tutores e aprendizes.

16.4.1 Durante a formação na ferramenta de autoanálise

O exercício de autoanálise do trabalho assistido pelo ergonomista permite dois modos para aquisição de consciência sobre as competências, quer pela observação da atividade sem verbalização (auto-observação), quer pela explicitação.

Aquisição de consciência das competências através da auto-observação

A conscientização do operador por simples observação do filme sobre a sua atividade de trabalho, sem verbalização, diz respeito a várias dimensões.

A primeira dimensão diz respeito aos erros ou incidentes. Por exemplo, um tutor cozinheiro percebe, a partir da observação de sua atividade, que não escolheu a faca apropriada para a tarefa realizada.

A segunda dimensão refere-se à imagem da prática profissional como objeto e suporte para o conhecimento. O seguinte excerto de uma interação de um tutor cozinheiro com o ergonomista ilustra esse tipo de conscientização sobre uma ação de corte de tiras de toucinho:

> *Porque... se coloco minha mão, veja bem, em relação à tábua, de fato... Aí, no final das contas, eu estou fazendo errado. Se eu tivesse que explicar isso para um jovem, eu estou fazendo errado... Oh, sim, então aí eu passei mais tempo do que o normal, se eu tivesse uma faca de fatiar. Porque no final das contas eu trabalho na borda da tábua. Se eu explicar isso para um jovem e ele fizer a mesma estupidez, no curso profissionalizante ele terá problemas. Eu trabalho com a faca mais ou menos levantada.*

Durante a formação em autoanálise, o tutor compreende o impacto formativo de suas ações: ele percebe que "mostrar" para o aprendiz como fazer não é o suficiente. Ele se conscientiza de que o seu papel não é proporcionar modelos de gestos ou ações que o aluno deverá replicar, ou até mesmo emitir enunciados que o aluno deva registrar e aprender. Seu papel é o de "mediador" e de "diretor de espetáculo" (VERGNAUD, 1992), porque o papel decisivo pertence ao próprio aprendiz. Suas competências precisam, então, ser exercidas como ajuda para a apropriação das competências construídas pelo aprendiz.

Este último ponto é confirmado pelos aprendizes, que relatam no final da formação terem transformado sua observação da atividade dos tutores, terem adquirido consciência (por meio da auto-observação) do que é possível observar em situação de trabalho: "isso oferece referências, porque, é verdade, olhamos, mas nem sempre sabemos onde olhar". O exercício permite-lhes obter um outro olhar, observar diferentemente uma situação de trabalho.

Aquisição de consciência das competências por meio da explicitação

Com a ajuda do questionamento do ergonomista, os tutores e aprendizes descobrem as possibilidades de verbalização sobre os vários componentes da atividade e das competências necessárias. Assim, os agentes de talassoterapia descobriram que estavam usando diversas informações sensoriais. Em particular, eles perceberam a importância do tocar durante o oferecimento de um cuidado com o uso de um esguicho, em um paciente imerso em uma banheira de água do mar turva. Não é possível perceber a drenagem vascular por meio de informações visuais (o corpo do paciente imerso na água turva), a pega do esguicho com a mão direita é realizada de tal modo que o agente avalia, pelo toque ou pelo roçar das pontas dos dedos, a distância adequada do esguicho em relação ao corpo do paciente.

Pela explicitação, os saberes pragmáticos que orientam as ações são atualizados, seja a partir da verbalização sobre a variabilidade dos modos operatórios (o leque de possibilidades) ou da busca de significados. Assim, no caso da talassoterapia, os agentes também explicitam, na realização do tratamento de drenagem, o uso de sua mão esquerda, que não segura o esguicho. Ela é utilizada, além da direita, para identificar e acompanhar com precisão a corrente sanguínea do paciente quando a água do mar utilizada é turva.

Além da atualização de competências, o exercício de autoanálise reforça a necessidade de dizer e explicitar (para o tutor) ou interrogar (para o aprendiz em situação de tutoria) e de não ficar recluso na ação. Um tutor disse no final do exercício:

> *Pensamos que muito fazemos por hábito, mas na verdade o hábito não se constrói do nada... Este exercício questiona o hábito de cada gesto, que não se faz simplesmente por hábito: é porque no espírito das coisas é que eles são construídos. Isso quer dizer, praticamos nosso trabalho dessa maneira por esta ou aquela razão. Podemos então nos perguntar se existe uma outra maneira que seria ainda mais prática ou mais confortável.*

Cada exibição do filme e cada inventário sobre sua atividade feito com o ergonomista é uma oportunidade para o operador transformar o seu ponto de vista, a fim de compreender diferentemente a organização de suas ações (SIX-TOUCHARD, 1999).

16.4.2 Utilização diferida da autoanálise durante as interações de tutoria em situação de trabalho

Efeitos posteriores da autoanálise apropriados pelos atores da formação (tutores e aprendizes) foram identificados no desenvolvimento das interações formativas durante processos de transmissão "em situação". Esses efeitos foram evidenciados a partir de uma análise comparativa de duas gravações em vídeo das interações durante a situação de aprendizagem na cozinha ou na sala de talassoterapia: uma antes e outra após o processo de formação em autoanálise do trabalho.

Dois elementos de transformação das condições de aprendizagem são diretamente atribuíveis à apropriação da ferramenta de autoanálise.

O primeiro é o enriquecimento do conteúdo da interação entre tutor e aprendiz. Após a formação em autoanálise, a transmissão é reforçada a partir de um ponto de vista didático por uma decomposição maior das ações por parte do tutor e por uma maior precisão nos gestos e nos critérios de avaliação necessários para orientar o aprendiz na realização do trabalho. Esse enriquecimento quantitativo das interações é complementado por um qualitativo: a maioria dos tutores verbaliza mais as regras de ação em situação de transmissão.

O segundo elemento de transformação observado é um fortalecimento de uma forma interrogativa das trocas, estimulando a reflexão sobre a ação em curso. O aumento da quantidade de questões formuladas pelo tutor para o aprendiz (e vice-versa) é significativo, assim como o surgimento ou o desenvolvimento das cadeias de perguntas/respostas semelhantes às desenvolvidas no processo de formação em autoanálise. Por exemplo, após enunciar a ação com as palavras, "Você coloca seis litros de cerveja na massa do sonho", um tutor questiona seu aprendiz: "Você não vai me perguntar por que colocamos cerveja na massa?". Uma série de perguntas/respostas se seguiu, permitindo ao aprendiz descobrir por si mesmo o significado de sua ação.

Após o treinamento, a autoanálise torna-se para cada um dos atores da formação em situação de trabalho um recurso utilizado *a posteriori* para desenvolver suas interações. Ter uma ferramenta de análise comum lhes permite concentrar a interação formativa em objetos compartilhados e apreendidos da mesma maneira. Os atores dispõem dos elementos de uma linguagem comum, que contribui para organizar e facilitar a interação formativa.

16.5 Mediações necessárias para a prática reflexiva por meio da autoanálise

A abordagem da reflexividade leva o operador a aprender a ver, identificar e verbalizar os elementos de sua atividade de trabalho e, em seguida, refletir sobre o que ele fez e de que modo o fez. Baseia-se em uma tripla mediação operada pela filmagem da atividade, o esquema da compreensão da situação de trabalho e o diálogo/questionamento. Essas três mediações permitem o distanciamento necessário para a conceituação da sua atividade por parte do operador e do desenvolvimento de sua atividade construtiva. Essas mediações são semelhantes às condições expostas por Mollo e Nascimento (neste livro) relativas às práticas reflexivas coletivas.

16.5.1 Análise preliminar da atividade e construção de suportes para a reflexão

O papel de acompanhamento por parte do ergonomista na análise da ação do operador por ele mesmo implica um bom conhecimento do trabalho na área por parte do formando (tutor, aprendiz, operador). Esse conhecimento é obtido por meio de uma análise preliminar da atividade, antes da formação em autoanálise. Em nossa abordagem, um esquema de compreensão da atividade é construído a partir da análise preliminar, a fim de servir como suporte para a formação. Apresentado no início do exercício do treinamento, este esquema permite que o operador melhor apreenda o que lhe é solicitado durante a visualização do filme sobre sua atividade. Ele concentra suas verbalizações sobre a atividade de trabalho, inibindo, assim, a apreensão de julgamentos sobre a imagem de si próprio ou sobre a avaliação da atividade. Em seguida, durante a análise, esse suporte escrito é usado em duas dimensões:

- uma referencial: a realidade observada (no filme sobre a atividade) é colocada em relação com o esquema de compreensão;
- uma reflexiva: o esquema permite estabelecer relações entre os diferentes elementos da situação de trabalho.

16.5.2 O distanciamento com relação ao real da atividade de trabalho

O interesse do exercício da autoanálise, apoiada por uma gravação em vídeo, reside na possibilidade de uma confrontação para o operador entre as observações (dadas pela imagem) e as verbalizações (provocadas pela análise) de sua atividade de trabalho em tempo real. A imagem de vídeo favorece o seu distanciamento em relação à sua própria situação de trabalho. Esse desdobramento provisório permite ao sujeito se colocar na posição de observador e analista de sua própria ação na ação, com o intuito de autodiagnosticar o que faz e como o faz e de se autoinformar.

Outras ferramentas de autoanálise podem ser consideradas pela introdução de diferentes suportes de distanciamento, como:

- a intervenção de um terceiro com um questionamento recíproco. Esse tipo de situação é semelhante àquela das autoconfrontações cruzadas implementadas por Clot et al. (2000) ou às das aloconfrontações descritas por Mollo e Falzon (2004). Em um contexto de formação profissional, elas também contribuem para fortalecer a construção de uma linguagem comum entre tutor e aprendiz;
- a introdução de suportes escritos adicionais de formação, com uma frequência de formação adaptada ao nível de competência de cada ator. Isso porque, de acordo com o nível de maestria, apenas uma sessão para a apropriação de uma prática reflexiva pode não ser suficiente.

16.5.3 Questionamento orientado para o desenvolvimento da reflexividade

O diálogo/questionamento do ergonomista visa ajudar os formandos a explicitarem e a organizarem suas práticas no plano conceitual – a passar do factível para o enunciável por meio da mediação do observável e a colocar em palavras a sua atividade (SCHÖN, 1983, p. 94). Um segundo objetivo é incentivar o uso contínuo da abordagem, mesmo sem a presença do ergonomista (generalização da formação para outras tarefas), o que poderia ser descrito como o emprego permanente de um fator de transformação positivo.

O ergonomista desenvolve uma análise crítica (positiva ou negativa) da atividade. Ele incita o operador a se surpreender com sua própria atividade. É a confrontação com um ponto de vista diferente do seu que o conduz a ampliar, completar e modificar seu ponto de vista. Ele descobre a complexidade de sua atividade e aprende a dirigir um outro olhar sobre ela.

Este exercício de confrontação individual é destinado principalmente a alimentar a atividade construtiva dos sujeitos, fornecendo conhecimentos ou estruturas de pensamento que facilitem um trabalho sobre o saber. Essa atividade reflexiva e criadora sobre o seu próprio trabalho é definida por Falzon (1994) como metafuncional, ou seja, "não diretamente orientada à produção imediata, mas atividade de construção de conhecimento ou de ferramentas (materiais e cognitivas) destinadas a uma eventual utilização posterior". O ergonomista, ao acompanhar o operador pelo seu questionamento, abre a via para o desenvolvimento desse saber metacognitivo que permite ao sujeito não apenas ser produtivo, mas também se preservar e desenvolver suas capacidades e seu poder de agir. A autoanálise do trabalho surge então como um fator de transformação utilizável no longo prazo, e a formação em autoanálise do trabalho como o meio de uma abordagem construtiva em ergonomia.

Referências

CHASSAING, K. Les gestuelles à l'épreuve de l'organisation du travail: du contexte de l'industrie automobile à celui du génie civil. **Le Travail Humain**, v. 73, n. 2, p. 163-192, 2010.

CLOT, Y. Méthodologie en clinique de l'activité: l'exemple du sosie. In: SANTIAGO-DELEFOSSE, M.; ROUAN, G. (Ed.). **Les méthodes qualitatives en psychologie**. Paris: Dunod, 2001.

CLOT, Y. et al. Entretiens en auto-confrontation croisée: une méthode en clinique de l'activité. **Pistes**, v. 2, n. 1, 2000.

FALZON, P. Les activités méta-fonctionnelles et leur assistance. **Le Travail Humain**, v. 57, n. 1, p. 1-23, 1994.

______. **Ergonomics, knowledge development and the design of enabling environments**. Trabalho apresentado à Humanizing Work and Work Environment Conference (HWWE'2005), Guwahati, dez. 2005.

FALZON, P.; MOLLO, V. Para uma ergonomia construtiva: as condições para um trabalho capacitante. **Laboreal**, v. 5, n. 1, p. 61-69, 2009.

FALZON, P.; TEIGER, C. Ergonomie, formation et transformation du travail. In: CASPAR, P.; CARRÉ, P. (Ed.). **Traité des sciences et techniques de la formation**. Paris: Dunod, 2011. p. 143-159.

FERNAGU-OUDET, S. Concevoir des environnements de travail capacitants: l'exemple d'un réseau réciproque d'échanges des savoirs. **Formation-Emploi**, n. 119, p. 7-27, 2012a.

MOLLO, V.; FALZON, P. Auto- and allo-confrontation as tools for reflective activities. **Applied Ergonomics**, v. 35, n. 6, p. 531-540, 2004.

MONTMOLLIN, M. **L'intelligence de la tâche**. Berne: Peter Lang, 1984.

PASTRÉ, P. Introduction. La simulation en formation professionnelle. In: **Apprendre par la simulation.** De l'analyse du travail aux apprentissages professionnels. Toulouse: Octarès, 2005.

PIAGET, J. **La prise de conscience**. Paris: PUF, 1974a.

______. **Réussir et comprendre**. Paris: PUF, 1974b.

RABARDEL, P.; SIX, B. Outiller les acteurs de la formation pour le développement des compétences au travail. **Education Permanente**, n. 100, p. 33-43, 1995.

SAMURÇAY, R.; PASTRÉ, P. **L'ergonomie et la didactique, l'émergence d'un nouveau champ de recherche**: la didactique professionnelle. Journées de Recherche et Ergonomie. Université Toulouse le Mirail, Toulouse, fev. 1998.

SCHÖN, D. **Le praticien réflexif**. A la recherche du savoir caché dans l'agir professionnel. Québec: Logiques, 1983-1994.

SEN, A. **The idea of justice**. London: Penguin Books, 2010.

SIX-TOUCHARD, B. **L'auto-analyse du travail**: un outil de prise de conscience des compétences pour la transformation des conditions d'apprentissage. Tese (Doutorado em Ergonomia) – Ecole Pratique des Hautes Etudes, Paris, 1999.

SPEARMAN, C. **The nature of "intelligence" and the principles of cognition**. Oxford: Macmillan, 1923.

TEIGER, C. Représentation du travail et travail de la représentation. In: WEILL-FASSINA, A.; RABARDEL, P.; DUBOIS, D. (Ed.). **Représentations pour l'action**. Toulouse: Octarès, 1993. p. 311-344.

TEIGER, C.; LAVILLE, A. L'apprentissage de l'analyse ergonomique du travail, outil d'une formation pour l'action. **Travail et Emploi**, n. 47, 1991.

VERGNAUD, P. Qu'est-ce que la didactique? En quoi peut-elle intéresser la formation des adultes peu qualifiés? **Education Permanente**, n. 111, p. 19-31, 1992.

VYGOTSKY, L. S. **Pensée et langage**. Trad. F. Sève. Paris: La Dispute, 1934-1997.

ZIMMERMANN, B. **Ce que travailler veut dire**. Sociologie des capacités et des parcours professionnels. Paris: Economica, 2011.

Sobre os autores

Adelaide Nascimento é professora assistente de ergonomia no Conservatoire National des Arts et Métiers (CNAM). Seu doutorado tratou de questões relacionadas à segurança do paciente e à cultura de segurança em radioterapia. Adelaide desenvolveu o método de avaliação diferencial de aceitabilidade (DA2), cujo objetivo é analisar a aceitabilidade com relação a desvios em situações específicas para avaliar a cultura de segurança. Atualmente, conduz uma pesquisa relativa à segurança "construtiva", isto é, como manter a segurança durante o processo de adaptação de procedimentos genéricos para situações localizadas.

Alexandre Dicioccio é doutor em Ergonomia. Após desenvolver uma carreira em fatores humanos e gestão dos riscos na aeronáutica, tornou-se diretor da qualidade e da gestão de riscos em um centro hospitalar. Seus trabalhos de pesquisa têm como temas a segurança de sistemas perigosos, a avaliação de competências não técnicas em simulações no campo da saúde e as arbitragens entre produção e segurança.

Béatrice Barthe é doutora, professora assistente na Universidade de Toulouse e membro do instituto de pesquisas CLLE-LTC (CNRS). As suas pesquisas estão focadas em turnos de trabalho atípicos (trabalho em turnos alternantes, trabalho noturno, períodos estendidos de trabalho). Ela investiga as atividades desenvolvidas pelos trabalhadores para manterem a vigilância e para preservarem a saúde assim como a produção, como exemplos, estratégias individuais e coletivas de regulação, descansos ou cochilos durante o turno noturno e o balanceamento trabalho e vida familiar.

Bénédicte Six-Touchard trabalha como consultora em ergonomia (prevenção de riscos, necessidades especiais, arquitetura, gerenciamento de projetos etc.). Ela também ensina Ergonomia no Conservatoire National des Arts et Métiers (CNAM), na Normandia. Seu doutorado tratou das relações entre ergonomia e treinamento vocacional e o uso da análise da atividade como uma ferramenta de treinamento, permitindo aos trabalhadores terem um melhor conhecimento sobre suas próprias habilidades e desenvolvê-las melhor.

Catherine Delgoulet é doutora e professora assistente de Ergonomia na Universidade Paris Descartes. Seus principais campos de pesquisa dizem respeito à saúde e envelhecimento no trabalho, incluindo o treinamento vocacional. Ela desenvolveu esses temas no programa científico do CREAPT (*Centre de recherches sur l'expérience, l'âge et les populations au travail*), em associação com empresas industriais e de serviços.

Cathy Toupin é doutora e professora assistente de Ergonomia na Universidade de Paris 8. Suas pesquisas têm como objetivo entender qual é a extensão e em quais condições a experiência propicia aos sujeitos sobrepujarem as dificuldades no trabalho em turnos atípicos (problemas de saúde, acúmulo de fadiga, condições para a realização das tarefas à noite etc.), visando a proteção da saúde dos trabalhadores e o desenvolvimento da sua eficiência.

Christine Vidal-Gomel é professora assistente na Universidade de Nantes, no Departamento de Educação. Seu doutorado em Psicologia e Ergonomia tratou a evolução das habilidades dos operadores na gestão dos riscos ocupacionais. Atualmente, as suas pesquisas estão voltadas para a investigação da aprendizagem profissional e para o desenvolvimento no trabalho, sempre com foco nas habilidades dos operadores na gestão dos riscos ocupacionais, com o propósito de formular programas de treinamento.

Corinne Gaudart é doutora e trabalha no Laboratoire Interdisciplinaire pour la Sociologie Economique (CNRS), em Paris. Dirige o Centre de Recherche sur l'Expérience, l'Age et les Populations au Travail (CREAPT), um centro de pesquisas que associa institutos públicos e empresas. Recentemente editou um livro sobre envelhecimento, experiência, saúde e condições de trabalho. Sua pesquisa tem foco na construção da experiência de trabalho com a idade, aliando abordagens psicológicas, sociológicas e históricas.

Élise Ledoux é doutora em ergonomia e pesquisadora no Institut de Recherche Robert-Sauvé en Santé et Sécurité (Montreal, Québec). Seus interesses de pesquisa dizem respeito à organização do trabalho e ao projeto de espaços, relações de serviço e prevenção no setor de serviços, assim como a segurança e a integração competente de novos trabalhadores.

Fabien Coutarel é doutor e professor assistente de Ergonomia na Univerisade Clermont e pertence ao laboratório ACTé (Atividade, Conhecimento, Transmissão e Educação). Os seus projetos de pesquisa estão focados, por um lado, nas interações entre saúde e trabalho (distúrbios musculoesqueléticos e riscos psicossociais) e na organização do trabalho em empresas e, por outro lado, na metodologia de intervenção em ergonomia.

Fabrice Bourgeois é ergonomista, consultor e codiretor da Concilio, França. Publicou livros e artigos com o tema da prevenção de distúrbios musculoesqueléticos nos locais de trabalho e os impactos da produção enxuta (*lean*) e dos sistemas organizacionais na saúde e na eficiência. Leciona ergonomia em diferentes universidades. A sua área de atuação diz respeito à melhoria das condições de trabalho, o projeto de sistemas técnicos e organizacionais, a mobilização dos gestores e gerentes e a permanência no emprego.

Flore Barcellini é doutora, professora assistente em ergonomia no Conservatoire National des Arts et Métiers, em Paris. As atividades de pesquisa de Flore Barcellini estão relacionadas com o trabalho cooperativo e seus suportes (trabalho cooperativo assistido por computador), ergonomia no projeto de gerenciamento e gestão de comunidades virtuais.

François Daniellou é diretor científico da Fundação por uma Cultura de Segurança Industrial, foi professor de Ergonomia no Instituto Politécnico de Bordeaux. Foi agraciado com o *Triennal Outstanding Educators Award* pela Associação Internacional de Ergonomia, em 2009. Seus livros sobre análise da atividade, introdução de ergonomia na concepção e projetos de gestão e fatores humanos em indústrias de risco elevado foram publicados em francês, inglês, espanhol e português.

François Hubault é professor assistente de Ergonomia na Universidade Paris 1 Panthéon-Sorbonne, dirige o departamento de Ergonomia e Ecologia Humana e fundou o laboratório de Analyse du Travail et des Mutations Industryielles et des Services (ATEMIS). Foi presidente por dois mandatos da Société d'Ergonomie de Langue Française (SELF) e Secretário Geral do Centro de Registro de Ergonomistas Europeus. Suas pesquisas dizem respeito às atividades de gerenciamento e tratam da economia não material (intangível).

Gaëtan Bourmaud é ergonomista consultor e professor assistente de Ergonomia no Conservatoire National des Arts et Métiers (CNAM) de Paris. Os principais campos de intervenção estão relacionados com o projeto e a acessibilidade de artefatos e ambientes de trabalho, e a adaptação dos sistemas de trabalho para as pessoas com necessidades especiais. Seu doutorado em Ergonomia teve como tema o projeto e o uso de artefatos, com uma abordagem da gênese instrumental.

Irène Gaillard é doutora e professora assistente na Universidade de Toulouse, França. Ensina ergonomia, saúde e segurança no trabalho no Institut de Promotion Supérieure du travail, do Conservatoire National des Arts et Métiers (IPST-CNAM). Ela dirige pesquisas no Centre d'Etudes et de Recherche: Travail, Organisation, Pouvoir (CERTOP) relacionando atividade, organização e o sentido do trabalho.

Johann Petit é doutor e professor assistente de Ergonomia no Instituto Politécnico de Bordeaux. Seus projetos de pesquisa têm foco nas relações entre organização e saúde. Mais especificamente, ele se interessa pela prática dos ergonomistas em projetos organizacionais e na influência dos modos de organização nas transformações do trabalho.

Justine Arnoud é doutora em ergonomia, professora assistente em Ciências da Gestão na Universidade de Paris-Leste, no Institut de Recherche en Gestion. Seus trabalhos de pesquisa incluem abordagens vindas da ergonomia e das ciências da gestão e tratam as relações entre saúde e trabalho, as dimensões coletivas do trabalho e a organização capacitante.

Karine Chassaing é doutora e professora assistente de Ergonomia na École Nationale Supérieure de Cognitique, Institut Polytechnique de Bordeaux. Suas pesquisas de campo estão relacionadas com a prevenção de distúrbios musculoesqueléticos e nos gestos profissionais no setor industrial.

Laurent van Belleghem é diretor da Realwork SAS e professor associado de ergonomia no Conservatoire National des Arts et Métiers (CNAM). Seus campos de intervenção estão relacionados com o desenvolvimento humano no trabalho, na concepção de projetos gerenciais e na contribuição para as estratégias das empresas.

Lucie Cuvelier é engenheira de segurança, ergonomista, doutora em ergonomia e professora assistente na Universidade de Paris 8. A sua pesquisa está voltada para os processos de desenvolvimento de competências e para a construção de conhecimentos, especialmente no campo da saúde ocupacional, confiabilidade de sistemas e gestão dos riscos industriais.

Pascal Béguin é professor titular de Ergonomia na Universidade de Lyon II (Instituto de Estudos do Trabalho do Centre Max Weber, CNRS). Fundador da revista de livre acesso online *@ctivités*, coordenador do Comitê Científico e Técnico ATWAD Associação Internacional de Ergonomia (IEA), professor convidado do Centro para Teoria da Atividade e Desenvolvimento do Trabalho (Helsinki, Finlândia), do Centro Bushfire de Pesquisa Cooperativa (Tasmânia, Austrália) e do Centro de Ergonomia da Faculdade de Ciências Biológicas (Concepción, Chile).

Pierre Falzon é professor titular de ergonomia no Conservatoire National des Arts et Métiers (CNAM), Paris. Publicou vários livros sobre ergonomia em francês, inglês, português e espanhol. Pierre Falzon foi presidente da International Ergonomics Association entre 2003 e 2006. Ele foi agraciado com o Distinguished International Colleague Award pela Human Factors and

Ergonomics Society (EUA). Atualmente dirige o Centre de Recherche sur le Travail et le Développement, no CNAM.

Sandrine Caroly é doutora e professora assistente de Ergonomia no Polytech Grenoble, França, onde dirige o Departamento de Prevenção de Riscos e leciona a metodologia de intervenção em ergonomia e projeto do trabalho e da organização do trabalho. A sua pesquisa, conduzida no laboratório PACTE, tem como temas o desenvolvimento da atividade coletiva, especialmente no que diz respeito à prevenção de distúrbios musculoesqueléticos, sistemas de produção e saúde, e a gestão dos riscos. Os temas de suas pesquisas englobam a relação trabalho e saúde em vários setores como o de serviços, a produção industrial e a saúde ocupacional.

Sandro de Gasparo é ergonomista consultor, pesquisador associado ao laboratório Analyse du Travail et des Mutations Industrielles et des Services (ATEMIS) e ensina no Departamento de Ergonomia e Ecologia Humana na Universidade de Paris, Sorbonne. Seus campos de intervenção são saúde mental e trabalho, gerenciamento e prevenção de riscos ocupacionais, atividades de serviços, e avaliação de modelos de desempenho.

Sophie Prunier-Poulmaire é doutora e professora assistente de Ergonomia na Universidade Paris Ouest Nanterre-La Défense. Seus interesses de pesquisa dizem respeito às condições de trabalho e à organização temporal do trabalho, assim como à saúde e à segurança, particularmente nos setores de serviços e de varejo. Ela também contribuiu para pesquisas em ergonomia e design. Ela é associada à International Society for Working Time and Health Research.

Vanina Mollo é doutora, professora assistente na Universidade de Toulouse, membro do Centre d'Etude et de Recherche Travail-Organisation-Pouvoir (CERTOP-CNRS). Suas pesquisas dizem respeito à construção coletiva da segurança, em dois sentidos principais: o impacto da prática reflexiva coletiva no desenvolvimento das habilidades e do conhecimento e na segurança, assim como na participação do paciente na segurança dos cuidados em saúde.

Yannick Lémonie é doutor e professor assistente no Conservatoire National des Arts et Métiers (CNAM). Sua pesquisa está relacionada com o desenvolvimento do gesto profissional, as relações entre atividade e aprendizagem no trabalho e em outros domínios (esporte e educação física). Atua desde 2008 como vice-presidente da Association pour la Recherche sur l'Intervention en Sport (ARIS).